全能型供电所
员工培训模块化教材

供电所系统应用

国网福建省电力有限公司　编

中国电力出版社
CHINA ELECTRIC POWER PRESS

图书在版编目（CIP）数据

供电所系统应用 / 国网福建省电力有限公司编 . —北京：中国电力出版社，2023.11

全能型供电所员工培训模块化教材

ISBN 978-7-5198-8362-1

Ⅰ. ①供… Ⅱ. ①国… Ⅲ. ①供电 – 职工培训 – 教材 Ⅳ. ① TM72

中国国家版本馆 CIP 数据核字（2023）第 232385 号

出版发行：中国电力出版社

地 　　址：北京市东城区北京站西街 19 号（邮政编码 100005）

网 　　址：http://www.cepp.sgcc.com.cn

责任编辑：薛 红 孟花林

责任校对：黄 蓓 常燕昆 李 楠

装帧设计：郝晓燕

责任印制：石 雷

印 　　刷：三河市万龙印装有限公司

版 　　次：2023 年 11 月第一版

印 　　次：2023 年 11 月北京第一次印刷

开 　　本：787 毫米 ×1092 毫米 16 开本

印 　　张：25

字 　　数：492 千字

定 　　价：108.00 元

全能型供电所员工培训模块化教材

供电所系统应用 ●●●●●●●●●●●●●●●●●●●●●●●●●●● **编委会** ◄-----

主　　编	王锐凤	吴饰斐			
副 主 编	李文华	林永栋	张健彬	李燕燕	薛　娴
	詹　文				
参　　编	林修惠	郑建武	吴立文	高　敏	洪荣誉
	林　玮	陈秀平	王宝德	薛有福	丁忠安
	叶友泉	陈佳滢	余振钊	郑康豪	孙昱淞
	郑依秋	张力恺	洪晓伟	林展翔	

　　党中央、国务院高度重视技能人才队伍建设工作，习近平总书记指出："工业强国都是技师技工的大国，我们要有很强的技术工人队伍。"新时代要求大力弘扬劳模精神、劳动精神、工匠精神，抓基层、打基础、强基本，培养更多高水平技能人才，带动形成一支规模宏大、结构合理、技能精湛、素质优良的技能人才队伍，为大力实施人才强国和创新驱动发展战略，提供坚实的技能人才保障。

　　本书围绕全能型供电所涉及的系统业务进行展开，整体框架以"活页"的形式展现，将现场实际工作搬到课堂，涵盖了全能型供电所日常配电网 PMS2.0 系统、能源互联网营销服务系统（营销 2.0）、电力用户用电信息采集系统的应用，突出全能型供电所系统业务技能指导特点，针对性、实用性强，采用图文结合，实现系统的真实演练，方便日常教学应用，便于理解与掌握，是全能型供电所从事相关岗位人员的理想教材。

　　配电网 PMS2.0 系统（FPMS 系统）涵盖了配电设备管理、配电生产管理、供电服务指挥、配电运行分析四大模块功能，满足了配电生产日常工作需求，方便供电所人员对 FPMS 系统的规范应用。树立配电网运维工作主人翁意识，扎实开展配电网设备运维工作，形成良好的运维职业习惯。

　　能源互联网营销服务系统（营销 2.0）针对营销管理，涵盖系统基础知识、公共类查询、专业类查询、深化应用四大模块功能，进一步提升新一代能源互联网营销服务系统基础功能实操能力。培养精益求精的工匠精神，强化职业责任担当；弘扬家国情怀，增强营销服务管理的处理能力。

　　电力用户用电信息采集系统主要包含采集监测、运行监测、新一代用电信息采集系统—拓展应用（线损管理功能）三大基础应用查询模块，实现用电信息的自动采集、计量异常和电能质量监测、用电分析和管理，体现了针对性和实用性。牢固树立设备系统操作作业过程中的信息安全和服务、差错风险防范意识，严格按照规范流程及管理规定进行采集系统基础功能应用，培养细心守规的工作习惯。

本书分为三部分，第一部分为配电网 PMS2.0 系统（FPMS 系统）基本应用，第二部分为能源互联网营销服务系统（营销 2.0），第三部分为电力用户用电信息采集系统基础应用查询。本书适用于全能型供电所岗位培训工作，使从业人员业务技能得到提升。

由于编写时间仓促，本书难免存在疏漏之处，恳请各位专家和读者提出宝贵意见，使之不断完善。

编　者

2023 年 11 月

供电所系统应用 ●●●●●●●●●●●●●●●●●●●●●●●●●● 目　录 ◄----

前言

第一部分　配电网 PMS2.0 系统（FPMS 系统）基本应用 ·························1

　　模块一　配电设备管理 ·····································3
　　　　任务一　二维码管理 ·································3
　　　　任务二　设备台账管理 ·····························7

　　模块二　配电生产管理 ····································12
　　　　任务一　任务池管理 ·······························12
　　　　任务二　月计划管理 ·······························16
　　　　任务三　周计划管理 ·······························22
　　　　任务四　工作任务单管理 ···························27
　　　　任务五　设备异动管理 ·····························32
　　　　任务六　检修申请管理 ·····························35
　　　　任务七　两票管理 ·································46

　　模块三　供电服务指挥 ····································63
　　　　任务　PMS 故障报修管理 ··························63

　　模块四　配电运行分析 ····································74
　　　　任务一　公用配变供电能力分析 ·····················74
　　　　任务二　公用配变低电压分析 ·······················77

第一部分 配电网 PMS2.0 系统（FPMS 系统）基本应用

【模块描述】

（1）本模块主要包括配电设备管理、配电生产管理、供电服务指挥、配电网运行分析 4 个工作任务。

（2）核心知识点包括二维码管理、设备台账管理、任务池管理、月计划管理、周计划管理、工作任务单管理、设备异动管理、检修申请管理、两票管理、PMS 故障报修管理、公用配变供电能力分析、公用配变低电压分析、低电压用户点分析、三相不平衡台区跟踪与处理等知识。

（3）关键技能项包括掌握设备台账、任务池及工作任务单的编制、月计划拟定、周计划拟定、各类申请单编制、两票的填写规范、PMS 故障报修单查询、过重载、低电压、三相不平衡查询等操作。

【模块目标】

（一）知识目标

（1）熟悉配电设备二维码打印操作；了解二维码统计查询、配电设备台账查询等操作。

（2）熟悉任务池，月计划、周计划及工作任务单的相关填写操作规范；了解异动单、检修申请中现场勘察申请单等各类申请的概念定义及相关操作；掌握两票适用范围及相关填写规范。

（3）熟悉 PMS 故障单相关概念；了解故障单流程流转操作；掌握 PMS 故障单相关环节操作。

（4）熟悉配电网运行相关异常的定义概念；了解配变运行异常查询的系统流程操作；掌握过重载、低电压等相关的系统操作。

（二）技能目标

（1）能够熟练快速准确查询二维码、配电网设备台账，并找到关键字段。

（2）能够熟练自主操作任务池，进行月计划、周计划及工作任务单拟定；了解异动定义及自主发起流程；掌握各类检修申请单填报、两票应用及填写规范。

（3）能够熟练地针对 PMS 故障单进行研判，准确地对故障相关信息进行录入。

（4）能够熟练地操作查询配变运行低电压等各类异常；了解相关异常处置操作；掌握利用系统的限定条件对配电网运行进行综合分析的相关操作。

（三）素质目标

培养学员细心细致、敬业乐业的工作作风，良好的团队协作精神和沟通能力，以及敬业、精益、专注的工匠精神。树立配电网运维工作主人翁意识，扎实开展配电网设备运维工作，形成良好的运维职业习惯。

模块一　配电设备管理

【模块描述】

（1）本模块主要包括二维码管理、设备台账管理2个工作任务。

（2）核心知识点包括配电设备二维码应用场景；配电网站内、站外、低压设备台账重要字段查询操作等。

【模块目标】

（一）知识目标

熟悉配电设备二维码打印操作；了解二维码统计查询、站内一次设备查询、站外一次设备查询、低压设备查询；掌握配电设备台账重要字段查询操作要求。

（二）技能目标

能够熟练快速准确查询二维码及配电设备台账，并找到关键字段。

（三）素质目标

培养学员细心细致、敬业乐业的工作作风。

任务一　二维码管理

【任务目标】

（1）熟悉配电设备二维码打印、查询系统操作。

（2）掌握配电设备二维码打印、查询操作的注意事项。

（3）能够按照规范要求完成二维码打印、查询的操作。

【任务描述】

（1）本任务主要完成二维码打印、二维码查询2个操作过程。

（2）本工作任务以打印某配电室二维码及查询某时段班组安装的二维码数量为例来说明系统操作过程。

【知识准备】

1. 配电设备二维码概念

配电设备二维码是对部分关键性配电设备进行系统配置唯一的二维码，可通过扫码进行操作设备、查询设备台账等操作，同时实现全覆盖，以应对日益提升的数字化、智能化运维工作需求。

2. 配电设备二维码打印

通过二维码打印操作，可实现配电设备新建、改造后的二维码全覆盖要求。

3. 配电设备二维码查询

通过二维码查询操作，可实现及时掌握配电设备二维码安装覆盖情况的要求。

【任务实施】

1. 二维码打印

二维码打印按类型分为杆塔、站房二维码打印。二维码打印类型如图 1-1-1 所示。

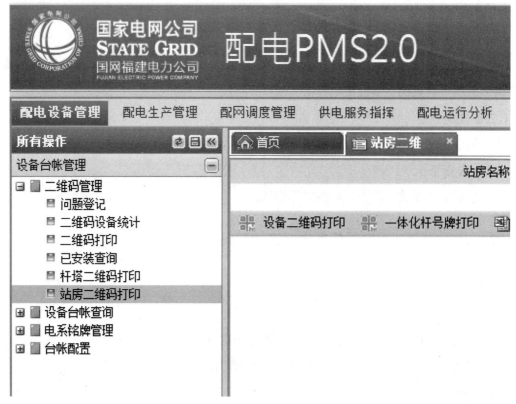

图 1-1-1　二维码打印类型

根据树形菜单上所对应的打印设备类型，如打印某站房二维码。在左边菜单中，选择"二维码管理"→"站房二维码打印"，进入具体台账的查询管理页。台账查询管理页如图 1-1-2 所示。

在台账查询管理页面的"站房名称"中输入查询条件（如某配电室），直接点击"查询"按钮，显示该站房的所有设备信息。台账查询结果如图 1-1-3 所示。

在查询结果页面选择所需打印配电室，点击"一体化杆号牌打印"后，选择"普贴"，即可弹出所需打印的二维码进行打印。二维码打印页面如图 1-1-4 所示。

图 1-1-2 台账查询管理页

图 1-1-3 台账查询结果

图 1-1-4 二维码打印页面

2. 二维码查询

根据树形菜单上所对应的"已安装查询",如查询某班组 1 天安装二维码数量。在左边菜单中,选择"二维码管理"→"已安装查询",进入具体二维码的查询管理页。二维码查询路径如图 1-1-5 所示。

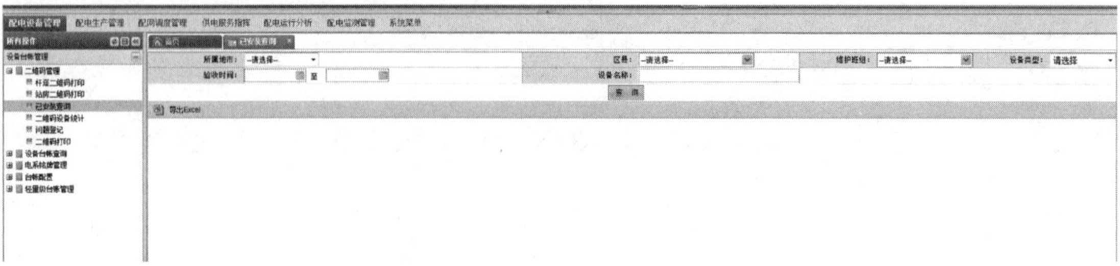

图 1-1-5 二维码查询路径

在查询页面中的"所属地市""区县""维护班组""设备类型""验收时间"中输入已知信息进行筛选，直接点击"查询"按钮，即可显示某日某班组所安装二维码数量。二维码查询结果如图 1-1-6 所示。

图 1-1-6 二维码查询结果

【任务评价】

一、二维码管理模块考核要求

（一）理论考核

完成二维码管理知识测验，主要内容包括二维码的打印操作和各类型条件查询的准确率。

（二）技能考核

利用机房系统进行实际操作，打印某配电室二维码及查询某时段班组安装的二维码数量，按照标准操作要求进行考核。

二、二维码管理模块考核标准

二维码管理考核评分表见表 1-1-1。

表 1-1-1　　　　　　　　　　二维码管理考核评分表

班级：_____　姓名：_____　得分：_____					
考核项目：二维码管理查询				考核时间：20 分钟	
序号	主要内容	考核要求	评分标准	分值	得分
1	工作前准备	1）FPMS 系统计算机、系统账号、网址正确； 2）笔、纸等准备充分	不能正确登录系统扣 5 分	5	
2	作业风险分析与预控	1）个人账号和密码应妥善保管； 2）客户信息、系统数据保密	1）进行危险点分析及注意事项交代不得分； 2）分析不全面，扣 5 分	10	
3	二维码打印	按提供的指定设备条件信息打开至二维码打印界面，并完成正确二维码的打印	1）错、漏每处按比例扣分； 2）本项分数扣完为止	30	
4	二维码查询	按提供的指定字段相关信息打开至二维码查询界面，并完成正确的二维码统计信息查询	1）错、漏每处按比例扣分； 2）本项分数扣完为止	30	
5	数据分析	根据查询出的二维码安装的相关信息进行某辖区二维码使用情况分析	1）分析不到位按比例扣分； 2）本项分数扣完为止	15	
6	作业完成	记录上传、归档	未上传归档不得分	10	
合计				100	
教师签名					

任务二　设 备 台 账 管 理

📖【任务目标】

（1）熟悉配电设备站内一次设备查询、站外一次设备查询、低压设备查询操作。

（2）掌握配电设备站内一次设备查询、站外一次设备查询、低压设备查询操作的注意事项。

（3）能够按照规范要求完成相应设备查询的操作。

📖【任务描述】

（1）本任务主要完成配电设备站外一次设备查询、站内一次设备查询、低压设备查询 3 个操作过程。

（2）本工作任务以查询某一站房站外一次设备的台账字段为例进行系统操作说明。

图 1-1-7　设备台账查询路径

图 1-1-8　设备台账查询菜单树

【知识准备】

1. 配电设备台账

台账是对每个设备的编号，如同每个人的座号一样，具有唯一性。配电设备按类型可分为站内一次设备、站外一次设备和低压设备，通过判断设备类型，可快速在相应模块进行设备查询。

2. 站内一次设备

站内一次设备主要是指配电网中的户内站房类设备（含内部），如开关站、配电站（室）、箱式变电站、站内负荷开关、站内断路器、配电变压器、站内开关柜等设备。

3. 站外一次设备

站外一次设备主要是指配电网中的户外架空类设备，如杆塔、柱上隔离开关、柱上断路器、柱上负荷开关、柱上变压器、中压导线、中压电缆、大馈线等设备。

4. 低压设备

低压设备主要是指配电变压器台区中的低压杆塔、低压导线、低压电缆、低压电缆分支箱、低压综合配电箱、低压断路器等设备。

【任务实施】

（一）站外一次设备查询

一般情况下，针对设备非重要字段，直接进行设备台账维护。设备台账查询路径、设备台账查询菜单树如图 1-1-7、图 1-1-8 所示。

1. 设备台账查询

根据树形菜单上所对应的设备类型，实现分类查询设备。在左边菜单中，选择"设备台账管理"→"设备台账查询"。设备台账查询如图 1-1-9 所示。

在树形菜单中，选择要查询的台账类型下的具体台账类，进入具体类台账的查询管理页，如"站外一次设备"，站外一次设备查询结果如图 1-1-10 所示。

图 1-1-9　设备台账查询

图 1-1-10　站外一次设备查询结果

在查询页面，若不输入查询条件，直接点击"查询"按钮，显示该设备类型的所有设备信息；在查询条件栏中输入或选择待查询条件，点击"查询"按钮，显示满足查询条件的设备台账信息；若要清除查询条件，点击页面中的"重置"按钮，可将查询条件清空。设备查询结果如图 1-1-11 所示。

2. 基本信息查询

展开设备菜单树，选择某个具体的设备，显示详细的设备信息：基本信息、电系铭牌、电系铭牌运行、设备履历、设备版本、调度运行信息、调度自动化信息、附件。点击相关信息可直接对查询出的设备台账属性信息进行查看、修改、删除、导出。设备台账查询结果、修改设备台账页面如图 1-1-12、图 1-1-13 所示。

图 1-1-11　设备查询结果

图 1-1-12　设备台账查询结果

图 1-1-13　修改设备台账页面

（二）站内一次设备查询

具体操作同站外一次设备查询，此处不再详细介绍。

（三）低压设备查询

具体操作同站外一次设备查询，此处不再详细介绍。

【任务评价】

一、设备台账管理考核要求

（一）理论考核

完成设备台账管理知识测验，主要内容包括配电设备台账的概念分类和各类型台账按条件查询操作的准确率。

（二）技能考核

利用机房系统进行实际操作，查询某配电变压器、柱上变压器、低压杆塔相关台账信息，按照标准操作要求进行考核。

二、设备台账管理考核标准

设备台账管理考核评分表见表1-1-2。

表1-1-2　　　　　　　　　　　设备台账管理考核评分表

班级：		姓名：		得分：		
考核项目：设备台账管理查询				考核时间：20分钟		
序号	主要内容	考核要求	评分标准		分值	得分
1	工作前准备	1）FPMS系统计算机、系统账号、网址正确； 2）笔、纸等准备充分	不能正确登录系统扣5分		5	
2	作业风险分析与预控	1）注意个人账号和密码应妥善保管； 2）客户信息、系统数据保密	1）未进行危险点分析及注意事项交代不得分； 2）分析不全面，扣5分		10	
3	站内一次设备查询	按提供的指定字段相关信息打开至站内一次设备查询界面，并完成正确的站内一次设备信息查询	1）错、漏每处按比例扣分； 2）本项分数扣完为止		25	
4	站外一次设备查询	按提供的指定字段相关信息打开至站外一次设备查询界面，并完成正确的站外一次设备信息查询	1）错、漏每处按比例扣分； 2）本项分数扣完为止		25	
5	低压设备查询	按提供的指定字段相关信息打开至低压设备查询界面，并完成正确的低压设备信息查询	1）错、漏每处按比例扣分； 2）本项分数扣完为止		25	
6	作业完成	记录上传、归档	未上传归档不得分		10	
合计					100	
教师签名						

模块二　配电生产管理

【模块描述】

（1）本模块主要包括任务池管理、月计划管理、周计划管理、工作任务单管理、设备异动管理、检修申请管理、两票管理 7 个工作任务。

（2）核心知识点包括任务池概念及相应操作、月计划填写规范及查询要点、周计划填写规范及查询要点、工作任务单填写规范及查询要点、设备异动概念及相关操作规范、带电联系单编制规范、现场勘察申请单填写规范、外单位申请定义及填报规范、客户停复役申请编制、工作票应用场景及填写规范、操作票概念及填写规范。

【模块目标】

（一）知识目标

熟悉任务池、月计划、周计划及工作任务单的相关填写操作规范；了解异动单、检修申请中现场勘察申请单等各类申请的概念定义及相关操作；掌握工作票、操作票适用范围及相关填写规范。

（二）技能目标

能够熟练自主操作任务池、月计划、周计划及工作任务单拟定；了解异动定义及自主发起流程；掌握各类检修申请单填报、两票应用及填写规范。

（三）素质目标

培养学员的工作团队协作精神和沟通能力。

任务一　任务池管理

【任务目标】

（1）熟悉任务池概念及任务池编制、查询相关操作。

（2）掌握任务池编制、查询操作的注意事项。

（3）能够按照规范要求完成任务池编制、查询的操作。

【任务描述】

（1）本任务主要完成任务池编制、任务池查询 2 个操作过程。

（2）本工作任务以编制某配电变压器检修任务池、对已编制任务池进行查询为例进行系统操作说明。

【知识准备】

（一）任务池概念

任务池是日常生产运维任务中安排工作计划的一个系统应用。如故障消缺、试验、例行检验、施工等多种类生产工作的集中安排，类似原有配电 PMS（GPMS）系统中待排库，但在配电 PMS2.0（FPMS）系统中须关联工作相关设备。

（二）任务池编制

任务池编制是根据相关生产任务的不同需求，对任务池进行任务内容、涉及设备、工作类别等相关字段编辑的功能。

（三）任务池查询

任务池查询是根据已知某生产任务的部分信息，对任务池进行任务内容、涉及设备、工作类别等相关字查询的功能。

【任务实施】

（一）任务池编制

任务池类似于 GPMS 系统中待排库，但在 FPMS 中不需要走相应流程，且任务池中的任务必须关联设备。任务池主要来源：故障、缺陷或者直接新增，若来源于缺陷，可点击"查看缺陷信息"，查看已关联的缺陷信息。

1. 新建

菜单路径："配电生产管理"→"任务池管理"→"任务池编制"→"新建"，弹出新增任务池窗口，根据实际情况填写页面信息，点击保存即可。新建任务池如图 1-2-1 所示。

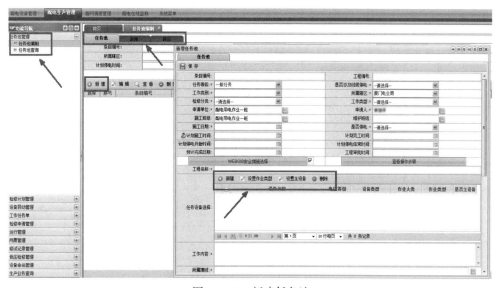

图 1-2-1 新建任务池

2. 编辑

菜单路径："配电生产管理"→"任务池管理"→"任务池编制"→"编辑"，选择打开任务池页面，修改任务池页面信息，点击保存即可。任务池编辑如图 1-2-2 所示。

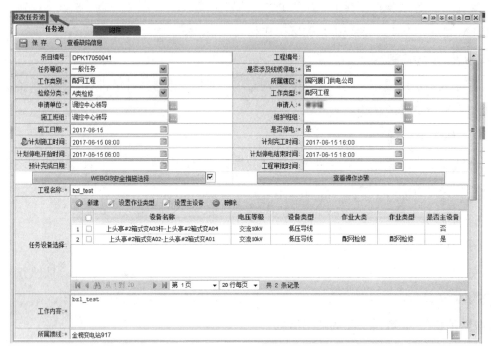

图 1-2-2　任务池编辑

3. 删除

菜单路径："配电生产管理"→"任务池管理"→"任务池编制"→"删除"，选择需要删除的任务池进行删除操作。删除任务池如图 1-2-3 所示。

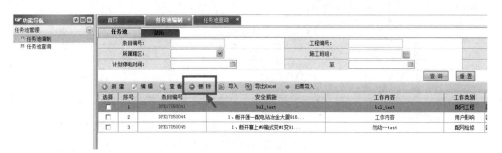

图 1-2-3　删除任务池

（二）任务池查询

1. 查看

菜单路径："配电生产管理"→"任务池管理"→"任务池查询"→"查看"，选择一条任务池记录进行查看操作。

2. 导出

菜单路径："配电生产管理"→"任务池管理"→"任务池查询"→"导出"，可根据条件筛选所选并导出 Excel。任务池导出如图 1-2-4 所示。

图 1-2-4　任务池导出

点击"导出 Excel"后可选择导出的内容，任务池导出内容选择如图 1-2-5 所示，选择好导出内容后即可生成任务池导出清单，任务池导出清单如图 1-2-6 所示。

图 1-2-5　任务池导出内容选择

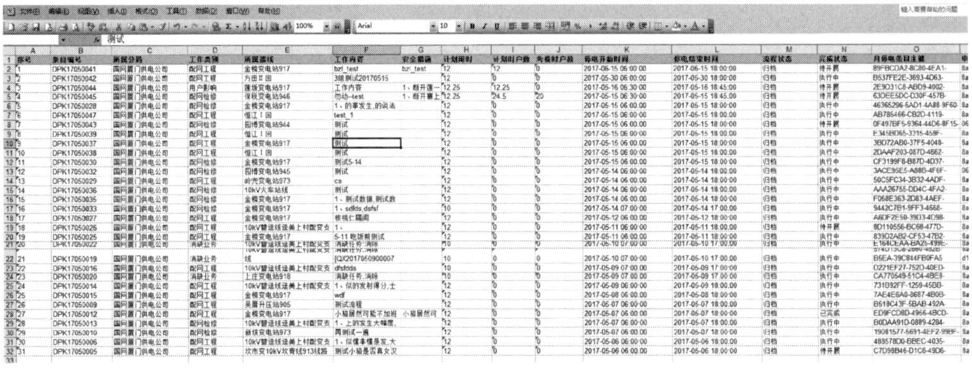

图 1-2-6　任务池导出清单

【任务评价】

一、任务池管理模块考核要求

（一）理论测验

完成任务池管理知识测验，主要内容包括任务池的编制操作和各类型条件查询的准确率。

（二）技能考核

用机房系统进行实际操作，根据给定的考核任务相关信息进行任务池编制、查询指定内容的任务池并获取相应字段信息，按照标准操作要求进行考核。

二、任务池管理模块考核标准

任务池管理考核评分表见表 1-2-1。

表 1-2-1   **任务池管理考核评分表**

班级：_____   姓名：_____   得分：_____

考核项目：任务池管理				考核时间：20 分钟		
序号	主要内容	考核要求	评分标准		分值	得分
1	工作前准备	1）FPMS 系统计算机、系统账号、网址正确； 2）笔、纸等准备充分	不能正确登录系统扣 5 分		5	
2	作业风险分析与预控	1）注意个人账号和密码应妥善保管； 2）客户信息、系统数据保密	1）未进行危险点分析及注意事项交代不得分； 2）分析不全面，扣 5 分		10	
3	任务池编制	按照给定的任务相关信息进行任务池设备、时间、工作内容编制等操作	1）错、漏每处按比例扣分； 2）本项分数扣完为止		45	
4	任务池查询	按照给定的任务相关信息进行任务池设备、时间、工作内容查询等操作	1）错、漏每处按比例扣分； 2）本项分数扣完为止		30	
5	作业完成	记录上传、归档	未上传归档不得分		10	
合计					100	
教师签名						

任务二 月 计 划 管 理

【任务目标】

（1）熟悉月计划概念及计划拟定、查询相关操作。

（2）掌握月计划拟定、查询操作的注意事项。

（3）能够按照规范要求完成月计划拟定、查询的操作。

【任务描述】

（1）本任务主要完成月计划拟定、月计划查询2个操作过程。

（2）本工作任务以编制某配电变压器改造任务月计划、对已编制月计划进行查询为例进行系统操作说明。

【知识准备】

（一）月计划概念

在日常生产工作中，为保障供电可靠性和合理安排停电，同时对运维班组的操作工作量、施工队伍力量进行平衡，保证下个月的生产检修工作安排合理，每月月初会在 FPMS 系统检修计划管理模块中的月计划管理模块拟定月计划。

（二）月计划拟定

月计划拟定是根据相关生产任务的不同需求，对月计划进行任务内容、涉及设备、工作类别等相关字段编辑，正确填写安全措施、停电用户等操作的功能。

（三）月计划查询

月计划查询是根据已知某生产任务的部分信息，对月计划进行任务内容、涉及设备、工作类别等相关字查询的功能。

【任务实施】

（一）月计划拟定

菜单路径："配电生产管理"→"检修计划管理"→"月停电检修计划管理"→"月计划拟定"。月计划流程图如图 1-2-7 所示。

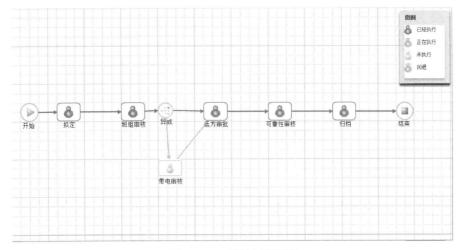

图 1-2-7　月计划流程图

1. 月计划新建

在"月计划拟定"选项中选择进入任务池分页，点击"办理"，生成月检修计划，新建月计划如图 1-2-8 所示。

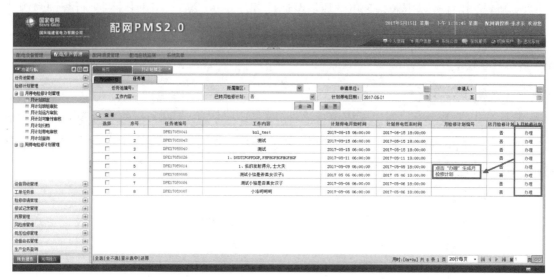

图 1-2-8　新建月计划

2. 月计划修改

在月检修计划分页点击"条目编号"，对月计划内容进行修改。月计划修改如图 1-2-9 所示。

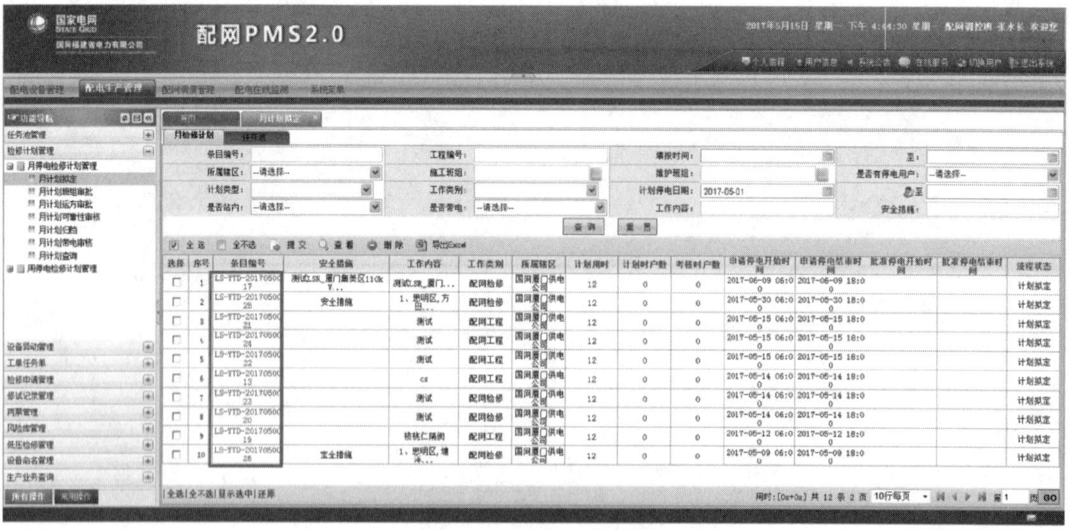

图 1-2-9　月计划修改

3. 是否带电配合

是否带电配合填"是"，审核流程需带电专责进行审核。带电配合选择如图1-2-10所示。

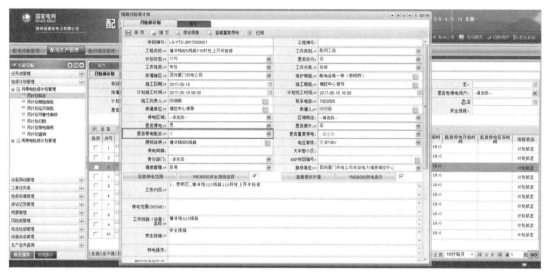

图1-2-10　带电配合选择

4. 提交

点击"提交"送发至班组审核。月计划提交如图1-2-11所示。

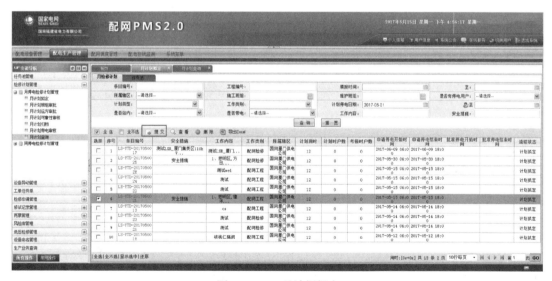

图1-2-11　月计划提交

5. 删除

点击"删除"，任务返回任务池中。月计划删除如图1-2-12所示。

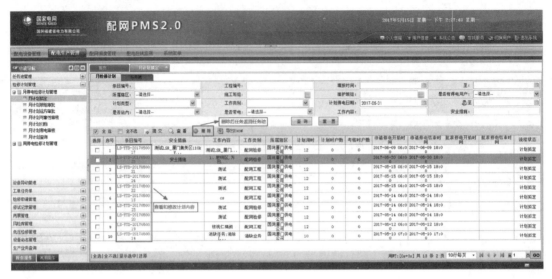

图 1-2-12　月计划删除

（二）月计划查询

1. 查询

菜单路径："配电生产管理"→"检修计划管理"→"月停电检修计划管理"→"月计划查询"，输入查询条件，通过查询条件，点击"查询"查看查询结果。月计划查询结果如图 1-2-13 所示。

图 1-2-13　月计划查询结果

2. 导出

在月计划查询分页点击"数据导出（打印）"，导出表格。查询结果导出如图 1-2-14 所示。

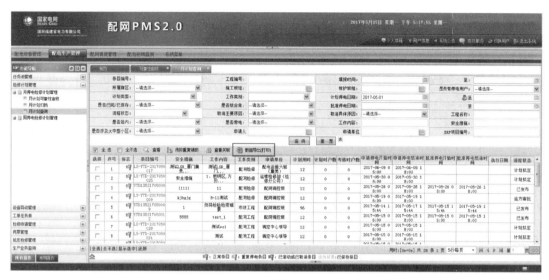

图 1-2-14　查询结果导出

【任务评价】

一、月计划管理模块考核要求

（一）理论测验

完成月计划管理知识测验，主要内容包括月计划拟定操作和各类型条件查询的准确率。

（二）技能考核

用机房系统进行实际操作，根据给定的考核任务相关信息进行月计划拟定、根据指定内容查询月计划并获取相应字段信息，按照标准操作要求进行考核。

二、月计划管理模块考核标准

月计划管理考核评分表见表 1-2-2。

表 1-2-2　　　　　　　　　　月计划管理考核评分表

班级：	姓名：	得分：			
考核项目：月计划管理				考核时间：30 分钟	
序号	主要内容	考核要求	评分标准	分值	得分
1	工作前准备	1）FPMS 系统计算机、系统账号、网址正确； 2）笔、纸等准备齐全	不能正确登录系统扣 5 分	5	
2	作业风险分析与预控	1）注意个人账号和密码应妥善保管； 2）客户信息、系统数据保密	1）未进行危险点分析及交代注意事项不得分； 2）分析不全面，扣 5 分	10	
3	月计划拟定	按照给定的任务相关信息进行月计划设备、时间、工作内容编制等操作	1）错、漏每处按比例扣分； 2）本项分数扣完为止	45	

续表

序号	主要内容	考核要求	评分标准	分值	得分
4	月计划查询	按照给定的任务相关信息进行月计划设备、时间、工作内容查询等操作	1）错、漏每处按比例扣分； 2）本项分数扣完为止	30	
5	作业完成	记录上传、归档	未上传归档不得分	10	
合计				100	
教师签名					

任务三 周 计 划 管 理

【任务目标】

（1）熟悉周计划概念及计划拟定、查询相关操作。

（2）掌握周计划拟定、查询操作的注意事项。

（3）能够按照规范要求完成周计划拟定、查询的操作。

【任务描述】

（1）本任务主要完成周计划拟定、周计划查询 2 个操作过程。

（2）本工作任务以编制某配电变压器改造任务周计划、对已编制周计划进行查询为例进行系统操作。

【知识准备】

（一）周计划概念

在日常生产工作中，在已完成月计划的前提（或临时性计划）下，如因工作任务变更、不可抗力、施工受阻、用户诉求等情况导致月计划无法按时进行时，可使用周计划对原定任务的时间、具体工作内容进行变更，可保证月计划在多变的影响下顺利执行。

（二）周计划拟定

周计划拟定是根据相关生产任务的变更需求，对周计划进行任务内容、涉及设备、任务时间等相关字段变更的功能。

（三）周计划查询

周计划查询是根据已知某生产任务的部分信息，对周计划进行任务内容、涉及设备、工作类别等相关字查询的功能。

【任务实施】

（一）周计划拟定

菜单路径："配电生产管理"→"检修计划管理"→"周停电检修计划管理"→"周计

划拟定"。周计划流程图如图 1-2-15 所示。

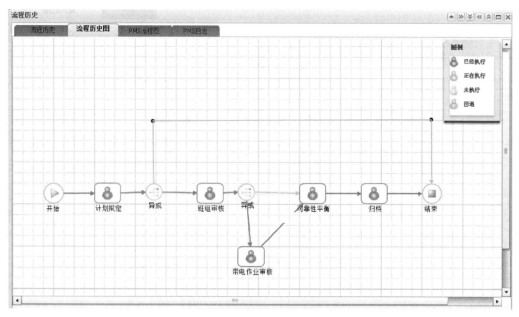

图 1-2-15 周计划流程图

1. 新增

在"周计划拟定"页面中点击"新增",弹出新增周检修计划框,选择任务,点击"生成周计划"按钮,生成周计划。新建周计划如图 1-2-16 所示。

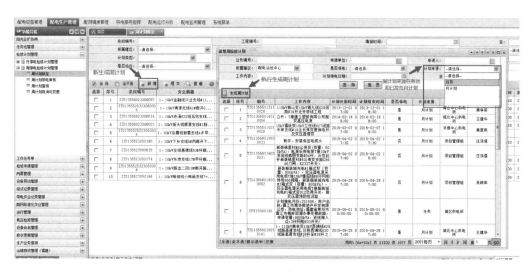

图 1-2-16 新建周计划

2. 解除锁定

如周计划来源于月计划,此时周计划默认为锁定状态,任务不做变更,流程提交直接发送到结束。若计划内容需变更，需要进行解除锁定操作，即点击"解除锁定"，解锁后周计划按常规审核流程进行处理。解锁周计划如图 1-2-17 所示。

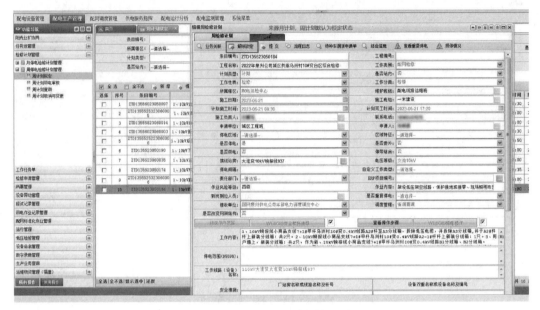

图 1-2-17 解锁周计划

3. 恢复锁定

解除锁定更改相关信息后，点击"恢复锁定"按钮，计划信息恢复为锁定前状态。恢复周计划锁定如图 1-2-18 所示。

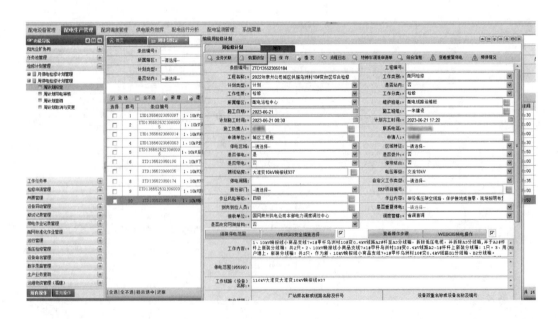

图 1-2-18 恢复周计划锁定

4. 是否带电配合

是否带电配合选择为"是"，计划需发送到带电审核环节。带电配合确定如图 1-2-19 所示。

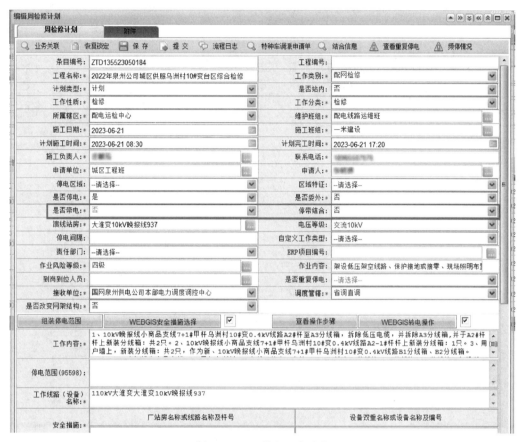

图 1-2-19 带电配合确定

（二）周计划查询

1. 查询

菜单路径："配电生产管理"→"检修计划管理"→"周停电检修计划管理"→"周计划查询"，输入查询条件，通过查询条件，点击"查询"按钮查看查询结果。查询周计划如图 1-2-20 所示。

2. 查看关联

点击"查看关联"按钮，勾选计划，查看计划关联任务信息，如图 1-2-21 所示。

3. 导出

在"数据查询"分页点击"数据导出（打印）"按钮，导出表格。导出周计划如图 1-2-22 所示。

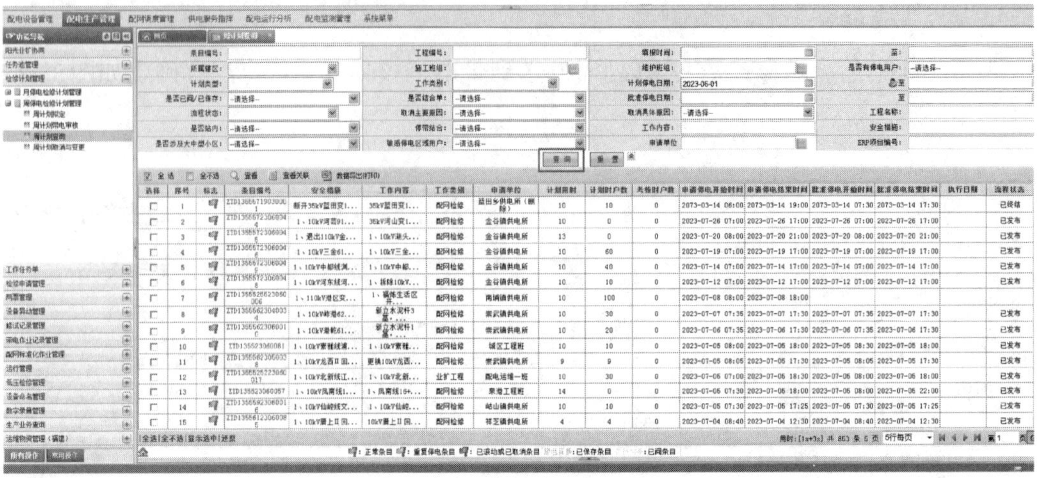

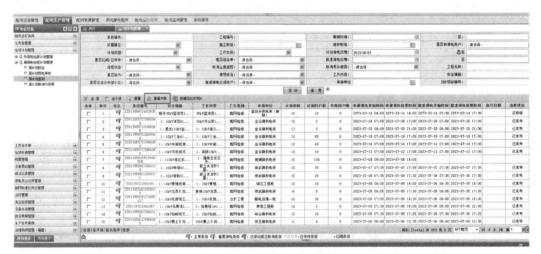

图 1-2-20　查询周计划

图 1-2-21　关联信息查询

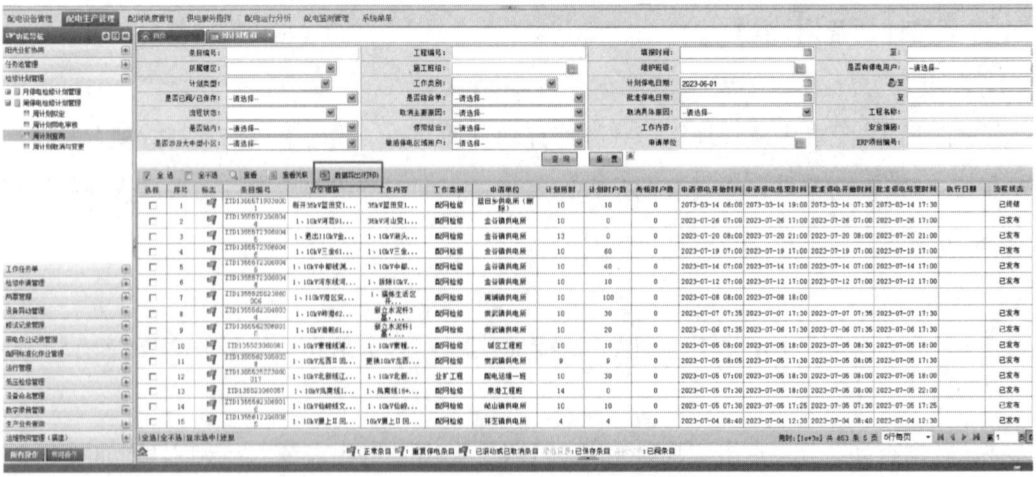

图 1-2-22　导出周计划

【任务评价】

一、周计划管理模块考核要求

（一）理论测验

完成周计划管理知识测验，主要包括周计划的编辑变更操作和各类型条件查询的准确率。

（二）技能考核

用机房系统进行实际操作，根据给定的考核任务相关信息拟定周计划、根据指定内容查询周计划并获取相应字段信息，按照标准操作要求进行考核。

二、周计划管理模块考核标准

周计划管理考核评分表见表1-2-3。

表 1-2-3　　　　　　　　　　　周计划管理考核评分表

班级：_____　姓名：_____　得分：_____					
考核项目：周计划管理				考核时间：20分钟	
序号	主要内容	考核要求	评分标准	分值	得分
1	工作前准备	1）FPMS系统计算机、系统账号、网址正确； 2）笔、纸等准备齐全	不能正确登录系统扣5分	5	
2	作业风险分析与预控	1）注意个人账号和密码应妥善保管； 2）客户信息、系统数据保密	1）未进行危险点分析及注意事项交代不得分； 2）分析不全面，扣5分	10	
3	周计划拟定	按照给定的任务相关信息进行周计划设备、时间、工作内容编制等操作	1）错、漏每处按比例扣分； 2）本项分数扣完为止	45	
4	周计划查询	按照给定的任务相关信息进行周计划设备、时间、工作内容查询等操作	1）错、漏每处按比例扣分； 2）本项分数扣完为止	30	
5	作业完成	记录上传、归档	未上传归档不得分	10	
合计				100	
教师签名					

任务四　工作任务单管理

【任务目标】

（1）熟悉工作任务单概念及工作任务单拟定、查询相关操作。

（2）掌握工作任务单拟定、查询操作的注意事项。

（3）能够按照规范要求完成工作任务单拟定、查询的操作。

【任务描述】

（1）本任务主要完成工作任务单拟定、工作任务单查询 2 个操作过程。

（2）本工作任务以编制某变电变压器改造任务工作任务单、对已编制工作任务单进行查询为例进行系统操作说明。

【知识准备】

（一）工作任务单概念

工作任务单如同某一生产任务的系统"档案袋"，在 FPMS 系统中起汇总作用，其中包含了周计划、月计划、异动单、勘察申请单、工作票等生产任务涉及的工作流程均可关联至工作任务单。工作任务单需要填写本次任务的简要内容，包括工作内容、时间、地点等，可以通过指定条件随时查询任务所有相关内容。

（二）工作任务单拟定

工作任务单拟定是根据相关生产任务的简要内容，对工作任务单进行任务内容、涉及设备、任务时间等相关字段编制的功能。

（三）工作任务单查询

工作任务单查询是根据已知某生产任务的部分信息，对工作任务单进行任务内容、涉及设备、工作类别等相关字查询的功能。

【任务实施】

（一）工作任务单拟定

工作任务单类似于 GPMS 系统中工单，FPMS 中工作任务单不允许单独启动，必须与任务池进行关联，所以要先勾选任务池才能新建工作任务单。

1. 新增

菜单路径："配电生产管理"→"工作任务单"→"工作任务单拟定"。工作任务单拟定如图 1-2-23 所示。

图 1-2-23　工作任务单拟定

在工作任务单拟定分页点击"新增"按钮，打开工作任务单拟定填写页面。新增拟定任务如图 1-2-24 所示。

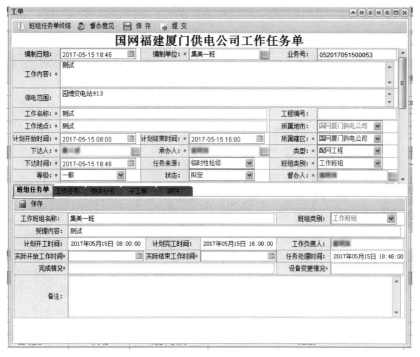

图 1-2-24　新增拟定任务

填写好工作任务单后，点击"保存"按钮，保存工作任务单。需要注意的是，"班组任务单终结"按键必须在这项工程所有业务结束后进行点击，表示整项工程结束。点击班组任务单分页，查看任务单详情，班组任务单视图如图 1-2-25 所示。

图 1-2-25　班组任务单视图

2. 填写修试记录

点击"工作任务"→"修试记录"，填写修试记录。修试记录属于必填项，否则点击班组任务单终结按键会报错。修试记录填写如图 1-2-26 所示。

图 1-2-26 修试记录填写

3. 相关业务

点击"相关业务"按钮，可对工作任务单进行启动、关联、删除关联操作。相关业务功能图如图 1-2-27 所示。

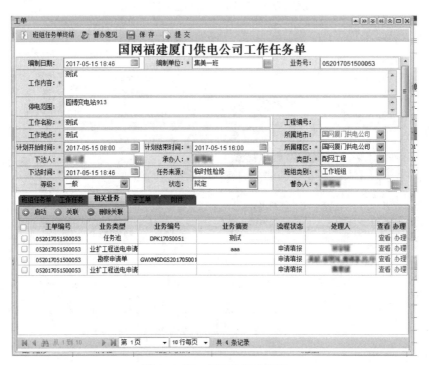

图 1-2-27 相关业务功能图

（二）工作任务单查询

菜单路径："配电生产管理"→"工作任务单"→"工作任务单查询"。工作任务单查询路径如图 1-2-28 所示。

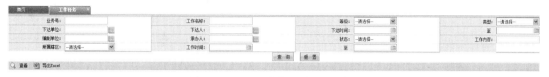

图 1-2-28　工作任务单查询路径

进入查询面页可以根据条件来过滤工作任务单，查找到所需查看的工作任务单，选择工作任务单，点击左下角的"查看"按钮即可查看具体内容。

【任务评价】

一、工作任务单管理模块考核要求

（一）理论测验

完成工作任务单管理知识测验，主要包括工作任务单的拟定操作和各类型条件查询的准确率。

（二）技能考核

用机房系统进行实际操作，根据给定的考核任务相关信息拟定工作任务单、根据指定内容查询工作任务单并获取相应字段信息，按照标准操作要求进行考核。

二、工作任务单管理模块考核标准

工作任务单管理考核评分表见表 1-2-4。

表 1-2-4　　　　　　　　　　　工作任务单管理考核评分表

班级：_____	姓名：_____	得分：_____

考核项目：工作任务单管理				考核时间：20 分钟	
序号	主要内容	考核要求	评分标准	分值	得分
1	工作前准备	1）FPMS 系统计算机、系统账号、网址正确； 2）笔、纸等准备齐全。	不能正确登录系统扣 5 分	5	
2	作业风险分析与预控	1）注意个人账号和密码应妥善保管； 2）客户信息、系统数据保密	1）未进行危险点分析及注意事项交代不得分； 2）分析不全面，扣 5 分	10	
3	工作任务单拟定	按照给定的任务相关信息进行工作任务单设备、时间、工作内容编制等操作	1）错、漏每处按比例扣分； 2）本项分数扣完为止	45	

序号	主要内容	考核要求	评分标准	分值	得分
4	工作任务单查询	按照给定的任务相关信息进行工作任务单设备、时间、工作内容查询等操作	1）错、漏每处按比例扣分； 2）本项分数扣完为止。	30	
5	作业完成	记录上传、归档	未上传归档不得分	10	
		合计		100	
教师签名					

任务五　设备异动管理

【任务目标】

（1）熟悉异动单概念及异动申请相关操作。

（2）掌握异动申请操作的注意事项。

（3）能够按照规范要求完成异动申请的操作。

【任务描述】

（1）本任务主要完成异动申请及编制1个操作过程。

（2）本工作任务以编制某拆除设备异动申请为例进行系统操作说明。

【知识准备】

（一）设备异动管理概念

设备异动管理是日常生产运维任务中的一个系统应用功能。日常运维工作中涉及设备变更、接线方式改变、双重名称编号改变等的生产工作均需使用设备异动管理，如原有架空馈线，中段缆化落地、新增变压器、环网柜、配电室设备等。

（二）设备异动编制

设备异动编制是根据相关生产任务的不同需求，收集相关工作的必要信息，如工作内容、施工时间、方式变更CAD、工程名称等，在FPMS系统中的异动单上进行相关字段编辑的功能。

（三）设备异动查询

设备异动查询是根据已知某生产任务的部分信息（如异动编号、异动设备名称、馈线名称、工程名称等），在FPMS系统中进行相关字段查询的功能。

【任务实施】

1. 设备异动流程

菜单路径："配电生产管理"→"设备异动管理"，在设备异动管理分页进行相关操作。

设备异动流程图如图 1-2-29 所示。

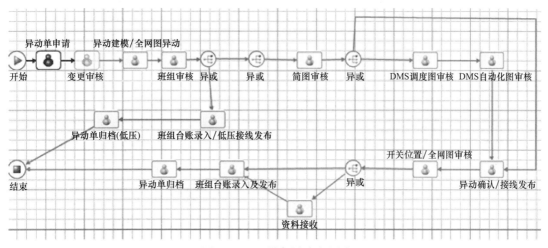

异动单申请 异动建模/全网图异动

开始 变更审核 班组审核 异或 异或 简图审核 异或 DMS调度图审核 DMS自动化图审核

异动单归档(低压) 班组台账录入/低压接线发布

开关位置/全网图审核

结束 异动单归档 班组台账录入及发布 异或 异动确认/接线发布

资料接收

图 1-2-29 设备异动流程图

2. 异动申请

菜单路径："配电生产管理"→"设备异动管理"→"异动申请"。异动申请路径如图 1-2-30 所示。

点击"新增"按钮,打开异动申请填写页面。异动单填写界面如图 1-2-31 所示。

异动申请填写完整后点击"保存"按钮,异动单保存后点击"提交"按钮送下一环节审核。如有相关的文件资料,可在异动附件中上传附件。异动附件新增如图 1-2-32 所示。

3. 变更审核

处于变更审核环节的人员登录后,在首页"待办工作"中可以看到该条异动记录走到下一流程环节"变更审核"。待办工单如图 1-2-33 所示。

变更审核环节人员在待办工作页面中点击"变更审核"按钮,打开异动的变更审核页面。变更审核界面如图 1-2-34 所示。

图 1-2-30 异动申请路径

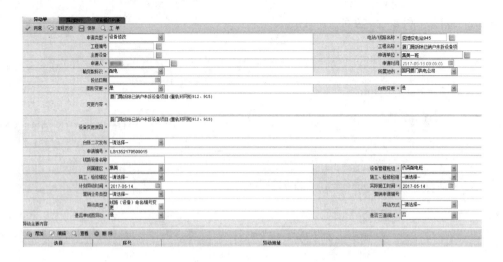

图 1-2-31 异动单填写界面

图 1-2-32 异动附件新增

图 1-2-33 待办工单

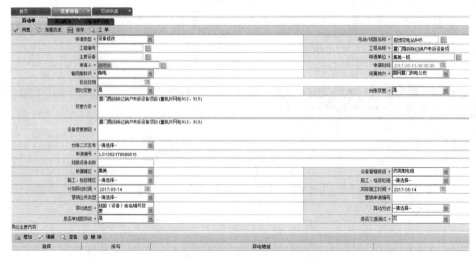

图 1-2-34 变更审核界面

【任务评价】

一、设备异动管理模块考核要求

（一）理论测验

完成设备异动管理知识测验，主要包括设备异动申请和编制的准确率。

（二）技能考核

用机房系统进行实际操作，根据给定的考核任务相关信息进行设备异动申请、根据指定内容进行设备异动编制，按照标准操作要求进行考核。

二、设备异动管理模块考核标准

设备异动管理考核评分表见表1-2-5。

表1-2-5 设备异动管理考核评分表

班级：_____ 姓名：_____ 得分：_____

考核项目：设备异动管理			考核时间：30分钟		
序号	主要内容	考核要求	评分标准	分值	得分
1	工作前准备	1）FPMS系统计算机、系统账号、网址正确； 2）笔、纸等准备齐全。	不能正确登录系统扣5分	5	
2	作业风险分析与预控	1）注意个人账号和密码应妥善保管； 2）客户信息、系统数据保密	1）未进行危险点分析及注意事项交代不得分； 2）分析不全面，扣5分	10	
3	异动单申请	按照给定的任务相关信息进行异动单申请类型、申请人、申请单位、工程编号、工程名称编制等操作	1）错、漏每处按比例扣分； 2）本项分数扣完为止	45	
4	异动单编制	按照给定的任务相关信息进行异动单变更内容、变更原因、计划时间、维护班组编制等操作	1）错、漏每处按比例扣分； 2）本项分数扣完为止	30	
5	作业完成	记录上传、归档	未上传归档不得分	10	
合计				100	
教师签名					

任务六 检修申请管理

【任务目标】

（1）熟悉现场勘察申请、外单位停电工作申请、客户停复役申请、带电作业工作联系单编制的相关操作。

（2）掌握现场勘察申请、外单位停电工作申请、客户停复役申请、带电作业工作联系单编制操作的注意事项。

（3）能够按照规范要求完成现场勘察申请、外单位停电工作申请、客户停复役申请、带电作业工作联系单编制的操作。

【任务描述】

（1）本任务主要完成现场勘察申请、外单位停电工作申请、客户停复役申请、带电作业工作联系单编制和查询 4 个操作过程。

（2）本工作任务以某用户检修申请编制和查询为例进行系统操作说明。

【知识准备】

（一）检修申请管理概念

检修申请管理是日常生产运维任务中的一个系统应用功能，其中包括现场勘察申请、外单位停电工作申请、客户停复役申请、带电作业工作联系单等，日常运维中的故障消缺、试验、例行检验、施工等生产工作均需使用。

（二）检修申请编制

检修申请编制是根据相关生产任务的不同需求，对现场勘察申请、外单位停电工作申请、客户停复役申请、带电作业工作联系单进行任务内容、涉及设备、工作类别等相关字段编辑的功能。

（三）检修申请查询

检修申请查询是根据已知某生产任务的部分信息，对现场勘察申请、外单位停电工作申请、客户停复役申请、带电作业工作联系单中的相关字段查询的功能。

【任务实施】

（一）现场勘察申请管理

现场勘察流程图如图 1-2-35 所示。

1．申请填写

（1）功能。提供停电用户编制现场勘察申请单。

（2）操作。菜单路径："配电生产管理"→"检修申请管理"→"现场勘察申请管理"→"申请填写"。勘察申请填写如图 1-2-36 所示。

申请填写页面分为上下两部分，上半部分为工单记录，工单由周停电计划或任务池直接生成，无法直接新增。新建申请单时需要先选中对应工作内容的工单记录，然后点击下半部分"新建申请单"按钮方可新增记录。新建申请单如图 1-2-37 所示。

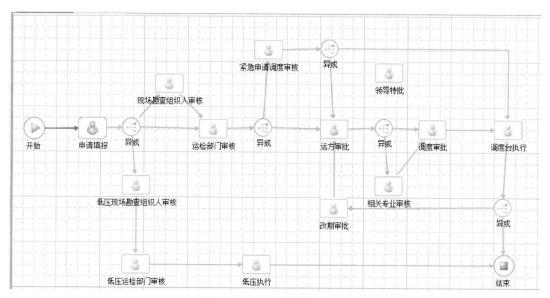

图 1-2-35　现场勘察流程图

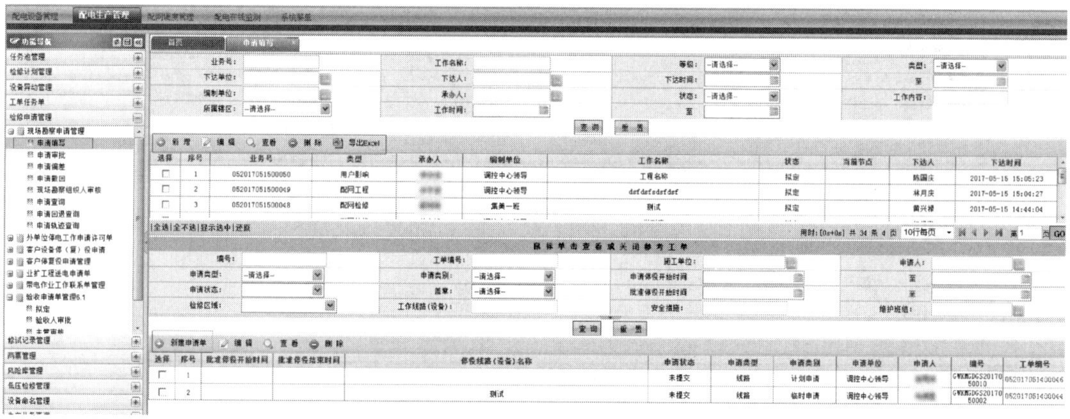

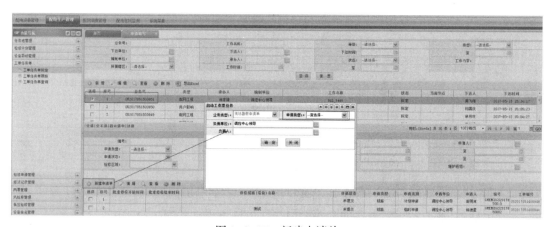

图 1-2-36　勘察申请填写

图 1-2-37　新建申请单

选择申请类型后，可直接打开新建申请单，填写相关字段后保存提交流程即可。需要注意的是，图 1-2-38 所示的申请单中加红色 * 的字段和安全措施是必填项；设备维护班组字段需要正确填写，这个字段用来控制是由哪个或哪几个设备维护部门的人员来审核申请单；申请类别是计划申请的申请单需要提前 11 天的 11:00 前填报，申请类别是临时申请的需要提前 4 天的 11:00 前填报（根据字段申请停电时间与当前时间做对比）；申请类别是计划结合的申请单，需要去结合已有的申请单。紧急类申请提交需要关联故障或危急类缺陷。保存申请单页面后会出现一个结合申请的按钮（正常这个按钮不显示）。申请单填写如图 1-2-38 所示。

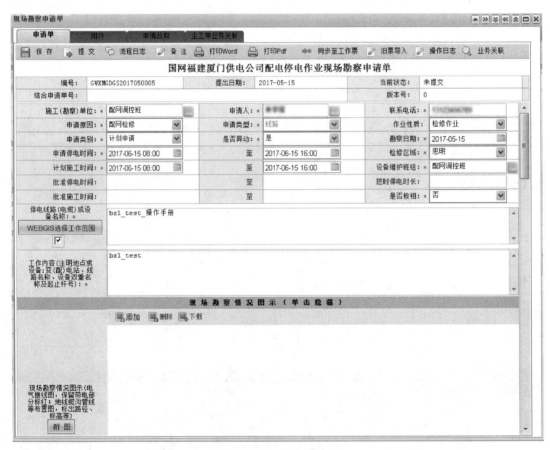

图 1-2-38　申请单填写

2. 申请查询

（1）功能。提供查询现场勘察申请单记录。

（2）操作。菜单路径："配电生产管理"→"检修申请管理"→"现场勘察申请管理"→"申请查询"，按步骤操作即可查询记录。申请单查询如图 1-2-39 所示。

图 1-2-39　申请单查询

（二）外单位停电工作申请许可单

1. 申请填报

（1）功能。提供停电用户编制外单位停电工作申请许可单，经用检审核、运方编制及审核后到调度台执行。

（2）操作。菜单路径："配电生产管理"→"检修申请管理"→"外单位停电工作申请许可单"→"申请填报"。停电许可申请如图 1-2-40 所示。

图 1-2-40　停电许可申请

点击"新增"按钮进行新增记录，系统将自动打开"外单位停电工作申请许可单"页面，填写页面上必填字段后，保存提交流程至审核节点。外单位停电工作申请许可单如图 1-2-41 所示。

图 1-2-41　外单位停电工作申请许可单

2. 申请查询

（1）功能。提供查询外单位停电工作申请许可单记录。

（2）操作。菜单路径："配电生产管理"→"检修申请管理"→"外单位停电工作申请许可单"→"申请查询"，按步骤操作即可查询记录。外单位停电工作申请许可单申请查询如图 1-2-42 所示。

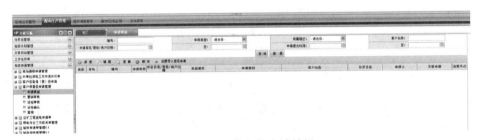

图 1-2-42 外单位停电工作申请许可单申请查询

（三）客户停复役申请管理

1. 申请填报

（1）功能。提供编制客户停复役申请单。

（2）操作。菜单路径："配电生产管理"→"检修申请管理"→"客户停复役申请单"→"申请填报"菜单。停复役申请填报如图 1-2-43 所示。

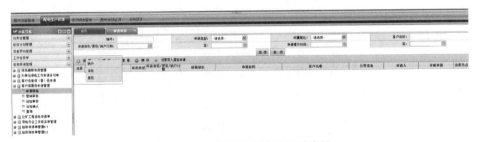

图 1-2-43 停复役申请填报

在申请填报页面点击"新增"按钮新增记录，也可选择销户、停役、复役。停复役申请单新增路径如图 1-2-44 所示。

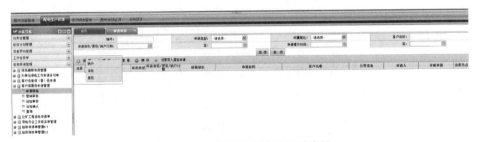

图 1-2-44 停复役申请单新增路径

选择需要填写的申请，维护好页面上必填字段后，保存提交流程至审核节点。停复役申请单填写如图 1-2-45 所示。

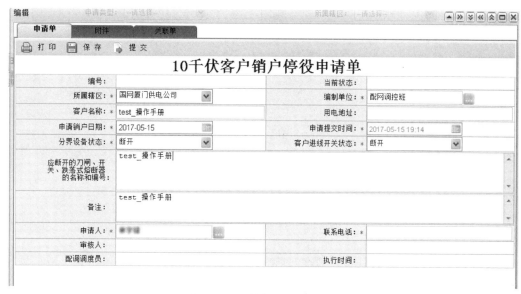

图 1-2-45　停复役申请单填写

2. 申请查询

（1）功能。提供查询客户停复役申请单记录。

（2）操作。菜单路径："配电生产管理"→"检修申请管理"→"客户停复役申请管理"→"查询"，按步骤操作即可查询记录。停复役申请单查询路径如图 1-2-46 所示。

图 1-2-46　停复役申请单查询路径

（四）带电作业工作联系单管理

1. 联系单填写

（1）功能。提供编制带电作业工作联系单。

（2）操作。菜单路径："配电生产管理"→"检修申请管理"→"带电作业工作联系单管理"→"联系单填写"。联系单填写路径如图 1-2-47 所示。

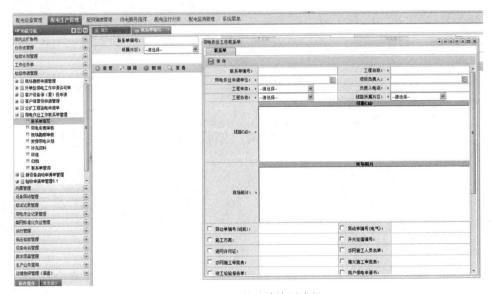

图 1-2-47　联系单填写路径

联系单页面如图 1-2-48 所示，在联系单页面点击"新增"按钮新增记录，填写带红色
* 必填项后点击"保存"按钮。只有保存完联系单后"线路 CAD"和"现场照片"项的"新
增""删除""下载""批量下载"按钮才会出现，点击对应按钮进行附件添加。联系单附件
添加如图 1-2-49 所示。

完成上述操作后点击"提交"按钮提交流程。联系单提交如图 1-2-50 所示。

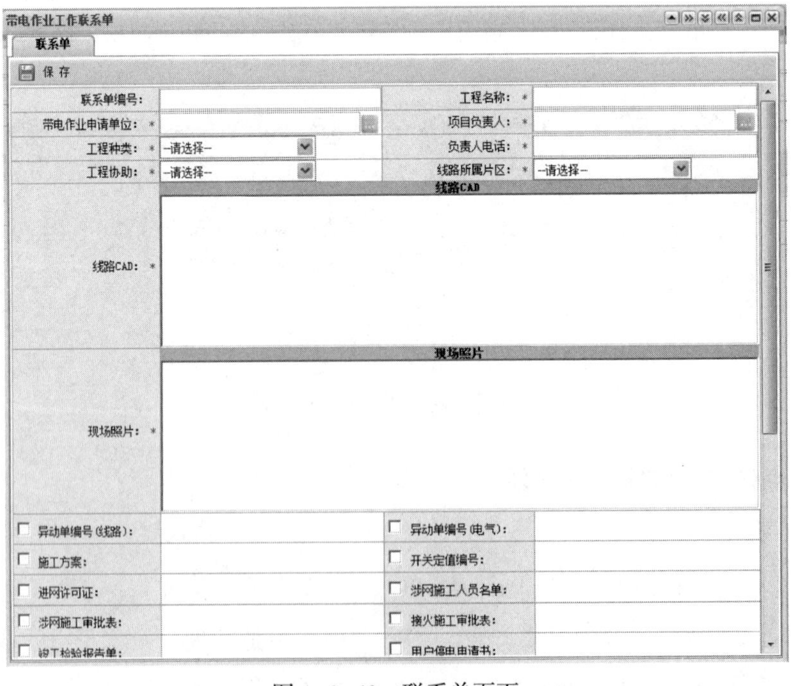

图 1-2-48　联系单页面

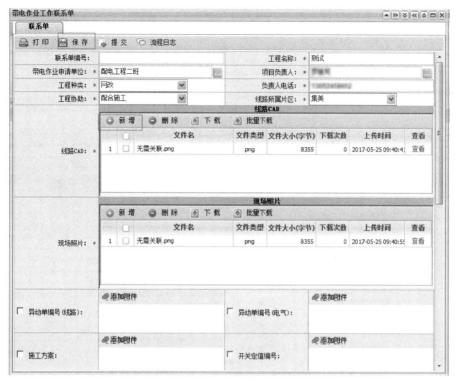

图 1-2-49　联系单附件添加

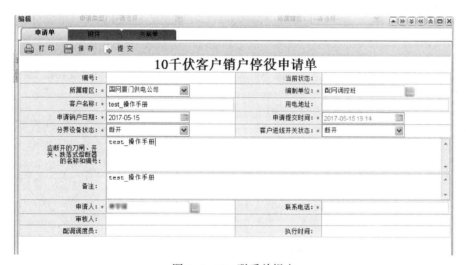

图 1-2-50　联系单提交

2. 补充资料

（1）功能。补充带电作业相关资料。

（2）操作。菜单路径："配电生产管理"→"检修申请管理"→"带电作业工作联系单管理"→"补充资料"，按步骤操作即可查找新代办工作单。选中相关业务，点击"审批"按钮，在此环节可以对"线路CAD""现场照片"进行补充，此时"新增""删除""下载"批量下载"按钮重新打开。另外，相关异动单和施工方案等也可以重新添加。补充材料后，流程需再次提交到"安排带电计划"节点重新安排带电计划，页面中"带电作业工作计划"时间项可以点击"新增"按钮新增第二次计划安排时间。联系单资料补充如图 1-2-51、安排带电计划页面 1-2-52 所示。

图 1-2-51 联系单资料补充

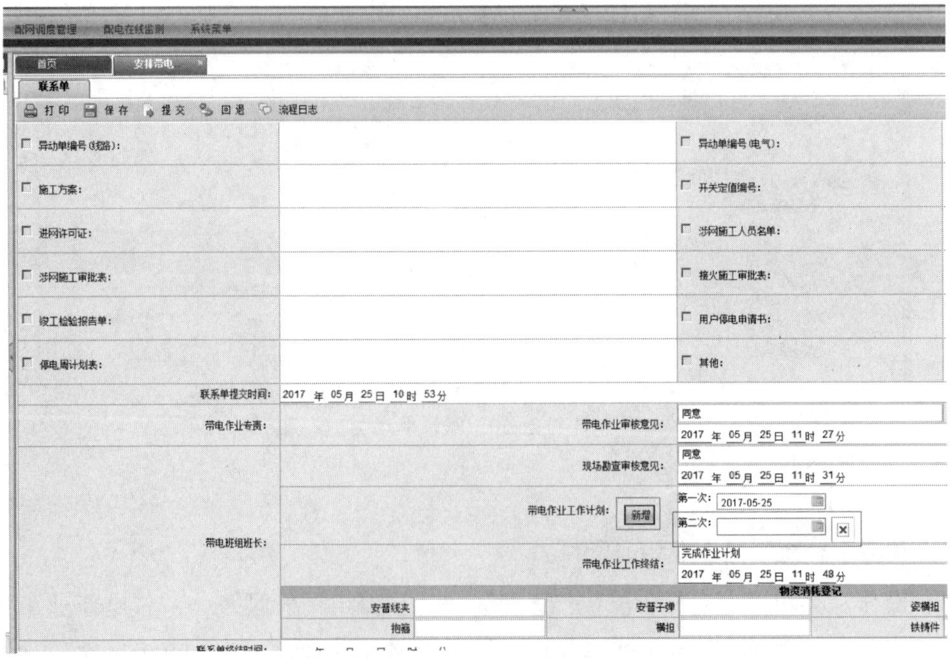

图 1-2-52 安排带电计划页面

3. 联系单查询

（1）功能。查询带电作业工作联系单。

（2）操作。菜单路径："配电生产管理"→"检修申请管理"→"带电作业工作联系单管理"→"联系单查询"，按照步骤操作即可查找带电作业工作联系单。联系单查询路径如图 1-2-53 所示。

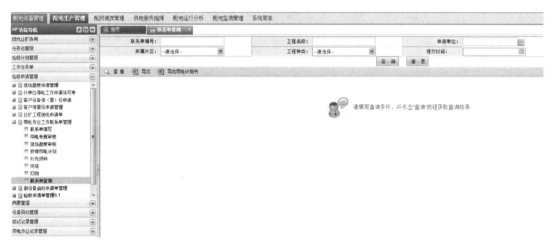

图 1-2-53　联系单查询路径

【任务评价】

一、检修申请管理模块考核要求

（一）理论测验

完成检修申请管理知识测验，主要包括现场勘察申请、外单位停电工作申请许可单、客户停复役申请、带电作业工作联系单的编制操作和各类型条件查询的准确率。

（二）技能考核

用机房系统进行实际操作，根据给定的考核任务相关信息进行现场勘察申请、外单位停电工作申请许可单、客户停复役申请、带电作业工作联系单编制，根据指定内容查询现场勘察申请、外单位停电工作申请许可单、客户停复役申请、带电作业工作联系单并获取相应字段信息，按照标准操作要求进行考核。

二、检修申请管理模块考核标准

检修申请管理考核评分表见表 1-2-6。

表 1-2-6　　　　　　　　　　　　检修申请管理考核评分表

班级：＿＿＿＿＿　姓名：＿＿＿＿＿　得分：＿＿＿＿＿

考核项目：检修申请管理				考核时间：90 分钟	
序号	主要内容	考核要求	评分标准	分值	得分
1	工作前准备	1）FPMS 系统计算机、系统账号、网址正确； 2）笔、纸等准备齐全	不能正确登录系统扣 5 分	5	
2	作业风险分析与预控	1）注意个人账号和密码应妥善保管； 2）客户信息、系统数据保密	1）未进行危险点分析及注意事项交代不得分； 2）分析不全面，扣 5 分	5	
3	现场勘察申请编制及查询	按照给定的任务相关信息进行现场勘察申请编制及查询等操作	1）错、漏每处按比例扣分； 2）本项分数扣完为止	20	
4	外单位停电工作申请许可单编制及查询	按照给定的任务相关信息进行外单位停电工作申请许可单编制及查询等操作	1）错、漏每处按比例扣分； 2）本项分数扣完为止	20	
5	客户停复役申请编制及查询	按照给定的任务相关信息进行客户停复役申请编制及查询等操作	1）错、漏每处按比例扣分； 2）本项分数扣完为止	20	
6	带电作业工作联系单编制及查询	按照给定的任务相关信息进行带电作业工作联系单编制及查询等操作	1）错、漏每处按比例扣分； 2）本项分数扣完为止	20	
7	作业完成	记录上传、归档	未上传归档不得分	10	
合计				100	
教师签名					

任务七　两　票　管　理

📖【任务目标】

（1）熟悉配电网工作票、倒闸操作票的编制操作。

（2）掌握配电网两票查询、应用操作的注意事项。

（3）能够按照规范要求完成配电网工作票、倒闸操作票的操作。

📖【任务描述】

（1）本任务主要完成配电网工作票、倒闸操作票的编制和查询应用 2 个操作过程。

（2）本工作任务以配电网工作票、倒闸操作票的编制操作和各类型条件查询为例进行系统操作说明。

【知识准备】

（一）配电网两票概念

两票（工作票、倒闸操作票）管理是日常生产运维工作中一项重要的组织措施。日常各类生产运维类工作均应进行对应票种使用。工作申请人根据经调度批准的现场勘察申请单填写配电工作票、倒闸操作票。

（二）配电网两票查询

配电网两票（工作票、倒闸操作票）查询是根据某配电网两票的部分已知信息，对配电网两票进行工作时间、工作线路、工作内容等相关字查询的功能。

（三）配电网两票应用

工作票可以分为配电第一种工作票、配电第二种工作票、配电带电作业工作票、配电故障紧急抢修单、配电工作任务单、低压工作票、现场工作任务派工单等。

倒闸操作票可分为电气操作票、线路操作票，按类型又可分为停电、送电、转电操作票等。

【任务实施】

（一）工作票管理

1. 工作票填写

（1）要求。工作票由工作票签发人或工作负责人填写。一张工作票中，工作票签发人、工作负责人和工作许可人三者不得互相兼任。

有两种方式开工作票：一种是通过工作任务单来启动工作票，并对工作票进行相应操作；另一种是在工作票页面通过填写工作票来进行操作。

（2）操作。菜单路径："配电生产管理"→"两票管理"→"工作票管理"→"工作票填写"。工作票填写路径如图 1-2-54 所示。

图 1-2-54 工作票填写路径

在工作票填写页面点击"鼠标单击查看或关闭参考工单"可进入查询窗口。查询窗口如图 1-2-55 所示。

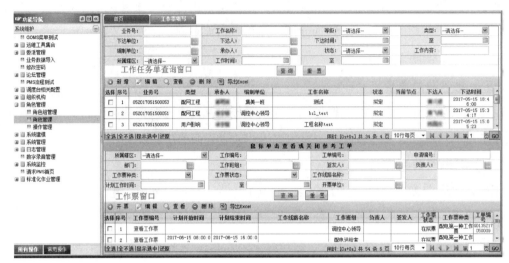

图 1-2-55 查询窗口

在图 1-2-55 中标注工作任务单查询窗口部分输入查询条件，查询找到工程对应的工作任务单，工作任务单是由根据任务池新增而来的，详细请看"任务 4 工作任务单管理"。

参考图 1-2-55 先选中"工作任务单"部分中的一条未执行完的工作任务单，再点击图 1-2-55 中标注的工作票窗口部分中的"开票"按钮。工作票开票路径如图 1-2-56 所示。

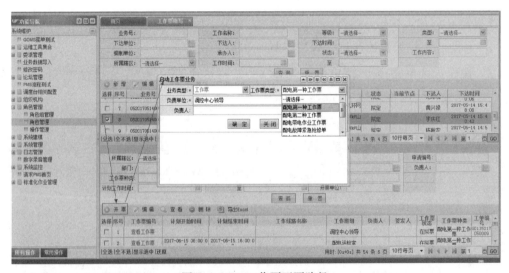

图 1-2-56 工作票开票路径

在图 1-2-56 所示的界面上选择工作票类型，点击"确定"按钮，之后会弹出提示窗口。工作票类型选择如图 1-2-57 所示。

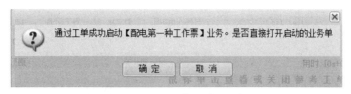

图 1-2-57 工作票类型选择

在图 1-2-57 所示的界面中点击"确定"按钮，进入工作票编辑页面进行对应的工作票填写。工作票填写如图 1-2-58 所示。

图 1-2-58 工作票填写

需要注意的是，一张工作任务单只允许关联一张停电类工作票，填写完工作票内容后击"提交"按钮，工作票即转到下一流程。关联提醒如图 1-2-59 所示。

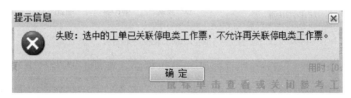

图 1-2-59 关联提醒

2. 工作票签发

（1）要求。签发工作票相当于审核作用，拥有工作票签发人权限的人才能签发。需要注意的是，有关联申请单的工作票只有在申请单到达调度台执行时方可进行签发。

（2）操作。菜单路径："配电生产管理"→"两票管理"→"工作票管理"→"工作票签发"。工作票签发路径如图 1-2-60 所示。

在图 1-2-60 所示的签发页面选择所需签发的工作票，点击"签发"按钮，打开工作票页面。工作票签发界面如图1-2-61所示。

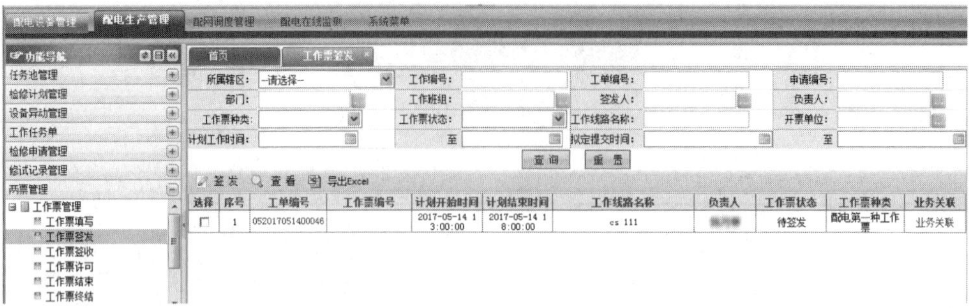

图 1-2-60　工作票签发路径

图 1-2-61　工作票签发界面

在工作票签发环节可以对工作票进行提交或回退等操作。点击"回退"按钮可使工作票回退到上一环节，点击"签发"按钮则流程进入签收页面。在所有签发环节走完后工作票编号生成，其中配电故障紧急抢修单填写完工作票即生成，因为配电故障紧急抢修单无签发节点。

需要注意的是，有关联申请单的工作票只有在申请单到达调度台执行时方可进行签发。工作票签发限制如图1-2-62所示。

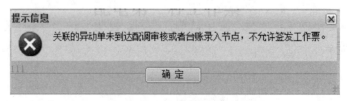

图 1-2-62　工作票签发限制

50

3. 工作票签收

（1）要求。配调或设备管理单位（变电站或配电班）签收工作票。配电第一种工作票可能涉及多个单位收票，但最多涉及三个单位配调、变电站、配电。线路第二种工作票不涉及收票单位。

（2）操作。菜单路径："配电生产管理"→"两票管理"→"工作票管理"→"工作票签收"。工作票签收路径如图 1-2-63 所示。

图 1-2-63　工作票签收路径

在图 1-2-63 所示的签收页面选择需要签收的工作票，点击"签收"按钮，打开工作票页面，工作票签收界面如图 1-2-64 所示。

若签收人核查清楚后，点击"签收"按钮，工作票进入下一节点。

图 1-2-64　工作票签收界面

4. 工作票许可

（1）要求。具有许可权限的用户，许可已签收的工作票。许可有电气许可和调度许可两种，涉及电缆的工作票需调度许可，电气类设备只需电气许可。若同时存在电气许可和调度许可，则先进行调度许可再进行电气许可。配电第一种工作票涉及多个单位许可，有可能涉及配调、线路、变电站、电气，许可的先后顺序为先许可配调，再许可线路、变电站、电气。

需要注意的是，配电第一种工作票及配电带电作业工作票的许可必须在停电指令票执行完成后才可以进行。

（2）操作。菜单路径："配电生产管理"→"两票管理"→"工作票管理"→"工作票许可"，选中待许可的工作票，点击"打开工作票"按钮可以对工作票进行许可操作。点击"许可"按钮，即可对工作票进行操作。工作票许可界面如图 1-2-65 所示。

图 1-2-65　工作票许可界面

在工作票许可界面填写许可信息，点击"许可工作"按钮，等提示许可成功后，即流程完成许可并流转至下一环节。工作票许可填写如图 1-2-66 所示。

图 1-2-66　工作票许可填写

5. 工作票结束

（1）要求。当配电第一种工作票涉及电气类的工作时候，需要工作结束操作。

（2）操作。菜单路径："配电生产管理"→"两票管理"→"工作票管理"→"工作票结束"。工作票结束路径如图1-2-67所示。

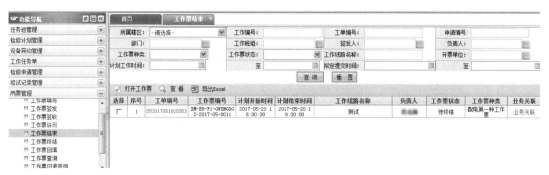

图1-2-67 工作票结束路径

在图1-2-67所示的结束界面选中待结束工作票点击"打开工作票"按钮则可对工作票进行结束操作。若不结束，也可对工作票进行延期。工作票结束界面如图1-2-68所示，工作票延期界面如图1-2-69所示。

在工作票延期界面填写确认密码、延期时间及延期原因后点击"工作票延期"按钮确认，填写完工作结束后，点击"结束工作票"按钮，等提示成功后，流程流转至下一节点。工作票结束填写如图1-2-70所示。

图1-2-68 工作票结束界面

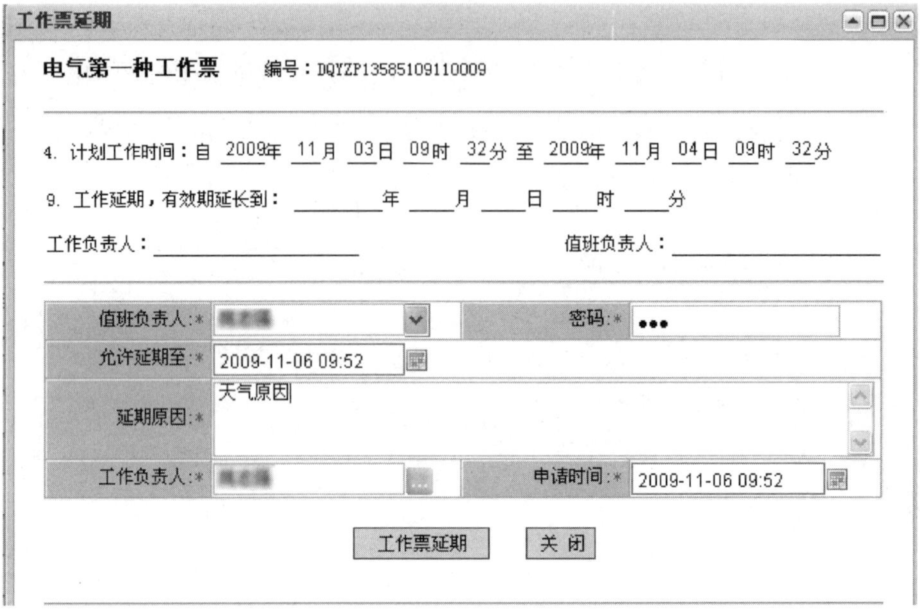

图 1-2-69　工作票延期填写

图 1-2-70　工作票结束填写

6. 工作票终结

菜单路径："配电生产管理"→"两票管理"→"工作票管理"→"工作票终结"。工作票终结路径如图 1-2-71 所示。

在图 1-2-71 所示的终结页面选择待终结工作票，点击"打开工作票"按钮进入终结界面。工作票终结界面如图 1-2-72 所示。

图 1-2-71 工作票终结路径

图 1-2-72 工作票终结界面

在图 1-2-72 所示的界面点击"终结"按钮对此张工作票进行终结操作,填写终结信息,点击"终结工作票并盖章"按钮,提示终结成功后,流程结束。工作票终结填写如图 1-2-73 所示。

图 1-2-73 工作票终结填写

7. 工作票回填

（1）要求。配电第二种工作票在回填环节，可以在工作票回填窗口找到工作票进行回填。

（2）操作。菜单路径："配电生产管理"→"两票管理"→"工作票管理"→"工作票回填"。工作票回填路径如图 1-2-74 所示。

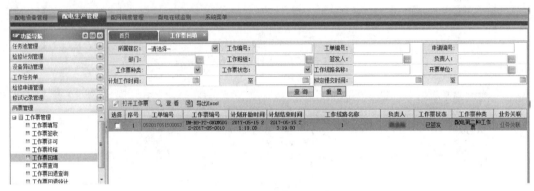

图 1-2-74 工作票回填路径

在图 1-2-74 所示的回填界面选择工作票，点击"打开工作票"按钮，打开工作票页面，对工作票进行信息回填，确定回填无误后，点击"提交"按钮，流程流转至结束。工作票回填界面如图 1-2-75 所示。

图 1-2-75 工作票回填界面

8. 工作票查询

菜单路径："配电生产管理"→"两票管理"→"工作票管理"→"工作票查询"。工作票查询路径如图 1-2-76 所示。

图 1-2-76 工作票查询路径

进入图 1-2-76 所示的查询界面即可根据条件来过滤工作票,查找到所需查看的工作票,选择工作票,点击"查看"按钮。工作票查询界面如图 1-2-77 所示。

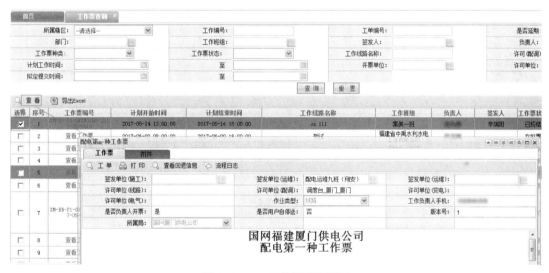

图 1-2-77 工作票查询界面

(二)倒闸操作票管理

操作票与 GPMS 基本一致,区别在于操作票页面上增加了"工作地点"填写。倒闸操作票操作流程如图 1-2-78 所示。

图 1-2-78 倒闸操作票操作流程

57

1. 操作票填写

菜单路径："配电生产管理"→"两票管理"→"倒闸操作票管理"→"操作票填写"。操作票填写路径如图 1-2-79 所示。

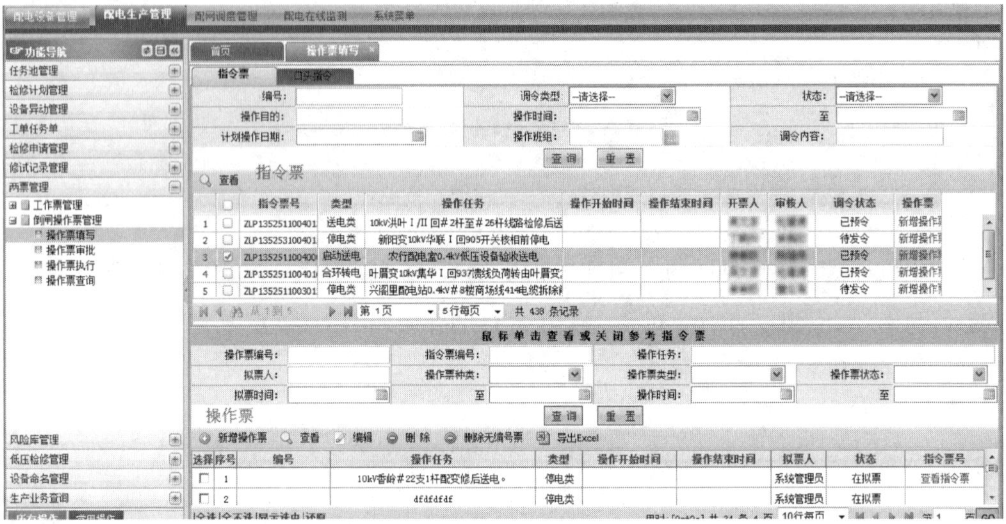

图 1-2-79　操作票填写路径

在图 1-2-79 所示的填写界面中找到调度指令票后，点击后面的"新增操作票"按钮打开操作票填写页面。操作票新增操作如图 1-2-80 所示，操作票新增界面 1-2-81 所示。

按照上面描述的操作方式新增的操作票会与指令票关联，若未选择指令票直接在操作票界面点击"新增操作票"按钮，则会提示未关联指令票。填写的操作票内容确认无误后，点击"提交"按钮，流程流转至下一节点。指令票关联提示如图 1-2-82 所示。

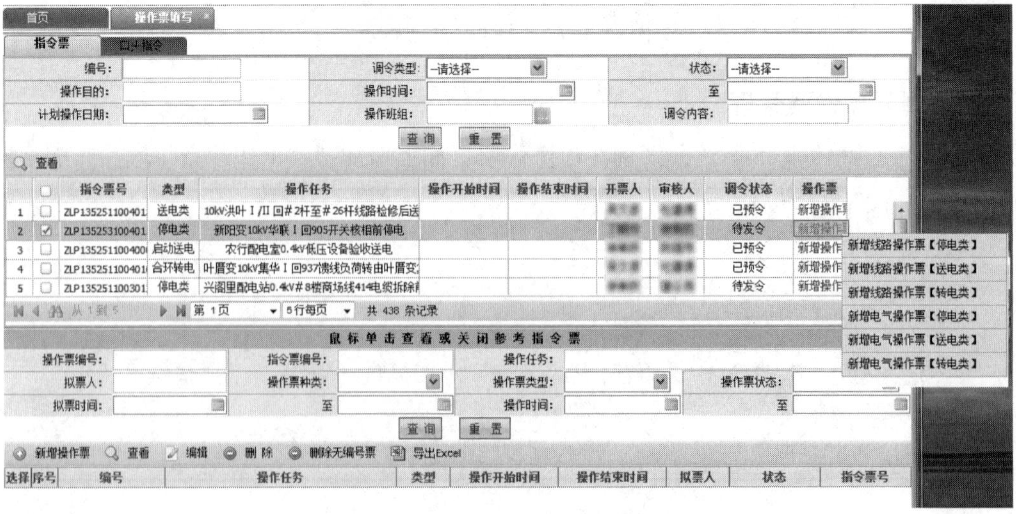

图 1-2-80　操作票新增操作

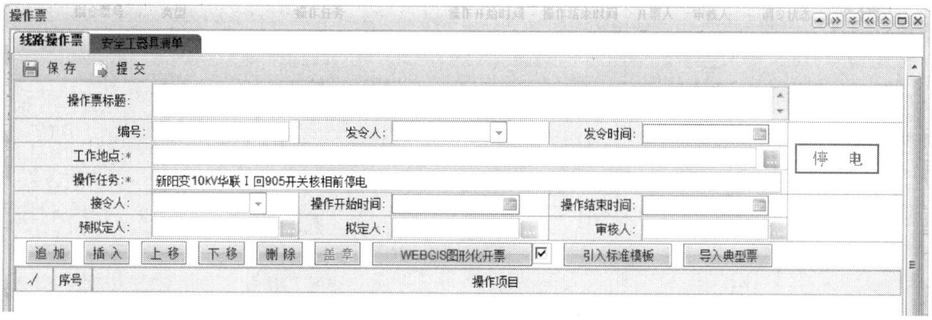

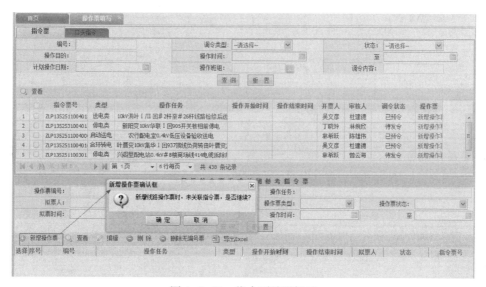

图 1-2-81　操作票新增界面

图 1-2-82　指令票关联提示

2. 操作票审批

菜单路径："配电生产管理"→"两票管理"→"倒闸操作票管理"→"操作票审批"。操作票审批路径如图 1-2-83 所示。

在图 1-2-83 所示的审批界面选择一条操作票记录，点击"审批"按钮打开操作票审批页面，审批操作票内容，确认无误后点击"提交"按钮，流程流转至下一节点。审批之后的操作票会生成编号，且可以进行打印。操作票审批界面如图 1-2-84 所示。

3. 操作票执行

菜单路径："配电生产管理"→"两票管理"→"倒闸操作票管理"→"操作票执行"。操作票执行路径如图 1-2-85 所示。

在图 1-2-85 所示的执行界面选择一条操作票记录，点击"执行"按钮打开操作票页面，填写操作票执行相关信息，确认无误后点击"提交"按钮，流程结束。操作票执行填写如图 1-2-86 所示。

图 1-2-83　操作票审批路径

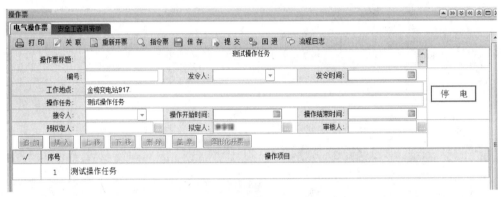

图 1-2-84　操作票审批界面

图 1-2-85　操作票执行界面

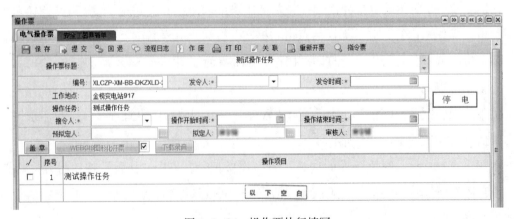

图 1-2-86　操作票执行填写

4. 操作票查询

菜单路径: "配电生产管理"→"两票管理"→"倒闸操作票管理"→"操作票查询"。操作票查询路径如图1-2-87所示。

在图1-2-87所示的查询界面输入查询条件,选择需要查看的操作票,点击"查看"按钮,打开操作票页面。操作票查询界面如图1-2-88所示。

图1-2-87 操作票查询路径

图1-2-88 操作票查询界面

【任务评价】

一、两票管理模块考核要求

(一)理论测验

完成配电网两票管理知识测验,主要包括配电网工作票、倒闸操作票的编制操作和各类型条件查询的准确率。

(二)技能考核

用机房系统进行实际操作,根据给定的考核任务相关信息进行配电网工作票、倒闸操作票编制，根据指定内容查询现有配电网工作票、倒闸操作票并获取相应字段信息，按照标准操作要求进行考核。

二、两票管理模块考核标准

两票管理考核评分表见表 1-2-7。

表 1-2-7　　　　　　　　　　　　两票管理考核评分表

| 班级： | 姓名： | 得分： |

考核项目：两票管理				考核时间：40 分钟		
序号	主要内容	考核要求		评分标准	分值	得分
1	工作前准备	1）FPMS 系统计算机、系统账号、网址正确； 2）笔、纸等准备齐全		不能正确登录系统扣 5 分	5	
2	作业风险分析与预控	1）注意个人账号和密码应妥善保管； 2）客户信息、系统数据保密		1）未进行危险点分析及交代注意事项不得分； 2）分析不全面，扣 5 分	10	
3	工作票填写	按照给定的任务相关信息进行工作票的停电线路、时间、工作内容填写等操作		1）错、漏每处按比例扣分； 2）本项分数扣完为止	20	
4	工作票查询	按照给定的任务相关信息进行工作票的停电线路、时间、工作内容查询等操作		1）错、漏每处按比例扣分； 2）本项分数扣完为止	20	
5	倒闸操作票填写	按照给定的任务相关信息进行倒闸操作票的停电线路、时间、工作内容填写等操作		1）错、漏每处按比例扣分； 2）本项分数扣完为止	20	
6	倒闸操作票查询	按照给定的任务相关信息进行倒闸操作票的停电线路、时间、工作内容查询等操作		1）错、漏每处按比例扣分； 2）本项分数扣完为止	20	
7	作业完成	记录上传、归档		未上传归档不得分	5	
合计					100	
教师签名						

模块三 供电服务指挥

【模块描述】

（1）本模块主要包括 PMS 故障报修管理 1 个工作任务。

（2）核心知识点包括 PMS 故障单概念、PMS 故障研判、PMS 故障处理及 PMS 故障单查询。

【模块目标】

（一）知识目标

熟悉 PMS 故障单相关概念；了解 PMS 故障单流程流转操作；掌握 PMS 故障单相关环节操作。

（二）技能目标

能够熟练地针对 PMS 故障单进行研判，准确地对故障相关信息进行录入。

（三）素质目标

培养学员敬业、精益、专注的工匠精神。

任务 PMS 故障报修管理

【任务目标】

（1）熟悉 PMS 故障单概念，以及 PMS 故障研判、PMS 故障处理及 PMS 故障单查询相关操作。

（2）掌握 PMS 故障研判、PMS 故障处理及 PMS 故障单查询操作的注意事项。

（3）能够按照规范要求完成 PMS 故障研判、PMS 故障处理及 PMS 故障单查询的操作。

【任务描述】

（1）本任务主要完成 PMS 故障研判、PMS 故障处理及 PMS 故障单查询 3 个操作过程。

（2）本工作任务以处理某用户报修为例进行系统操作说明。

【知识准备】

（一）PMS 故障报修单概念

PMS 故障报修管理是日常生产抢修工作的一个系统功能。PMS 故障报修单主要针对低压用户报修类故障，如 95598 报修、网格报修等类型上报故障。

（二）PMS 故障报修单流程

PMS 故障报修单有研判、处理和查询三类流程功能，主要是对用户报修后的抢修流程进度及相关信息完善的功能。

【任务实施】

（一）PMS 故障研判

"故障研判"不是流程中的节点，而是对工单的分析研判操作，不体现在流程中。在"接单派工"和"故障处理"环节中的工单都会显示在"故障研判"菜单中进行研判处理。菜单路径：

"供电服务指挥"→"PMS 故障报修管理"→"PMS 故障研判"。

1. 单户停电

用户报修时反映为单户停电，则工单从营销系统到达电力调控管理系统时，"故障范围"为"单户"，该工单在"接单派工"菜单中，只有"远程权限"人员才可看到并接单和派发。

2. 多户停电

用户报修时反映为多户停电，则工单从营销系统到达电力调控管理系统时，"故障范围"为"多户"，该工单在"接单派工"菜单中，只有"抢修指挥班权限"人员才可看到并接单和派发。"抢修指挥班权限"人员分配有"故障研判"菜单，在里面可看到"单户"和"多户"的工单，方便进行合并操作。

3. 工单研判

"故障研判"菜单，当有抢修工单从营销系统到达 PMS 系统时（包含"单户""多户"），都会显示在该菜单中。PMS 故障研判如图 1-3-1 所示。

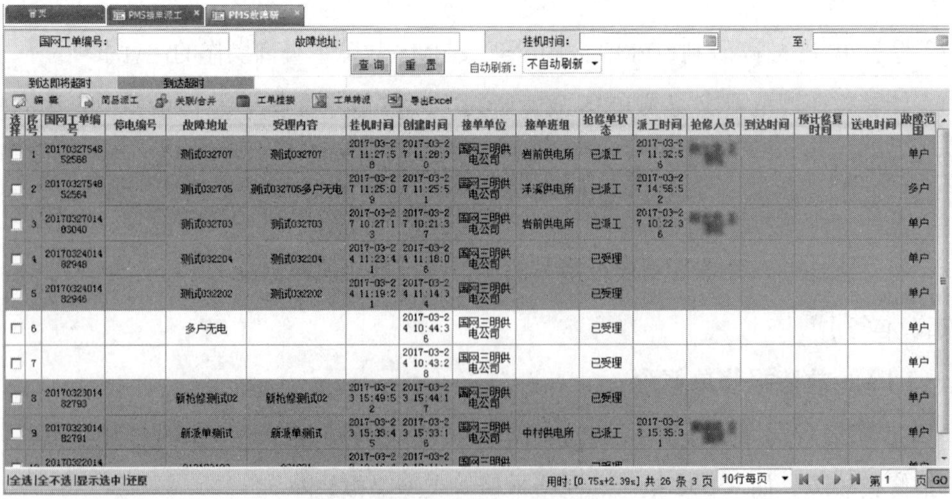

图 1-3-1　PMS 故障研判

手工查询合并关联工单操作如下:

（1）在故障研判页面，默认查询出还处于研判和故障处理环节的工单，点击"关联 / 合并"按钮，左侧弹出关联 / 合并操作区。PMS 故障单关联路径如图 1-3-2 所示。

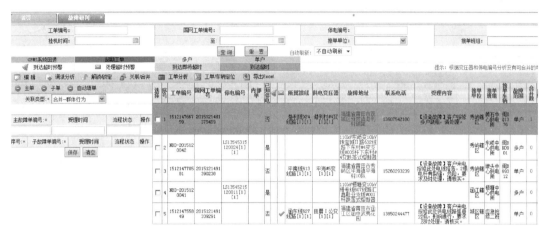

图 1-3-2　PMS 故障单关联路径

（2）选择工单设定为主单，选择其他子单设定为子单，点击"保存"按钮进行保存。PMS 故障单关联界面如图 1-3-3 所示。

图 1-3-3　PMS 故障单关联界面

（3）再次点击"关联 / 合并"按钮，收缩关联 / 合并操作区。

4. 工单挂接与取消挂接

该功能是将故障工作与 GPMS 系统中的中压故障信息进行挂接，以便 95598 坐席更好地回复客户故障的原因。在数据域列表中选择一条记录后，点击工具栏上的"工单挂接"按钮，在弹出故障列表中选择一故障后点击"选择"按钮。PMS 故障单挂接路径如图 1-3-4 所示。

如果要取消挂接，则选中停电编号不为空的记录，点击具栏上的工单挂接的下拉按钮列表中的"取消挂接"按钮，则该工单取消与故障记录的挂接。PMS 故障单挂接界面如图 1-3-5 所示。

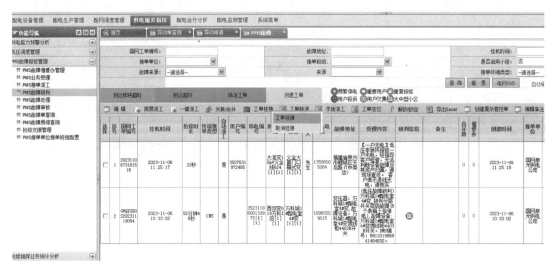

图 1-3-4　PMS 故障单挂接路径

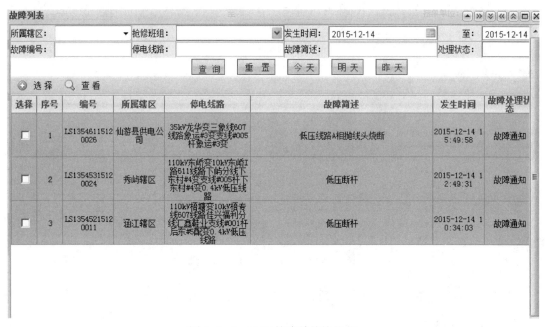

图 1-3-5　PMS 故障单挂接界面

（二）PMS 故障处理

1. 概述

菜单路径："供电服务指挥"→"PMS 故障报修管理"→"PMS 故障处理"。

功能：抢修班组接到抢修指挥班或远程工作站值班人员发送的报修工单时，抢修班组应及时赶往故障现场，分析故障原因，并快速排除故障，及时恢复供电。"故障处理"环节中，"单户"工单只能由"远程权限人员"和抢修班组人员进行编辑回单；"多户"工单只能由"配抢权限人员"和抢修班组人员进行编辑回单。

2. 操作

点击"故障处理"菜单，进入故障处理页面，点击"查询"按钮，根据国网工单编号、挂机时间（范围期间）等条件进行查询，能够查询到工单编号、停电编号、联系电话、故障地址、接单单位、接单班组、故障范围、挂机时间、派工时间、派出人员、是否超时、到达现场时间、预计修复时间、实际复电时间等信息。PMS故障处理界面如图1-3-6所示。

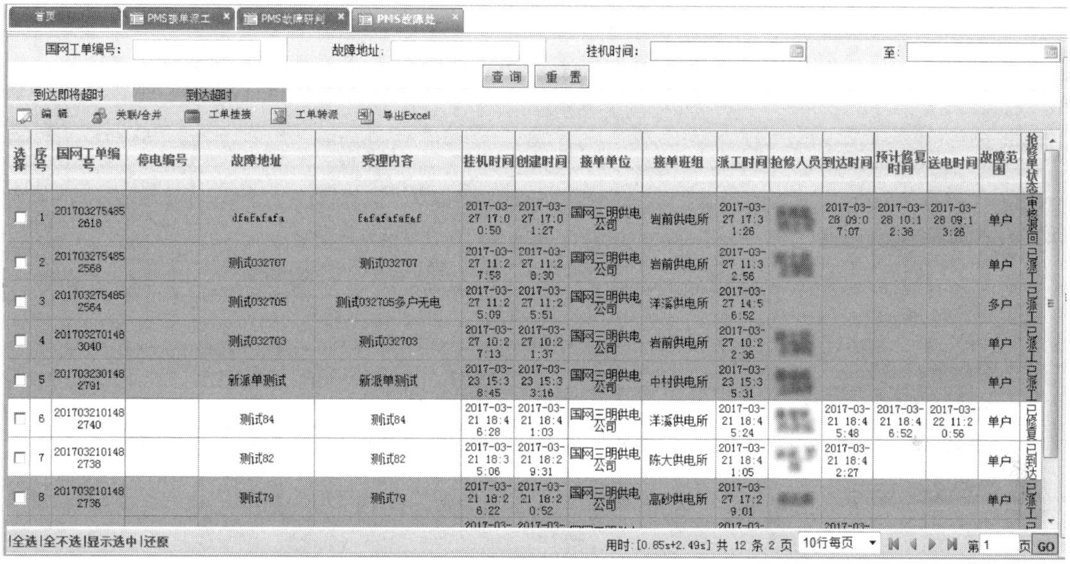

图1-3-6　PMS故障处理界面

查询条件说明：

（1）工单编号：采用手工输入方式；具有模糊查询。

（2）挂机时间（范围期间）：采用选择方式；点击右侧的日历会自动弹出日历框供用户选择（见图1-3-7），无须手动输入。当时间日期查询为时间段时，如只输入前一个则默认查询条件为大于等于该值，如输入后面的值则默认查询条件小于等于该值（时间格式：年－月－日，如2010-09-20　15：52）。

（3）提示：查完数据后，有新数据时"查询"按钮自动变成蓝色，并有声音提示。

图1-3-7　PMS故障单查询时间
选项

3. 编辑

在数据域列表中选择一条未锁定的记录后，点击工具栏上的"编辑"按钮（或者双击该记录），弹出故障单明细窗口。PMS 故障单编辑如图 1-3-8 所示。

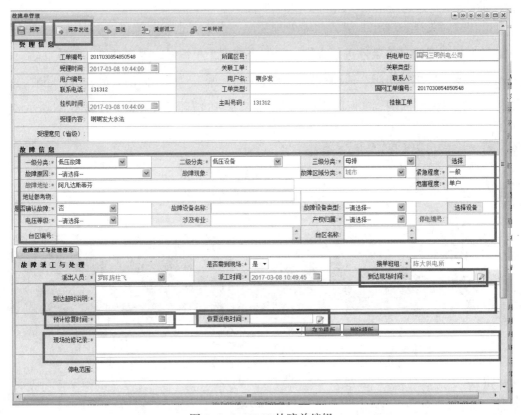

图 1-3-8　PMS 故障单编辑

4. 保存

（1）操作步骤。抢修工作人员在不同时间点反馈不同的数据（主要是故障信息和故障派工与受理区域中的数据），则保存步骤可以多次操作，具体步骤如下：

1）派出的抢修人员根据实际情况更新预计到达时间，默认预计到达时间计算方式：以受理时间＋现场分类时间（"现场分类"的下拉按钮列表中有具体选项可以选择，其中城市 40 分钟，农村 85 分钟，特殊偏远山区 115 分钟，各个时间可按需求配置）为准。

2）到达现场后，必须填写到达现场时间，如果到达超时必须填写到达超时原因。分析故障后，填写故障信息，其中必填项有一级分类、故障原因、紧急程度、危害程度、故障归属、产权归属，其他项可根据情况更新或填写，同时填写预计修复时间。

3）故障排除后填写故障排除时间和现场抢险记录。

4）填写恢复送电时间。

（2）注意事项。保存过程需要注意以下事项（几个时间点有明确的控制）：

1）填写完到达现场时间后，才能填写预计修复时间，同时预计到达时间将不能再填写。

2）故障排除时间不能小于到达现场时间，恢复送电时间也不能小于到达现场时间。

3）到达现场时间和恢复送电时间只允许填写一次，不允许多次填写。

4）预计修复时间可以填写多次。

5）时间先后按以下排序：派工时间、到达现场时间、故障排除时间、恢复送电时间。

6）到达超时说明：从用户受理时间点算起，到调度人员点击填写到达现场时间填写的时间点，根据传送过去的现场分类时间（城市 40 分钟，农村 85 分钟，特殊偏远山区 115 分钟），这 2 个时间点的差值如果超过了现场分类规定的时间，则需要填写"到达超时说明"。

5. 保存发送

当故障工单的恢复供电时间填写后，点击图 1-3-8 所示的"保存发送"按钮，同步数据至 PMS 系统。

6. 工单回退

在数据域列表中选择一条未锁定的记录后，点击工具栏上的"编辑"按钮（或者双击该记录），弹出故障单明细窗口。PMS 故障单回退界面如图 1-3-9 所示。

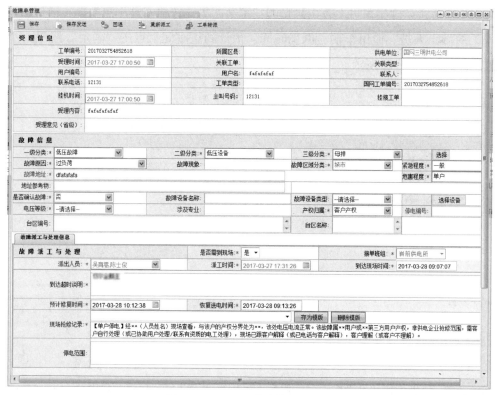

图 1-3-9　PMS 故障单回退界面

用户发现故障单上的故障信息描述有派发班组错误，描述不清或过简、有误，已知停电或重复等错误时，可以直接对该故障单进行回退操作，根据需要可回退到 95598（保修）或者接单派工环节，回退时必须填写回退原因。

故障回退操作步骤：在故障单页面上点击"回退"按钮，弹出回退窗口。填写回退节点和回退原因后点击"回退"按钮，完成回退操作同时发送信息至 95598。需要注意的是，在填写回退原因时，可以手动输入或者在常用意见下拉框中选择。回退故障单填写如图 1-3-10 所示。

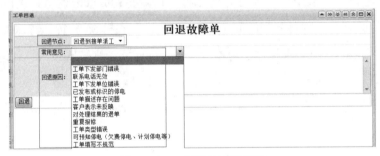

图 1-3-10　回退故障单填写

7. 重新派工

当派出的抢修人员到达现场后对故障进行分析后发现无法修复，需要重新派能够修复的人员时，需要点击故障单窗口上方工具栏的"重新派工"按钮，弹出重新派工窗口后，填写重新派工的派出人员、派出车辆、派工时间、预计到达时间，点击"确定"按钮。PMS 重新派工界面如图 1-3-11 所示。

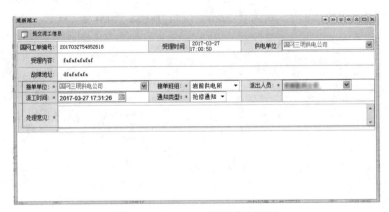

图 1-3-11　PMS 重新派工界面

（三）PMS 故障单查询

1. 路径

菜单路径："供电服务指挥"→"PMS 故障报修管理"→"PMS 故障单查询"。

2. 功能

故障单查询提供查询所有故障工单的情况，如工单的所处环节、受理情况等。

3. 操作

点击"故障单查询"菜单，进入故障单查询页面。PMS故障单查询界面如图 1-3-12 所示。

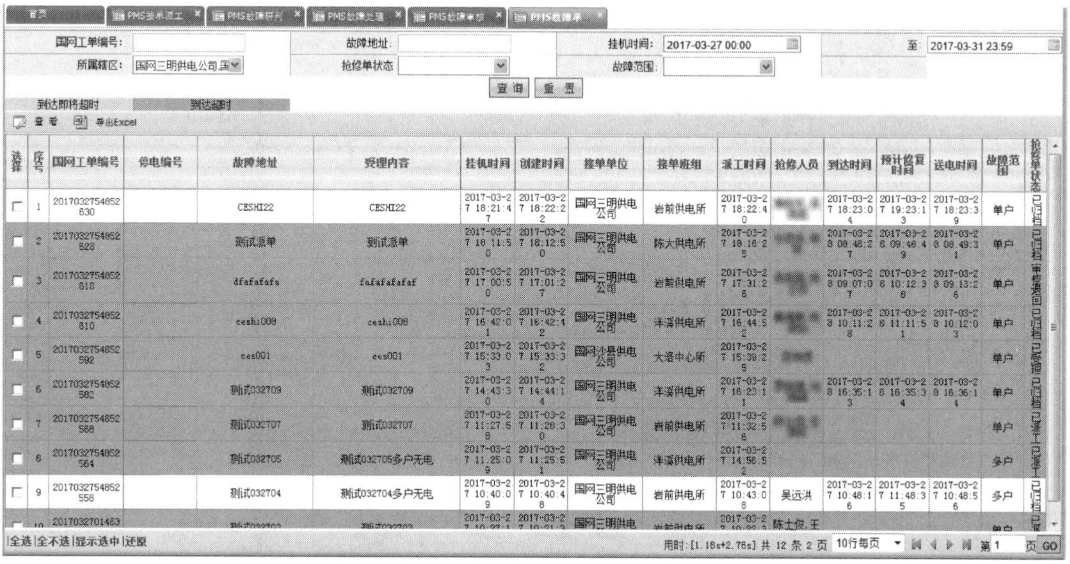

图 1-3-12　PMS 故障单查询界面

点击"查询"按钮，根据国网工单编号、挂机时间（范围期间）等条件进行查询，能够查询到工单编号、停电编号、故障地址、挂机时间、接单单位、接单班组、派工时间、抢修人员、到达时间、预计修复时间、送电时间等信息。

查询条件说明如下：

（1）所属辖区：采用选择方式，点击下拉框并根据用户所示地区进行选择。PMS 故障单所属辖区选择如图 1-3-13 所示。

（2）工单编号：采用手工输入方式；具有模糊查询。

（3）挂机时间（范围期间）：采用选择方式；点击右侧的日历，会自动弹出日历框供用户选择（见图 1-3-14），无须手动输入。当时间日期查询为时间段时，如只输入前一个则默认查询条件为大于等于该值，如输入后面的值则默认查询条件小于等于该值。（时间格式：年－月－日，如 2010-09-20　15:52）。

4. 查看

在数据域列表中选择一条记录后，点击工具栏上的"查看"按钮（或者双击该记录），弹出故障单明细窗口。PMS 故障单内容查看如图 1-3-15 所示。

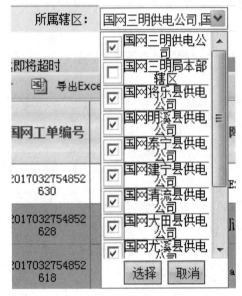

图 1-3-13　PMS 故障单所属辖区选择

图 1-3-14　PMS 故障单查询时间选项

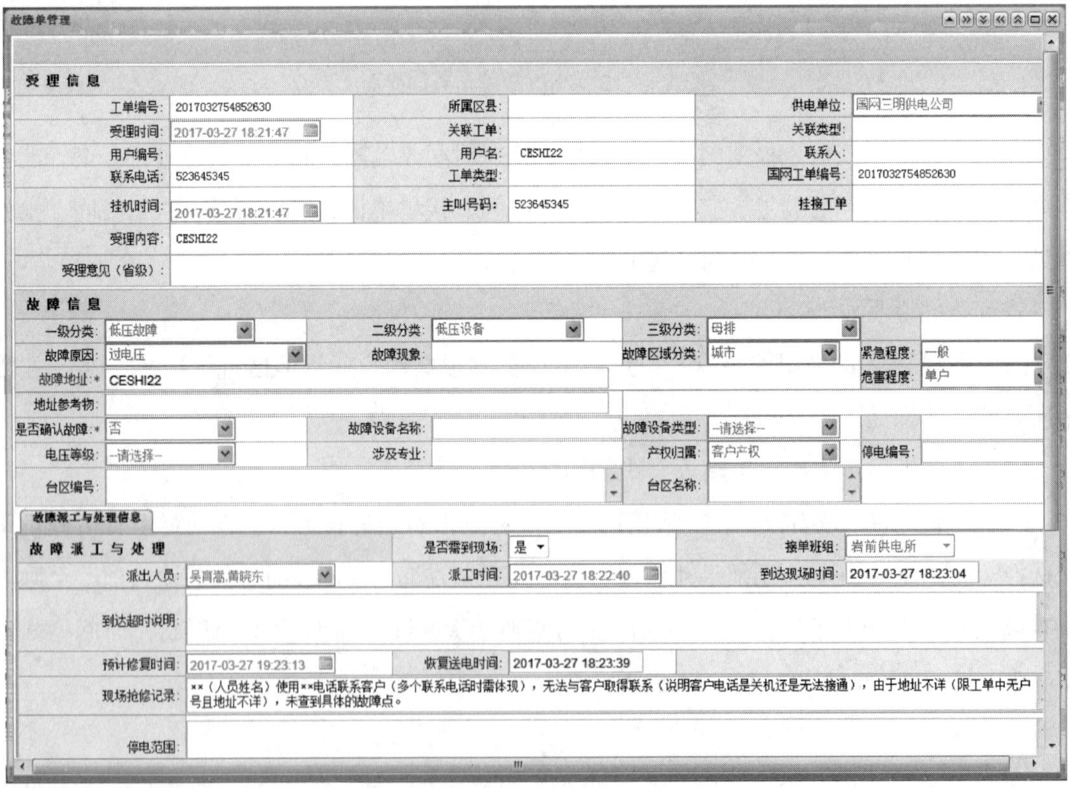

图 1-3-15　PMS 故障单内容查看

【任务评价】

一、PMS 故障报修管理模块考核要求

（一）理论测验

完成 PMS 故障报修管理知识测验，主要内容包括 PMS 故障研判、PMS 故障处理操作和各类型条件查询的准确率。

（二）技能考核

用机房系统进行实际操作，根据给定的考核任务相关信息进行 PMS 故障操作以及查询指定内容的 PMS 故障单并获取相应字段信息，按照标准操作要求进行考核。

二、PMS 故障报修管理模块考核标准

PMS 故障报修管理考核评分表见表 1-3-1。

表 1-3-1 PMS 故障报修管理考核评分表

班级：_____ 姓名：_____ 得分：_____

考核项目：PMS 故障报修管理				考核时间：20 分钟	
序号	主要内容	考核要求	评分标准	分值	得分
1	工作前准备	1）FPMS 系统计算机、系统账号、网址正确； 2）笔、纸等准备齐全	不能正确登录系统扣 5 分	5	
2	作业风险分析与预控	1）注意个人账号和密码应妥善保管； 2）客户信息、系统数据保密	1）未进行危险点分析及注意事项交代不得分； 2）分析不全面，扣 5 分	10	
3	PMS 故障研判	根据给定的相关任务信息要求，对指定工单进行正确的研判处置	1）错、漏每处按比例扣分； 2）本项分数扣完为止	25	
4	PMS 故障处理	根据给定的相关任务信息要求，对指定工单进行正确的处理操作	1）错、漏每处按比例扣分； 2）本项分数扣完为止	25	
5	PMS 故障单查询	根据给定的相关任务信息要求，对指定工单进行正确的相关信息查询操作	1）错、漏每处按比例扣分； 2）本项分数扣完为止	25	
6	作业完成	记录上传、归档	未上传归档不得分	10	
合计				100	
教师签名					

73

模块四　配电运行分析

【模块描述】

（1）本模块主要包括公用配变供电能力分析、公用配变低电压分析、低电压用户点分析、三相不平衡台区跟踪与处理 4 个工作任务。

（2）核心知识点包括配变供电能力定义及相关查询操作、配变低电压定义及相关查询操作、低电压用户点定义及相关查询操作、三相不平衡定义及相关查询操作。

【模块目标】

（一）知识目标

熟悉配电网运行相关异常的定义概念；了解配变运行异常查询的系统流程操作；掌握过重载、低电压等相关系统操作。

（二）技能目标

能够熟练地操作查询配变运行低电压等各类异常；了解相关异常处置操作；掌握利用系统对限定条件对配电网运行进行综合分析的相关操作。

（三）素质目标

树立配电网运维工作主人翁意识，扎实开展配电网设备运维工作，形成良好的运维职业习惯。

任务一　公用配变供电能力分析

【任务目标】

（1）熟悉配变过重载概念及配变过重载查询相关操作。

（2）掌握配变过重载查询操作的注意事项。

（3）能够按照规范要求完成配变过重载查询的操作。

【任务描述】

（1）本任务主要完成公变过重载日明细查询 1 个操作过程。

（2）本工作任务以查询不同情况下公变过重载为例进行系统操作。

【知识准备】

（一）配变过重载概念

配变过重载管理是日常生产运维中工作的一个重点任务。当负载率达到 80% 且持续时间超 120 分钟就为配变重载，配变过载则是当负载率达到 100% 且持续时间超 120 分钟。

（二）配变过重载查询

配变过重载查询是根据已知某配变异常的部分信息，对异常配变进行所属供电所、最大负载、持续时长等相关字查询的功能。

（三）配变过重载处置方式

配变过重载处置是根据已知配变的异常信息，对配变的异常情况进行判别，并提出相应的处置措施。

【任务实施】

（一）公变过重载日明细查询

（1）菜单路径："配电运行分析"→"公用配变供电能力分析"→"公变过重载日明细查询"。

（2）功能：配变过重载日明细查询提供查询辖区供电所内所有配变的异常情况，如配变的重载程度、持续时长、分布时间点等。

（3）操作：点击"公变过重载日明细查询"菜单，进入查询页面。公变过重载日明细查询路径如图 1-4-1 所示。

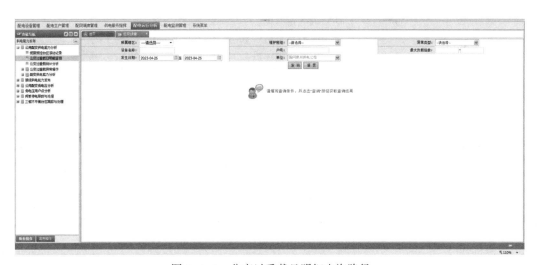

图 1-4-1 公变过重载日明细查询路径

点击"查询"按钮，根据所属辖区、维护班组、设备名称等条件进行查询，能够查询到所属辖区、维护班组、发生日期、异常类型、最大负荷倍率、最大负荷、异常时长、最大负载倍数等信息。如图 1-4-2 所示。

查询条件说明："维护班组"采用选择方式，点击下拉框并根据所需班组进行选择。公变过重载日明细中维护班组查询字段选择如图 1-4-3 所示。

图 1-4-2 公变过重载日明细查询界面

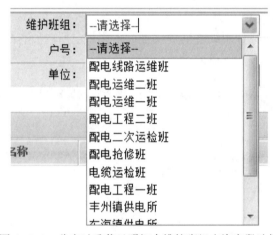

图 1-4-3 公变过重载日明细中维护班组查询字段选择

（二）配变过重载处置分析

根据已知配变的异常信息，如最大负载倍率、异常时长、现场台区周围负荷分布情况等信息进行判别处置，按异常类型分两种：①配变重载：主要手段是对配变进行增容及周围台区负荷分割；②配变过载：主要手段是对新建台区进行负荷分割及周围台区优化网架结构、负荷分割。

【任务评价】

一、公用配变供电能力分析模块考核要求

（一）理论测验

完成公用配变供电能力分析知识测验，主要内容包括配变过重载定义及处置方式和各类型条件查询的准确率。

（二）技能考核

用机房系统进行实际操作，根据给定的考核任务相关信息进行查询指定内容的配变过重

载明细，并获取相应字段信息，按照标准操作要求进行考核。

二、公用配变供电能力分析模块考核标准

公用配变供电能力分析考核评分表见表 1-4-1。

表 1-4-1　　　　　　　　　公用配变供电能力分析考核评分表

班级：_____	姓名：_____	得分：_____			
考核项目：公用配变供电能力分析			考核时间：20 分钟		
序号	主要内容	考核要求	评分标准	分值	得分
1	工作前准备	1）FPMS 系统计算机、系统账号、网址正确； 2）笔、纸等准备齐全	不能正确登录系统扣 5 分	5	
2	作业风险分析与预控	1）注意个人账号和密码应妥善保管； 2）客户信息、系统数据保密	1）未进行危险点分析及注意事项交代不得分； 2）分析不全面，扣 5 分	10	
3	配变过重载查询	根据指定的任务相关信息，进行指定的配变过重载信息查询操作	1）错、漏每处按比例扣分； 2）本项分数扣完为止。	40	
4	配变过重载处置分析	根据查询出的配变异常数据进行分析，结合原信息进行配变过重载处置方式分析	1）错、漏每处按比例扣分； 2）本项分数扣完为止	35	
5	作业完成	记录上传、归档	未上传归档不得分	10	
合计				100	
教师签名					

任务二　公用配变低电压分析

【任务目标】

（1）熟悉配变低电压概念及配变低电压查询相关操作。

（2）掌握配变低电压查询操作的注意事项。

（3）能够按照规范要求完成配变低电压查询的操作。

【任务描述】

（1）本任务主要完成配变低电压日异常明细查询 1 个操作过程。

（2）本工作任务以查询不同情况下配变低电压为例进行系统操作说明。

【知识准备】

（一）配变低电压概念

配变低电压管理是日常生产运维中工作的一个重点任务。日常生活中电压合格率为 −10%～+7%（198～235.4V），配变低电压的定义是当电压低于 198V 且持续时间超 60 分

钟为配变低电压，目前配变出口电压按省公司定义达 253V 为配变过电压。

（二）配变低电压查询

配变低电压查询是根据已知某配变异常的部分信息，对异常配变进行所属供电公司、配变出口最低电压、持续时长等相关字查询的功能。

（三）配变低电压处置方式

配变低电压处置是根据已知配变的异常信息，对配变的异常情况进行判别、提出相应的处置措施。

【任务实施】

（一）配变低电压日异常明细查询

（1）菜单路径："配电运行分析"→"公用配变低电压分析"→"配变低压日异常明细查询"。

（2）功能：配变低电压查询提供查询辖区供电公司所有配变的异常情况，如配变的低电压程度、持续时长、分布时间点等。

（3）操作：点击"配变低压日异常明细查询"菜单，进入查询页面。配变低电压日异常明细查询路径如图 1-4-4 所示。

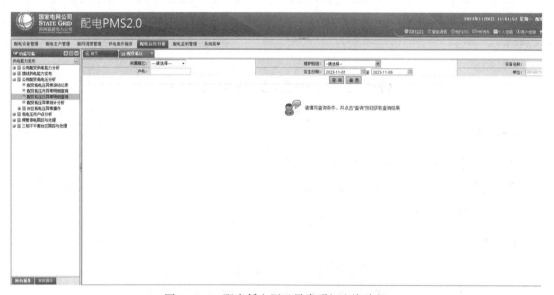

图 1-4-4　配变低电压日异常明细查询路径

点击"查询"按钮，根据所属辖区、维护班组、设备名称等条件进行查询，能够查询到所属辖区、维护班组、台区名称、台区编号、发生日期、异常类型、配电首端最低电压、低电压持续时间等信息。配变低电压日异常明细查询界面如图 1-4-5 所示。

图 1-4-5　配变低电压日异常明细查询界面

（4）查询条件说明："维护班组"采用选择方式，点击下拉框并根据所需班组进行选择。配变低电压日异常明细中维护班组查询字段选项如图 1-4-6 所示。

图 1-4-6　配变低电压日异常明细中维护班组查询字段选项

（二）配变低电压处置分析

根据已知配变的异常信息，如配电首端最低电压、低电压持续时间、台区下挂接用户电压情况等信息进行判别处置，按异常原因类型分以下两种：①配变属实低电压：主要手段是对配变进行调档（分接开关），若为三相负载不平均引起则对三相负载进行调整；②配变非属实低电压：主要手段是对配变所挂低压用户进行穿透实时电压，同时对集中器及接线进行检查，逐一排除。

【任务评价】

一、公用配变低电压分析模块考核要求

（一）理论测验

完成配变低电压管理知识测验，主要内容包括配变低电压定义及处置方式和各类型条件查询的准确率。

（二）技能考核

用机房系统进行实际操作，根据给定的考核任务相关信息进行查询指定内容的配变低电压明细并获取相应字段信息，按照标准操作要求进行考核。

二、公用配变低电压分析模块考核标准

公用配变低电压分析考核评分表见表 1-4-2。

表 1-4-2　　　　　　　　　公用配变低电压分析考核评分表

班级：_____　姓名：_____　得分：_____				
考核项目：公用配变低电压分析			考核时间：20 分钟	
序号	主要内容	考核要求	评分标准	分值	得分
1	工作前准备	1）FPMS 系统计算机、系统账号、网址正确；2）笔、纸等准备齐全	不能正确登录系统扣 5 分	5	
2	作业风险分析与预控	1）注意个人账号和密码应妥善保管；2）客户信息、系统数据保密。	1）未进行危险点分析及注意事项交代不得分；2）分析不全面，扣 5 分	10	
3	配变低电压查询	根据指定的任务相关信息，进行指定的配变低电压信息查询操作	1）错、漏每处按比例扣分；2）本项分数扣完为止	40	
4	配变低电压处置分析	根据查询出的配变异常数据进行分析，结合原信息进行配变低电压处置方式分析	1）错、漏每处按比例扣分；2）本项分数扣完为止	35	
5	作业完成	记录上传、归档	未上传归档不得分	10	
合计				100	
教师签名					

任务三　低电压用户点分析

【任务目标】

（1）熟悉台区用户低电压概念及用户低电压查询相关操作。

（2）掌握用户低电压查询操作的注意事项。

（3）能够按照规范要求完成用户低电压查询的操作。

【任务描述】

（1）本任务主要完成低电压用户点异常日明细查询1个操作过程。

（2）本工作任务以查询不同情况下用户低电压为例进行系统操作说明。

【知识准备】

（一）低电压用户点概念

低电压用户点管理是日常生产运维中工作的一个重点任务。日常生活中用户电压合格率为 −10%～+7%（198～235.4V），居民的定义是当电压低于198V且用户存在不良感知即为低电压用户点，不存在持续时长问题。

（二）低电压用户点查询

低电压用户点查询是根据已知某用户异常的部分信息，对异常用户进行所属供电所、用户所属台区、最低电压、持续时长等相关字查询的功能。

（三）低电压用户点处置方式

低电压用户点处置是根据已知低电压用户点的异常信息，对低电压用户点的异常情况进行判别，并提出相应的处置措施。

【任务实施】

（一）低电压用户点异常日明细查询

（1）菜单路径："配电运行分析"→"低电压用户点分析"→"低电压用户点异常日明细"。

（2）功能：低电压用户点查询提供查询辖区供电公司内所有用户点的异常情况，如低电压用户点的低电压程度、持续时长、分布时间点等。

（3）操作：点击"低电压用户点异常日明细"菜单，进入查询页面。低电压用户点异常日明细查询路径如图1-4-7所示。

点击"查询"按钮，根据所属辖区、维护班组、台区名称、台区编号、用户编号等条件进行查询，能够查询到单位、用户名称、用户编号、发生日期、表箱编号、表箱名称、最低电压、低压持续时长等信息。低电压用户点异常日明细查询界面如图1-4-8所示。

（4）查询条件说明："维护班组"采用选择方式，点击下拉框并根据所需班组进行选择。低电压用户点异常日明细中维护班组查询字段选择如图1-4-9所示。

图 1-4-7 低电压用户点异常日明细查询路径

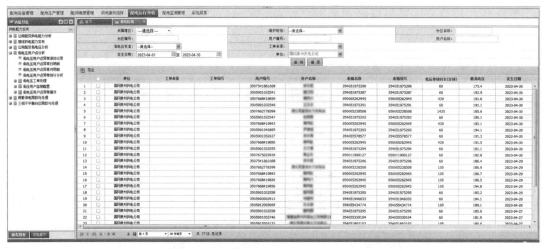

图 1-4-8 低电压用户点异常日明细查询界面

图 1-4-9 低电压用户点异常日明细中维护班组查询字段选择

（二）低电压用户点处置分析

根据已知低电压用户点的异常信息，如最低电压、低压持续时长、台区下其他用户的电压情况等信息进行判别处置，按异常原因类型分两种：①单户、单箱低电压：主要手段是对表计、表箱、接户线进行检查，若为三相负载不平衡引起则对表计进行调相处置；②台区多户、多箱低电压：主要手段是配变进行调档（分接开关），同时分析是否由供电半径长引起的（需进行台区分割），逐一排除。

【任务评价】

一、低电压用户点管理模块考核要求

（一）理论测验

完成低电压用户点分析知识测验，主要内容包括低电压用户点定义及处置方式和各类型条件查询的准确率。

（二）技能考核

用机房系统进行实际操作，根据给定的考核任务相关信息进行查询指定内容的低电压用户点明细并获取相应字段信息，按照标准操作要求进行考核。

二、低电压用户点分析模块考核标准

低电压用户点分析考核评分表见 1-4-3。

表 1-4-3　　　　　　　　　　低电压用户点分析考核评分表

班级：_____　　姓名：_____　　得分：_____

考核项目：低电压用户点分析				考核时间：20 分钟		
序号	主要内容	考核要求	评分标准		分值	得分
1	工作前准备	1）FPMS 系统计算机、系统账号、网址正确； 2）笔、纸等准备齐全	不能正确登录系统扣 5 分		5	
2	作业风险分析与预控	1）注意个人账号和密码应妥善保管； 2）客户信息、系统数据保密	1）未进行危险点分析及注意事项交代不得分； 2）分析不全面，扣 5 分		10	
3	低电压用户点查询	根据指定的任务相关信息，进行指定的配变低电压用户点信息查询操作	1）错、漏每处按比例扣分； 2）本项分数扣完为止		40	
4	低电压用户点处置分析	根据查询出的配变低电压用户点数据进行分析，结合原信息进行配变低电压用户点处置方式分析	1）错、漏每处按比例扣分； 2）本项分数扣完为止		35	
5	作业完成	记录上传、归档	未上传归档不得分		10	
合计					100	
教师签名						

任务四 三相不平衡台区跟踪与处理

【任务目标】

（1）熟悉配变三相不平衡概念及配变三相不平衡查询相关操作。

（2）掌握配变三相不平衡查询操作的注意事项。

（3）能够按照规范要求完成配变三相不平衡查询的操作。

【任务描述】

（1）本任务主要完成三相不平衡日异常明细查询 1 个操作过程。

（2）本工作任务以查询不同情况下配变三相不平衡为例进行系统操作。

【知识准备】

（一）配变三相不平衡概念

配变三相不平衡管理是日常生产运维中工作的一个重点任务。配变三相不平衡的定义是 A、B、C 三相同一时间点的电流不平衡度达 20%，不平衡计算方式为（最大相电流 − 三相平均电流）/ 三相平均电流。

（二）配变三相不平衡查询

配变三相不平衡查询是根据已知某配变异常的部分信息，对异常配变进行所属供电所、不平衡度、最大（小）电流相、持续时长等相关字查询的功能。

（三）配变三相不平衡处置方式

配变三相不平衡处置是根据已知配变的异常信息，对配变的异常情况进行判别、提出相应的处置措施。

【任务实施】

（一）三相不平衡日异常明细查询

（1）菜单路径："配电运行分析"→"三相不平衡台区跟踪与处置"→"配变三相不平衡日异常明细"。

（2）功能：配变三相不平衡查询提供查询辖区供电所内所有配变的异常情况，如配变的不平衡程度、持续时长、分布时间点等。

（3）操作：点击"配变三相不平衡日异常明细"菜单，进入查询页面。配变三相不平衡日异常明细查询路径如图 1-4-10 所示。

点击"查询"按钮，根据所属辖区、维护班组、设备名称等条件进行查询，能够查询到所属辖区、维护班组、台区名称、台区编号、异常日期、日最大功率、最大电流相、最小电流

图 1-4-10 配变三相不平衡日异常明细查询路径

相、持续时间、不平衡度等信息。配变三相不平衡日异常明细查询界面如图 1-4-11 所示。

（4）查询条件说明："维护班组"采用选择方式，点击下拉框并根据所需班组进行选择。配变三相不平衡日异常明细中维护班组查询字段选择如图 1-4-12 所示。

图 1-4-11 配变三相不平衡日异常明细查询界面

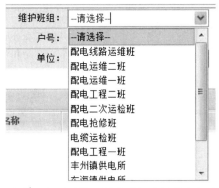

图 1-4-12 配变三相不平衡日异常明细中维护班组查询字段选择

（二）配变三相不平衡处置分析

根据已知配变的异常信息，如最大（小）电流相、异常持续时长、异常持续时间段、支路三相电流等信息进行判别处置，如根据现场配变三相支路电流情况，综合判断所需调整负荷数量，根据表计用电情况进行调相处理。

【任务评价】

一、三相不平衡台区跟踪与处理模块考核要求

（一）理论测验

完成三相不平衡台区跟踪与处理知识测验，主要内容包括配变三相不平衡定义及处置方式和各类型条件查询的准确率。

（二）技能考核

用机房系统进行实际操作，根据给定的考核任务相关信息进行查询指定内容的配变三相不平衡异常日明细并获取相应字段信息，按照标准操作要求进行考核。

二、三相不平衡台区跟踪与处理模块考核标准

三相不平衡台区跟踪与处理考核评分表见表 1-4-4。

表 1-4-4　　　　　　　　　三相不平衡台区跟踪与处理考核评分表

班级：_____ 姓名：_____ 得分：_____					
考核项目：三相不平衡台区跟踪与处理				考核时间：20 分钟	
序号	主要内容	考核要求	评分标准	分值	得分
1	工作前准备	1）FPMS 系统计算机、系统账号、网址正确； 2）笔、纸等准备齐全	不能正确登录系统扣 5 分	5	
2	作业风险分析与预控	1）注意个人账号和密码应妥善保管； 2）客户信息、系统数据保密	1）未进行危险点分析及注意事项交代不得分； 2）分析不全面，扣 5 分	10	
3	配变三相不平衡查询	根据指定的任务相关信息，进行指定的配变三相不平衡信息查询操作	1）错、漏每处按比例扣分； 2）本项分数扣完为止	40	
4	配变三相不平衡处置分析	根据查询出的配变三相不平衡数据进行分析，结合原信息进行配变三相不平衡处置方式分析	1）错、漏每处按比例扣分； 2）本项分数扣完为止	35	
5	作业完成	记录上传、归档	未上传归档不得分	10	
合计				100	
教师签名					

第二部分 能源互联网营销服务系统（营销2.0）

【模块描述】

（1）能源互联网营销服务系统模块主要有基础知识、公共类查询、专业类查询、深化应用4个模块，包括了营商环境、客服渠道、电费核算、客户360视图、计量专业查询、网格管理功能运用等18个部分的知识点。

（2）核心知识点包括对能源互联网营销服务系统营商环境、客服渠道、电费核算、收费账务、综合业务等基础知识，客户360视图的客户关系、客户画像、业务办理信息、客户账户、客户诉求等客户全貌信息，计量点管理、现场巡视、异常处理、外部渠道诉求受理、抄表催费、网格服务等业务相关内容。

（3）关键技能项包括掌握能源互联网营销服务系统营商环境、客服渠道、电费核算、收费账务、综合业务等规则的相关概念、知识点，以及具体应用；掌握能源互联网营销服务系统客户营销档案信息、系统各类工单、相应主题查询报表，以及统一消息发送知识点及具体应用的场景；掌握计量点管理、现场巡视、异常处理、外部渠道诉求受理、抄表催费、网格服务等业务流程处理等。

【模块目标】

（一）知识目标

（1）熟悉营商环境、市场保供、客服渠道、电费核算、计量物联、收费账务、综合业务的相关概念、规则知识点，掌握客户关系、客户画像、业务办理信息、客户账户、客户诉求等客户全貌信息；熟悉系统内全部工单查询，包括业扩工单、通知单、联络单等；熟悉计量点管理、计量计划制定、现场巡视、计量设备更换、异常处理等运行维护业务；熟悉客户诉求的业务类型、客户诉求解决时限要求；熟悉抄表包台账信息维护、人工催费短信发送、欠费停电流程和物联预警策略、网格信息台账设置、客户基础信息维护的业务规定和要求。

（2）了解省侧自建主题查询、消息发送的查询条件及操作步骤。熟悉计量点、计量资产、计量运行；台区日线损、台区月线损分布统计；客户诉求业务、停电信息；抄表包、抄表数据；网格台账相关信息。了解计量点查询、计量资产、计量运行；台区日线损、台区月线损分布统计；客户诉求工单、停电信息；了解抄表机台账查询、抄表包电网资源；网格台账、抄表包、台区、用电户信息查询的结果应用。了解线路、开关站关口、公用配变关口、办公用电关口等计量点管理、计量计划制定、现场巡视、计量设备更换、异常处理等运行维护的业务规定和要求。

（3）掌握计量专业、线损专业、客服专业、抄催专业及网格管理专业信息查询的查询条件及操作步骤。掌握线路、各类关口等计量点管理、计量计划制定、现场巡视、计量设备更换、异常处理等运行维护的业务；维护抄表包及抄表包内用电户的新增、调整；掌握催费短信发送，停电流程发起、审批、执行和物联预警策略等维护的业务；掌握对客户联系信息、证件信息、账务信息等运行维护的业务的操作流程和步骤。掌握信息回复机制，准确记录客户诉求。掌握网格台账创建、网格划分。

（二）能力目标

能够将营商环境、市场保供、客服渠道、电费核算、计量物联、收费账务、综合业务相关概念、规则的知识正确应用于实际业务的系统操作的场景；通过掌握能源互联网营销服务系统搜索引擎功能，实现通过客户360视图对客户信息的查询；根据搜索引擎或目录树查询所需的产品并应用产品功能达到查询目标。能够根据操作步骤，按照查询条件进行规范查询计量专业、线损专业、客服专业、抄催专业和网格管理专业的相关信息查询。

（三）素质目标

提升新一代能源互联网营销服务系统基础功的实操能力；培养精益求精的工匠精神，强化职业责任担当；弘扬家国情怀，增强营销服务管理的处理能力。

模块一 能源互联网营销服务系统基础知识

📖【任务目标】

（1）熟悉能源互联网营销服务系统中各业务模块中的相关名词概念、业务规则，

（2）掌握能源互联网营销服务系统基础知识的应用。

📚【任务描述】

本任务主要通过对能源互联网营销服务系统的基础知识的相关概念、业务规则和系统基础知识应用等学习，便于便捷高效地在能源互联网营销服务系统开展各类业务。

🖨️【任务实施】

一、功能说明

能源互联网营销服务系统基础知识包括了营商环境、市场保供、客服渠道、电费核算、计量物联、收费账务、综合业务的相关概念、规则和系统基础知识应用等内容。

二、知识内容

（一）营商环境

1. 概念

（1）营销 2.0 中的"客户"。指可能或已经与国家电网公司建立发供电关系的某个行业的组织、个人，以身份证、统一社会信用代码为唯一标识。客户可拥有多个角色，如客户可以是公司的发电客户、用电客户，也可以是公司的服务提供商（如开发商、施工单位、电能表厂家），还可以是一个与公司暂无任何关系的客户主体。原则上，一个营业执照、一个身份证对应一个客户，一个客户下可以出现多个发电户和用电户，也会出现县级、市级和省级的客户（集团户）。营销 2.0 通过建立客户之间的关系，建立客户的 360 视图，支持按客户开展各类营销服务。

客户内录入的信息是客户社会属性，联系人为客户的直系亲属、亲朋好友等。客户信息在营销系统中应至少录入一个银行账号、一个证件信息和一个联系人信息。

（2）营销 2.0 中的"用电户"。指客户依法与供电企业建立供用电关系时的用电方，简称用电户或用户，不同用电地址视为不同用电户。营销 2.0"以客户为中心"的理念对客户、用电客户、发电客户进行了重新定义和设计，其中客户体现的是社会属性，用电客户和发电客户体现的是业务属性。

（3）市场化直接交易用户。指国家电网公司营业区内，已经办理用电手续，符合市场准

89

入条件、列入省级政府目录，选择在交易机构注册参与市场直接交易的用户。

（4）市场化零售用户。指国家电网公司供电营业区内，符合市场准入条件，选择由不拥有配电运营权的售电公司提供售电服务的用户。

（5）分布式光伏客户消纳方式。常见分布式光伏客户消纳方式主要有自发自用余电上网、全额上网、全部自用三种，在营销 2.0 中所有的分布式电源客户均应关联用电户。

1）自发自用余电上网：光伏并网点设在用户电能表的负载侧，需要增加一块光伏反送电量的计量电能表，或者将电网用电电能表设置成双向计量。用户自己直接用掉的光伏电量，以节省电费的方式直接享受电网的销售电价；反送电量单独计量，并以规定的上网电价进行结算。自发自用余电上网模式如图 2-1-1 所示。

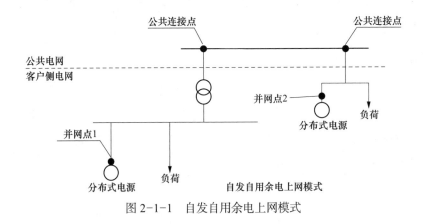

图 2-1-1　自发自用余电上网模式

2）全额上网：光伏并网点设在用户电能表的电网侧，光伏系统所发电量全部流入公共电网，并以规定的上网电价进行结算。全额上网模式如图 2-1-2 所示。

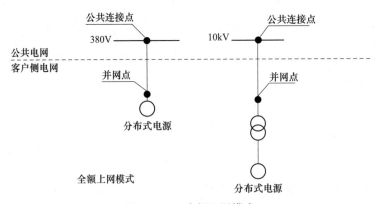

图 2-1-2　全额上网模式

3）全部自用：光伏并网点设在用户电能表的负载侧，光伏系统所发电量全部耗用，不进行上网结算。

（6）并网点。对应发电计量点。对于有升压站的分布式电源，并网点为分布式电源升压站高压侧母线或节点；对于无升压站的分布式电源，并网点为分布式电源的输出汇总点。

（7）公共连接点。对应上网计量点，是指用户系统（发电或用电）接入公用电网的连接处。

2. 规则

（1）营销 2.0 中的"上门服务"环节功能。营销 2.0 低压居民新装增容和低压非居民新装增容在完成"营业厅受理"或"线上业务受理"后触发"上门服务"环节，此环节集成了营销 1.0 中现场勘察环节的功能。

上门服务是指低压客户经理使用电脑或移动作业终端，接收系统自动派工或回退指派的任务，通过电网资源业务中台获取现场情况，开展现场勘察，核实并完善客户信息，上传相关资料；拟定接入方案、计量方案（包括采集点方案）和计费方案等供电方案内容；按照国家有关规定及物价部门批准的收费标准，确定相关项目费用，与客户起草、签订供用电合同、电费结算协议等工作。在上门服务期间，客户经理可指导客户选择用能服务需求，开展用能数据采录并提供个性化的产品目录供客户选择。

（2）客户基础信息维护。客户基础信息维护可以修改客户的以下信息：

1）基本信息类：用电地址、行业分类、生产班次等。

2）联系信息类：联系类型、联系人、移动电话、电子邮箱等。

3）证件类：证件类型、证件名称、证件号码等。

4）账务类：开户银行、开户账号、账户名称等。

（二）市场保供

1. 概念

在营销 2.0 中，地方电厂、统调电厂、集中式新能源场站统称为常规电源，区分于分布式电源。常规电源包括公用电厂、自备电厂，公用电厂分为统调电厂、非统调电厂，自备电厂分为孤网电厂、非孤网电厂。

2. 规则

已销户的电源点信息不支持通过档案维护进行修改。

（三）客服渠道

1. 概念

（1）"工单热点维护"功能。是指 95598 工单相关工作人员通过电脑对阶段性重点关注主题相关的工单进行标记，并可按规则开展工单热点新增、上线、下线、变更下线时间、热点工单标记工作。

（2）"热点标记应用查询"功能。在接单分理及处理过程中，相关工作人员可根据工单内容进行热点标记，标记过热点的工单可通过"热点标记应用查询"功能进行查询。

（3）"非国网渠道/外部渠道工单"。是指各省、市、县公司自行受理由网络、12398、12345 等渠道收集或转办的客户诉求工单。

2. 规则

（1）客户 360 视图产品功能应用。是指系统展示客户全貌信息的业务。与营销 1.0 的客户信息综合查询功能一致，可根据编号（客户编号、发电户编号、用电户编号）、客户名称、地址、合同账户编号等查询客户详细信息。

（2）客户画像的模块作用。客户画像左上方模块为客户当期用电清单，左侧下方模块为客户年度消费清单，中间为客户全景标签和客户会员等级信息，右侧上方为客户用户基础信息，右侧下方为客户关系图展示与该客户所有关联客户。

（四）电费核算

1. 概念

（1）抄表包。是为组织抄表而划分的用户集合。依据用户分类、线路、台区等维度，将用户进行归集，可分别设置抄表责任人、示数复核人、催费责任人等信息。

（2）核算包。是为组织核算而划分的用户集合。按照用户分类、电压等级、市场化属性等条件将用户进行归集，分别设置核算责任人、省级核算责任人、最后抄表年月、发行例日等信息。

2. 规则

居民用户存在多个阶梯计量点时，阶梯电量在营销 2.0 中电量合并按分档计算。

3. 应用

（1）新用户在分配抄表包时应注意根据用户高低压属性分配至相应抄表包，高压用户需人工分配，低压用户支持自动分配。低压用户在业扩新装流程归档时增加了自动分配抄表包与核算包的功能，有关联户分配到关联户的包，没有关联户根据供电单位、用户分类、台区、用户数来寻找匹配的抄表包，如果没有匹配的抄表包，分配流程结束需要手工分配抄表包与核算包，以免漏抄。

（2）新用户在分配核算包时应注意根据用户高低压属性、市场化属性分配至相应核算包，高压用户需人工分配，低压用户支持自动分配。市场化用户应单独设置核算包，除关联用户外，市场化用户、代理购电用户、市场化发电户、非市场化发电户不能混编核算包。

（3）调整核算包的市场化属性分类，需要新建核算包并维护对应的市场化属性分类，然后将原核算包的用户调到新建核算包中，但无法调整已有核算包的市场化属性分类。

（4）居民阶梯用户电费账单采用递增法计算阶梯电费。递增法计算实例：某户 8 月抄表电量 800kWh，则 8 月电费计算方式如下：

二档电量 = 420 - 230 = 70（kWh）

三档电量 = 800 - 420 = 380（kWh）

电费 = 800×0.4983+190×0.05+380×0.3

所以电费账单打印显示的阶梯电价为一档为基础 0.4983，二、三档电价标准是电价差值，即二档电量 ×0.05，三档电量 ×0.3。

（5）营销 2.0 将发电客户的计量信息划分为并网点信息与公共连接点信息，公共连接点信息菜单中展示上网计量点信息，并网点信息菜单中展示发电计量点、厂用电计量点及自发自用计量点、指标分析计量点等信息，可点击公共连接点信息二级菜单查看上网计量点信息。

（五）计量物联

1. 概念

（1）品规码。为营销 2.0 新增名词，按照设备分类对下级参数进行整合，分为三个层级，第一层为【设备二级分类】，即设备类别，第二层为【组箱码】，第三层为【设备码】，层级越低参数越多。以电能表为例，【设备二级分类】为电能表类别、类型，用于中心、各单位间的表计配送及出入库；【组箱码】由类别、类型、接线方式、电压、接入方式构成，用于中心的分拣工作；【设备码】由类别、类型、接线方式、电压、接入方式、电流、准确度等级、无功准确度等级构成，用于中心的新表检定及配送。

（2）计量设备更换任务类型。包括更换（电能表、互感器、采集终端、计量箱）、拆除（采集终端、计量箱）、新装（采集终端、计量箱）、维修（计量箱）四类。

（3）电能表功能检查。是指成品库龄超过 6 个月的电能表在安装使用前应检查表计功能、时钟电池、抄表电池。

（4）电能表库存超期复检。是指电能表成品库龄超过 2 年的安装前应重新检定合格，具体可参照《国家电网有限公司计量资产全寿命周期管理办法》[国网（营销 /4）390—2022]第 25 条。

（5）高库龄计量资产。主要指没有安装记录，在库时间超过 2 年的电能表、超过 3 年的采集终端、超过 5 年的互感器，具体可参照《国家电网有限公司计量资产全寿命周期管理办法》[国网（营销 /4）390—2022]第 25 条。

2. 规则

设备装拆工单发送时需校验：

（1）营销 2.0 新表起码默认为零，切不可修改，同时校验表计止码和起码，若止码小于起码，则会进行提示。根据该校验逻辑，各单位在配置出库或领用时，确定表计实物当前示数为"0"。

（2）校验表位数和录入示数，不允许录入示数超过表位数。若录入示数大于表位数，则弹窗提醒"录入示数不能大于表位数"。

3. 应用

（1）公用配变关口管理新增公用配变关口管理产品，需要在计量点管理／公用配变关口管理中选择变更类型，类型为新增、变更、撤销，然后再选择台区，如果变更类型为"新增"，则前台无法查询到已配置关口计量点的台区。

（2）电能表更换有计量设备故障和计量设备更换流程，其中计量设备故障流程应用路径为"业扩接入"→"其他业务"→"计量设备故障处理"，分布式计量设备故障流程应用路径为"电源并网管理"→"分布式电源并网"→"发电户计量设备故障处理"；计量设备更换产品路径为"运行管理"→"运行维护"→"计量设备更换"，且与1.0不同的是，计量设备更换需要先做计划，杜绝无计划作业。

（3）营销2.0中"计量计划制定"产品的用途为"计量设备更换""运行设备抽检""现场检验""现场巡视"的前置流程。

（六）收费账务

1. 概念

（1）电力网点交费。是指用户来电力网点柜面交纳电费、业务费（工单编号）等各类费用。电力网点交费相当于营销1.0中的坐收收费，增加批量预存功能，可按照模板格式批量导入用户，进行欠费及电费预存业务的开展。

营销1.0与营销2.0的区别：取消营销1.0的账务收款功能，增加到账单收费方式；取消营销1.0的财务代收功能，增加列账单收费方式。

营销2.0的收费抵减规则：同一应收年月同时存在应收欠费和违约金的，先抵欠费，再抵违约金；不同应收年月，先抵前一应收年月的欠费及违约金。

（2）物联停电预警。是指通过物联网技术，每日测算用电客户的用电量，根据事先设定的阈值对客户电费使用情况进行提醒、预警，对电费超出情况进行控制或停电的业务，即费控。

营销2.0中的物联停电方式分为自动停电和审批停电两种。根据前期的评审，次日停电业务：自动停电次日 8:00 后客户实际可用余额达到停电条件时进行停电；审批停电次日 9:00 后客户实际可用余额达到停电条件时进行停电。

（3）物联预警策略。是指电网企业依据政策法规和业务规定，根据用户类型、电费结算协议、档案信息、风险标签、信用等级、用户分类等条件，对物联购电用户制定预警停电策略的业务。

物联预警策略主要包括预警、停电和预收扣款的阈值设定等。营销 2.0 中的物联预警策略无预收代扣预警，在配置物联预警策略时，不选择该项。同时营销 2.0 还增加了物联指令延迟下发策略，可以对重要节假日的预警停电策略的延期下发进行管理。

（4）物联停电申请。即审批停电申请，是指催费员根据系统每天测算情况，对测算余额达到停电阈值需要物联停电的用户发起停电申请的工作。

（5）欠费停电申请。是指催费员对电费逾期 30 日仍未结清欠费的后付费用户根据电费结算协议和供电营业规则规定生成欠费停电申请的工作。

2. 规则

营销 1.0 和营销 2.0 费控停电执行时间的差异：营销 1.0 为停电审批后，次日 8:00 判断用户是否满足停电条件，若满足则下发停电指令至采集执行停电；营销 2.0 为停电审批通过后，自动向用户发送停电前通知，自动停电是次日 8:00 判断用户是否满足停电条件，审批停电是次日 9:00 判断用户是否满足停电条件。

3. 应用

在电费催交方面，营销 2.0 中设计自动催费功能（催费策略制定、催费策略应用）以自动为主、人工为辅的催交方式，各单位根据催费业务实际情况，制定适合本单位的催费策略，并充分利用各种方式，及时高效开展催费工作，确保电费及时回收。

（七）综合业务

1. 概念

（1）工单的签收。是指工单到下一环节时，在待办工单界面，勾选工单点击签收，当工单签收后只有签收人才能填写签收环节的内容，不是签收人不可对当前环节内容进行操作。当只有单一待办人时，工单可自动签收。

（2）工单管理。主要有待办工单、全部工单、工单管控等 3 个常用应用。菜单路径："工单管理"→"待办工单 / 全部工单 / 工单管控"。

1）待办工单：工单流转主界面，可查看账号权限下工单信息，完成相关工单签收、改派、挂起、调度等功能。

2）全部工单：用于展示该账号下有权限查看的所有工单，点击流程名称，可查看工单环节信息。

3）工单管控：可搜索查看所在管理单位下在途所有工单，实现工单改派、调度、回退等工作。

（3）工单管控功能。

1）回退：营销2.0回退功能仅能实现将工单回退到上一环节，与营销1.0回退功能差异较大。

2）改派：可将工单改派到其他人员账号下。某工单环节在角色A账号下，角色A因某原因无法处理，可通过改派功能将该环节派发给角色B账号下。

3）调度：可将工单调度回之前走过的环节，可选择"直接返回"或"原路重走"，类似于营销1.0中"发送原环节"或"正常发送"功能。

直接返回：调度到选择的目标环节进行处理，处理后会直接返回当前环节。

原路重走：终止当前所有运行环节，调度到选择的目标环节进行处理，之后从调度的目标环节开始重新走工单。

4）挂起：可将工单变为非运行状态。挂起后的工单无法发送至下一环节，挂起恢复后工单变为正常运行状态。

2. 规则

工单编码生成规则：工单采用统一的编码规则，工单编码规则：省单位编码（2）+年月日（6）+工单分类（1）+自增序列（7），共16位。

工单分类：1代表母工单（流程）、2代表子工单（环节）、3代表通知单、4代表联络记录。

举例：××供电公司某营业厅于8月25日受理低压居民新装增容流程，产生了一张工单，其中公司编码为37、办理时间为220825、工单分类编码为1、7位自增序列为0000001，则工单编号为3722082510000001。

3. 应用

（1）已办工单下一环节看不到处理人的处理方法：①在工单管控进行改派；②联系信息运维人员进行添加人员。

（2）在营销2.0主界面查找所需的功能，可以在左上角的搜索框输入关键词查找。在某一窗口的查询条件中，带有下拉菜单的也可以通过输入关键词查找搜索。

（3）待办工单下面的操作按钮是要勾选工单后才能对勾选的工单做出相应的操作。

1）签收：可对未签收工单进行签收。

2）取消签收：可对已签收工单进行取消操作。

3）申请终止：对工单提出终止申请操作。

4）撤销申请：对发起申请且未审批的工单进行撤销申请操作。

5）申请回退：让工单回退到上一环节发起申请操作。

6）申请改派：想指定某人处理此工单，需要此按钮发起申请操作。

7）申请调度：申请回退到指定环节操作。

8）申请挂起：对工单进行停止运行申请操作。

（4）查询已办工单下一环节处理权限的方法：记住（或复制）工单编号，在"已办工单"（或"全部工单"）界面按工单编号查找此工单，点击此工单的流程名称，点击查看按钮，点击"参与者名称"下的名称，在接收人详情即可查看。

（5）在营销 2.0 中，正处在某工单环节页面时查询发起该工单的客户信息：不须关闭当前窗口，点击当前页面右上角的客户 360 视图按钮，打开该功能即可查看该工单的客户信息，同时在界面上方会显示已打开的窗口标签，可以随时切换。

模块二 能源互联网营销服务系统公共类查询

【模块描述】

（1）本模块主要包括客户360视图查询（客户视图查询、用户视图查询、发电客户视图查询）、其他公共信息查询（待办工单查询、全部工单查询、主题查询、消息发送查询）7个工作任务。

（2）核心知识点包括客户360视图的客户关系、客户画像、业务办理信息、客户账户、客户诉求等客户全貌信息；系统内全部工单查询，包括业扩工单、通知单、联络单等；对省侧自建主题查询、消息发送查询。

（3）关键技能项包括掌握能源互联网营销服务系统客户营销档案信息、系统各类工单、相应主题查询报表和统一消息发送知识点，以及具体应用的场景。

【模块目标】

（一）知识目标

掌握客户关系、客户画像、业务办理信息、客户账户、客户诉求等客户全貌信息；熟悉系统内全部工单查询，包括业扩工单、通知单、联络单等；了解省侧自建主题查询、消息发送的查询条件及操作步骤。

（二）能力目标

通过掌握能源互联网营销服务系统搜索引擎功能，通过客户360视图实现对客户信息的查询；根据搜索引擎或目录树查询所需的产品并应用产品功能达到查询目标。

（三）素质目标

提升新一代能源互联网营销服务系统基础功的实操能力；培养精益求精的工匠精神，强化职业责任担当；弘扬家国情怀，增强营销服务管理的处理能力。

任务一 客户360视图查询

【任务目标】

（一）知识目标

掌握电搜操作应用功能；熟悉客户、用户及发电户的信息，能根据需要准确定位客户全貌信息；了解应用各类查询条件及步骤路径。

（二）能力目标

通过掌握能源互联网营销服务系统搜索引擎功能，实现通过客户 360 视图对客户信息的全貌查询。

根据搜索引擎或目录树查询所需的产品并应用产品功能达到查询目标。

（三）素质目标

提升新一代能源互联网营销服务系统基础功的实操能力；培养精益求精的工匠精神，强化职业责任担当；弘扬家国情怀，增强营销服务管理的处理能力。

【任务描述】

（1）本任务主要包括客户 360 视图的客户视图、用户视图、发电客户视图 3 个工作任务。

（2）核心知识点包括客户视图的客户关系、客户画像、业务办理信息、客户账户、客户诉求等客户全貌信息；用户视图的用户信息、用户电费/交费信息、采集信息；发电客户视图的发电户信息、发电设备信息、关联用户信息等内容。

（3）关键技能项包括掌握能源互联网营销服务系统客户信息查询的操作步骤及具体应用的场景。

一、客户视图查询

【任务目标】

（1）掌握电搜操作技巧。

（2）熟悉客户基本信息、客户证件信息、合同账户信息、客户标签、客户消费信息、客户服务信息、用能户信息、电动汽车信息、互联网信息、客户信息修改记录及工单信息。

（3）了解查询条件及步骤路径。

【任务描述】

本任务主要为准确地应用电搜功能定位到客户，并通过客户视图查询到客户的基本信息、证件信息、消费信息、服务信息等内容。

【任务实施】

1. 功能说明

客户视图包括客户基本信息、客户证件信息、合同账户信息、客户标签、客户消费信息、客户服务信息、用能户信息、电动汽车信息、互联网用户、客户信息修改记录及工单信息等。

2. 操作说明

菜单路径："客户管理"→"客户信息"→"客户视图"，在客户视图界面点击"客户基本信息"按钮。客户基本信息界面如图 2-2-1 所示。

视频：营销 2.0 系统培训小视频—客户服务—360 客户视图操作

图 2-2-1　客户基本信息界面

在客户视图界面点击"客户证件信息"按钮，进行资料查看。客户证件信息如图 2-2-2 所示。

图 2-2-2　客户证件信息

在客户视图界面点击"合同账户信息"按钮，可查看"合同账户""业务模式信息""账户余额信息""测费电算""用户信息""付款信息""交费信息""费控签约信息"。点击"联合合同账户基本信息"可查看其信息。需要注意的是，交费信息可查看该户代扣关系。交费信息如图 2-2-3 所示。

图 2-2-3　交费信息

在客户视图界面点击"客户标签"按钮，可查看到以客户为主体的标签。客户标签如图 2-2-4 所示。

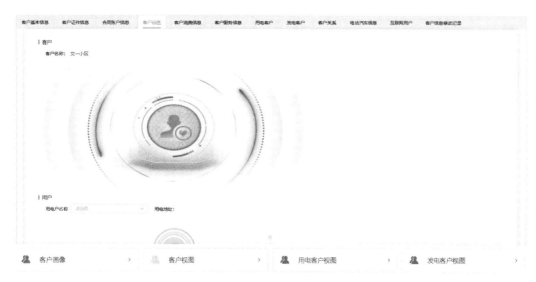

图 2-2-4　客户标签

在客户视图界面点击"客户消费信息"按钮，根据"用电时间"进行消费信息的查询，具体信息会在此界面通过柱状图和饼状图进行展示，还可单击每个类别进行信息查询。客户消费信息如图 2-2-5 所示。

图 2-2-5　客户消费信息

在客户视图界面点击"客户服务信息"按钮，可对各类服务信息进行查看。客户服务信息如图 2-2-6 所示。

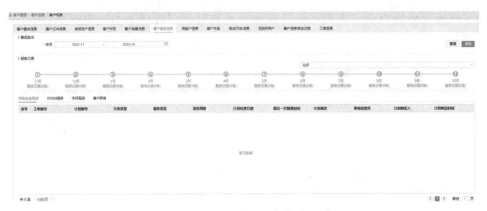

图 2-2-6　客户服务信息

在客户视图界面点击"用能户信息"按钮，可查看用电客户及发电客户信息。用能户信息如图 2-2-7 所示。

图 2-2-7　用能户信息

在客户视图界面点击"客户关系"按钮，可对客户关系进行查看。客户关系如图 2-2-8 所示。

图 2-2-8　客户关系

在客户视图界面点击"电动汽车信息"按钮，可对"充电订单信息""车桩信息"进行查看。电动汽车信息如图 2-2-9 所示。

图 2-2-9　电动汽车信息

在客户视图界面点击"互联网用户"按钮，可查看"互联网用户信息""网上国网户号绑定记录"。互联网用户如图 2-2-10 所示。

图 2-2-10　互联网用户

在客户视图界面点击"客户信息修改记录"按钮，可对其进行查看。客户信息修改记录如图 2-2-11 所示。

图 2-2-11　客户信息修改记录

在客户视图界面点击"工单信息"按钮，可查看"业务工单""通知单"，其中业务工单包含"业务流程信息""业务环节信息"。工单信息如图 2-2-12 所示。

图 2-2-12　工单信息

二、用户视图查询

📖【任务目标】

（1）掌握电搜操作技巧。

（2）熟悉用户信息、用户电费／交费信息、采集信息、计费信息、计量信息、采集点信息、供电电源信息、用户设备信息、合同信息、物联策略信息、服务记录、工单信息、停复电记录、订阅记录、用户档案信息、充电桩设备信息、综合能源项目、社会救助对象信息、关联发电户、需求侧管理信息等。

（3）熟悉查询条件及步骤路径。

📓 【任务描述】

本任务主要为准确地应用电搜功能定位到用户，并通过用户视图查询到用户电量、交费、计量点、采集点、服务记录等内容。

📓 【任务实施】

1. 功能说明

用户视图包括用户信息、用户电费/交费信息、采集信息、计费信息、计量信息、采集点信息、供电电源信息、用户设备信息、合同信息、物联策略信息、服务记录、工单信息、停复电记录、订阅记录、用户档案信息、充电桩设备信息、综合能源项目、社会救助对象信息、关联发电户、需求侧管理信息等。

2. 操作说明

菜单路径："客户管理"→"客户信息"→"用电客户视图"→"用户信息"，在用户信息界面点击"用户基本信息"按钮，可查看用户编号、用户分类等基本信息。点击"用户基本信息"右侧各按钮可对用户的其他信息进行查看。用户基本信息如图 2-2-13 所示。

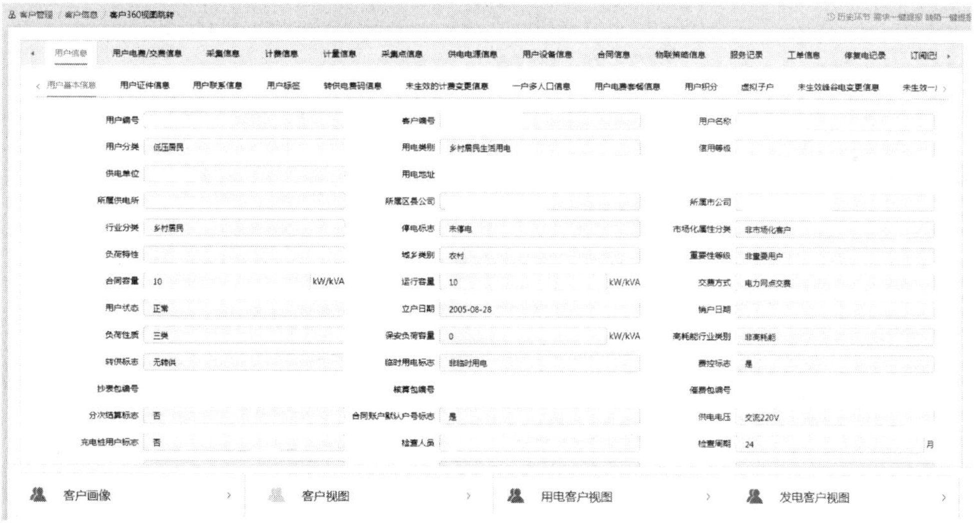

图 2-2-13 用户基本信息

点击"用户电费/交费信息"按钮，可对用户电费以及交费的各类信息进行查看。用户电费/交费信息如图 2-2-14 所示。

点击"采集信息"按钮，可筛选查看"抄表数据""电量数据""负荷数据""召测数据""掉电记录"。采集信息如图 2-2-15 所示。

点击"计费信息"按钮，可对"受电点信息""用户定价策略""用户执行电价"进行查看。计费信息如图 2-2-16 所示。

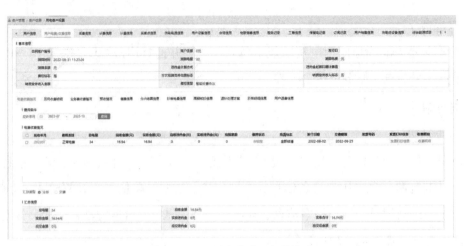

图 2-2-14　用户电费 / 交费信息

图 2-2-15　采集信息

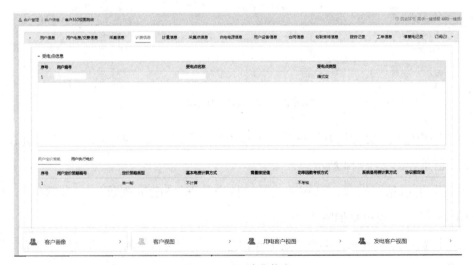

图 2-2-16　计费信息

点击"计量信息"按钮，可对"受电点信息""计量点信息""电能表""互感器""计量箱（柜、屏）信息"进行查看。计量信息如图 2-2-17 所示。

图 2-2-17 计量信息

点击"采集点信息"按钮，可对"采集点信息""运行终端采集""采集对象""终端SIM 卡信息"进行查看。采集点信息如图 2-2-18 所示。

图 2-2-18 采集点信息

点击"供电电源信息"按钮，可对"受电点信息""供电电源信息"进行查看。供电电源信息如图 2-2-19 所示。

点击"用户设备信息"按钮，可对"受电设备""避雷器""无功补偿设备""继电器保护装置""断路器""电缆""自备电源""用户用电设备""充电桩设备"进行查看。用户设备信息如图 2-2-20 所示。

图 2-2-19　供电电源信息

图 2-2-20　用户设备信息

点击"合同信息"按钮，可对"合同签订信息""合同履约信息"进行查看。合同信息如图 2-2-21 所示。

图 2-2-21　合同信息

点击"物联策略信息"按钮，可对"费控信息""策略记录""测算记录""线上签约智能交费代扣情况""策略变更记录"进行查看。物联策略信息如图 2-2-22 所示。

图 2-2-22　物联策略信息

点击"服务记录"按钮，可对"用电安全服务""95598 服务""关怀服务"进行查看。服务记录如图 2-2-23 所示。

图 2-2-23　服务记录

点击"工单信息"按钮，可查看"业务工单""通知单"。工单信息如图 2-2-24 所示。

点击"停复电记录"按钮，可对"停电记录""复电记录"进行查看。停复电记录如图 2-2-25 所示。

点击"订阅记录"按钮，可对"短信""邮寄""电子邮件"三种订阅方式的订阅记录进行查看。订阅记录如图 2-2-26 所示。

点击"用户档案信息"按钮，可查看档案资料，其中包括"档案信息""借阅记录""修正记录"。此外，还可对其档案资料进行筛选并进行"下载""借阅"操作。用户档案信息如图 2-2-27 所示。

点击"充电桩设备信息"按钮，可对其信息进行查看。充电桩设备信息如图 2-2-28 所示。

图 2-2-24　工单信息

图 2-2-25　停复电记录

图 2-2-26　订阅记录

图 2-2-27　用户档案信息

图 2-2-28　充电桩设备信息

点击"综合能源项目"按钮，可查看"电能替代项目信息""节能服务项目信息"。综合能源项目如图 2-2-29 所示。

点击"社会救助对象信息"按钮，可查看"社会救助对象信息""集中供养信息"。社会救助对象信息如图 2-2-30 所示。

图 2-2-29　综合能源项目

点击"关联发电户"，可对其信息进行查看。关联发电户如图2-2-31所示。

点击"需求侧管理信息"按钮，可对"需求响应信息""有序用电信息""分路负控信息"进行查看。需求侧管理信息如图2-2-32所示。

图2-2-30 社会救助对象信息

图2-2-31 关联发电户

图2-2-32 需求侧管理信息

三、发电客户视图查询

【任务目标】

（1）掌握电搜操作技巧。

（2）熟悉发电户信息、发电设备信息、关联用户信息、发电户电费信息、并网信息、合同信息、服务记录、采集信息、计费信息、计量信息、采集点信息、项目信息、工单信息、发电户档案信息等。

（3）熟悉查询条件及步骤路径。

【任务描述】

本任务主要为应用电搜功能定位到正确发电户，并通过发电客户视图查询到发电户档案信息、电费信息、项目信息等内容。

【任务实施】

1. 功能说明

发电视图包括发电户信息、发电设备信息、关联用户信息、发电户电费信息、并网信息、合同信息、服务记录、采集信息、计费信息、计量信息、采集点信息、项目信息、工单信息、发电户档案信息。

2. 操作说明

菜单路径："客户管理"→"客户信息"→"发电客户视图"，在发电客户视图界面点击"发电户信息"按钮，可对"基本信息""发电户证件信息""发电户联系信息"进行查看。发电户信息如图 2-2-33 所示。

图 2-2-33　发电户信息

点击"发电设备信息"按钮，可查看"机组信息""发电户设备信息"。发电设备信息如图 2-2-34 所示。

点击"关联用户信息"按钮，可查看其相应信息。关联用户信息如图 2-2-35 所示。

图 2-2-34　发电设备信息

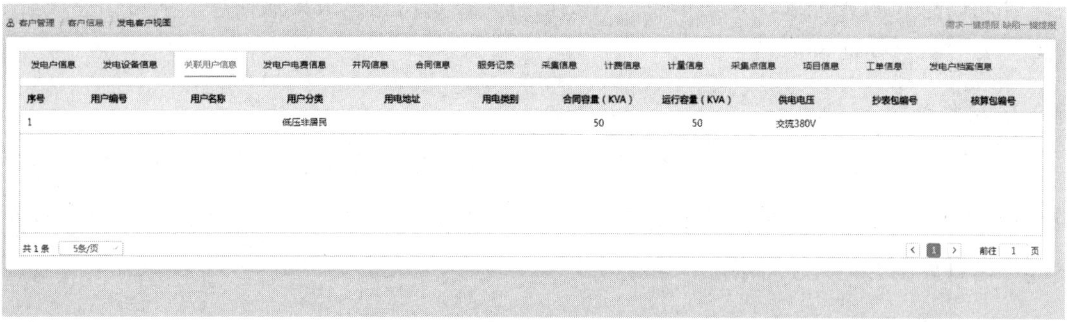

图 2-2-35　关联用户信息

点击"发电户电费信息"按钮，可通过"电费年月"这个查询条件对"电费信息""抄表电量信息"进行查看，还可直接查看"应付信息""退补处理方案""退费信息"。发电户电费信息如图 2-2-36 所示。

点击"并网信息"按钮，可对"并网点""公共连接点""接入点"进行查看。并网信息如图 2-2-37 所示。

点击"合同信息"按钮，可对"合同签订信息""合同履约信息"进行查看。合同信息如图 2-2-38 所示。

点击"服务记录"按钮，可对"用电安全服务""95598 服务""关怀服务"进行查询。服务记录如图 2-2-39 所示。

图 2-2-36 发电户电费信息

图 2-2-37 并网信息

图 2-2-38 合同信息

点击"采集信息"按钮，可以通过数据来源、终端、日期等查询条件对数据进行筛选，对"抄表数据""电量数据""负荷数据""召测数据""掉电记录"进行查看。采集信息如图2-2-40所示。

　　点击"计费信息"按钮，可对电价信息进行查看。计费信息如图2-2-41所示。

图 2-2-39　服务记录

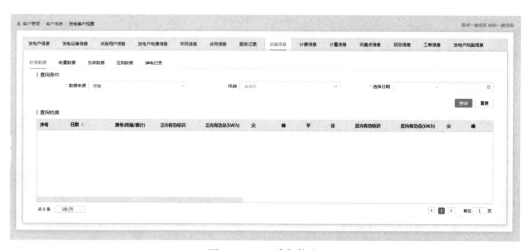

图 2-2-40　采集信息

图 2-2-41　计费信息

　　点击"计量信息"按钮，对"并网点信息""公共连接点信息""结算单元信息""计量点信息"进行查看。计量信息如图 2-2-42 所示。

　　点击"采集点信息"按钮，对"采集点信息""运行终端采集""采集对象""终端 SIM 卡信息"进行查看。采集点信息如图 2-2-43 所示。

图 2-2-42　计量信息

图 2-2-43　采集点信息

　　点击"项目信息"按钮，对"项目信息""项目信息详情"进行查看。项目信息如图 2-2-44 所示。

　　点击"工单信息"按钮，可查看"业务工单""通知单""业务环节信息"。工单信息如图 2-2-45 所示。

　　点击"发电户档案信息"按钮，可查看"档案信息""借阅记录""修正记录"，还可对档案资料进行筛选并进行"下载""借阅"操作。发电户档案信息如图 2-2-46 所示。

图 2-2-44 项目信息

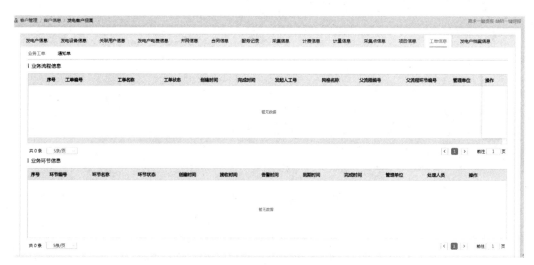

图 2-2-45 工单信息

图 2-2-46 发电户档案信息

【任务评价】

1. 客户360视图专业查询考核要求

通过营销系统仿真库，以客户为例，准确查询出客户档案信息、用户信息和客户画像信息；以用户为例，准确查询出用户的某月具体电量电费、电价及交费金额、交费渠道等信息，准确查询到客户近期服务轨迹等信息；以发电客户为例，准确查询出发电户的某月具体电量电费发电设备信息、项目信息、档案信息等信息，准确地查询到客户近期服务轨迹等信息。

2. 客户360视图查询考核评分表

客户360视图查询考核评分表见表2-2-1。

表2-2-1 　　　　　　　　　　客户360视图查询考核评分表

班级：_____　　姓名：_____　　得分：_____

考核项目：客户360视图查询				考核时间：30分钟	
序号	主要内容	考核要求	评分标准	分值	得分
1	工作前准备	1）能源互联网营销服务系统专网计算机、系统登录账号、网址正确；2）笔、纸等准备齐全	不能正确登录系统扣5分	5	
2	作业风险分析与预控	1）注意个人账号和密码应妥善保管；2）注意客户信息、系统数据保密	1）未进行危险点分析及注意事项交代不得分；2）分析不全面，扣5分	10	
3	客户、用户、发电用户编号查询	根据给定条件，按要求查询客户、用户、发电用户编号	1）错、漏每处按比例扣分；2）本项分数扣完为止	20	
4	客户视图查询	根据给定条件，按要求进行客户视图查询	1）错、漏每处按比例扣分；2）本项分数扣完为止	25	
5	用户视图查询	根据给定条件，按要求进行用户视图查询	1）错、漏每处按比例扣分；2）本项分数扣完为止	20	
6	发电客户视图查询	根据给定条件，按要求进行发电客户视图查询	1）错、漏每处按比例扣分；2）本项分数扣完为止	20	
合计				100	
教师签名					

任务二　　其他公共信息查询

【任务目标】

（一）知识目标

掌握待办工单查询、全部工单查询、主题查询及消息发送查询产品的含义；熟悉待办工单查询、主题查询（收藏、算法说明）、消息发送查询功能的应用；了解查询条件及步骤路径。

（二）能力目标

能够通过已知的查询信息条件，应用系统搜索引擎功能查询工单相关信息；能够准确定位查询主题并准确查询结果；能够应用已知的信息，查询到系统对内、对外的短信信息。

（三）素质目标

提升新一代能源互联网营销服务系统基础功的实操能力；培养精益求精的工匠精神，强化职业责任担当；弘扬家国情怀，增强营销服务管理的处理能力。

【任务描述】

（1）本任务主要包括待办工单查询、全部工单查询、主题查询及消息发送查询4个工作任务。

（2）核心知识点包括营销系统内待办工单查询、全部工单查询（包括业扩工单、通知单、联络单）、主题查询、消息发送查询的查询操作应用。

（3）关键技能项包括掌握能源互联网营销服务系统其他公共类信息查询的操作步骤和具体应用的场景。

一、待办工单查询

【任务目标】

（1）掌握待办工单的含义及查询条件，及"显示"功能的应用小技巧。

（2）熟悉"签收""取消签收""申请调度""申请终止"等功能。

（3）了解查询条件及步骤路径。

【任务描述】

本任务主要完成待办工单的查询、工单签收、终止操作。

【任务实施】

1. 功能说明

待办工单是指省级/市级/县级供电所或供电公司员工有未完成或进行中的业务时，使用电脑查询并进入业务详情处理的工作，同时对有特殊需要的业务可以申请回退、调度、终止、挂起、改派。

2. 操作说明

菜单路径："工单管理"→"工作台管理"→"待办工单"。在左侧菜单栏点击"待办工单"，进入待办工单页面，查看待办工单信息。使用页面上方的筛选条件，确定筛选条件后点击"查询"按钮，查询符合筛选条件的待办工单信息；点击"重置"按钮，可重置筛选条件。待办工单如图2-2-47所示。

图 2-2-47　待办工单

点击列表右上方的"显示"按钮，出现列表数据筛选项，可筛选想要在列表中显示的数据，根据选择的数据项，点击"保存"按钮，展示选择数据项；点击"取消"按钮，取消选择的数据项。待办工单中的显示菜单如图 2-2-48 所示。

点击列表里的"环节名称"按钮，可进入环节名称页面，查看环节名称信息；点击列表里的"工单拓展"按钮，可进入工单拓展页面，查看该条工单拓展信息。工单拓展详情如图 2-2-49 所示。

图 2-2-48　待办工单中的显示菜单

选择一条待办工单，点击列表下方的"签收"按钮，对该条工单进行签收。选择一条工单，点击列表下方的"取消签收"按钮，出现可取消签收的弹窗，点击"确定"按钮对该条工单进行取消签收操作，点击"取消"按钮则取消操作。工单签收提示如图 2-2-50 所示。

图 2-2-49　工单拓展详情

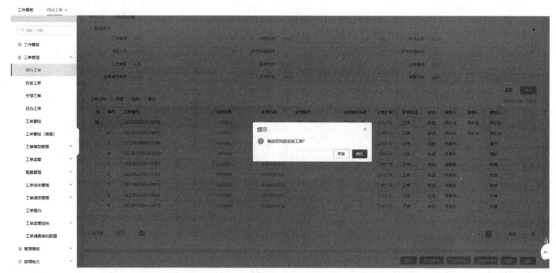

图 2-2-50　工单签收提示

选择一条工单，点击列表下方的"申请终止"按钮，出现申请弹窗，点击"确定"按钮，出现填写申请原因弹窗，填写申请原因，点击"确定"按钮，对该条工单进行申请终止操作；点击"取消"按钮，取消操作。工单终止申请如图 2-2-51 所示。

选择一条工单，点击列表下方的"撤销申请"按钮，出现撤销申请的弹窗，点击"确定"按钮，对该条工单进行撤销申请操作；点击"取消"按钮，取消操作。工单撤销如图 2-2-52 所示。

图 2-2-51　工单终止申请

图 2-2-52　工单撤销

选择一条工单，点击列表下方的"回退"按钮，出现填写回退原因弹窗，填写回退原因，点击"确定"按钮，此条工单回退成功；点击"取消"按钮，取消操作。工单回退申请如图 2-2-53 所示。

选择一条工单，点击列表下方的"改派"按钮，出现改派弹窗，点击"确定"按钮，进入选择改派人员页面；点击"取消"按钮，取消操作。工单改派提示如图 2-2-54 所示。

图 2-2-53 工单回退申请

图 2-2-54 工单改派提示

在选择改派人员页面，选择改派人员，点击右箭头，把选择的改派人员复制到右侧列表中，点击列表下方的"全部清空"按钮，可全部清空改派人员信息；点击"确定"按钮，改派人员选择成功，工单改派成功；点击"取消"按钮，取消改派人员选择。工单改派如图 2-2-55 所示。

点击工单改派列表下方的"导出"图标，弹出导出弹窗，确定导出条件，点击"导出"按钮，则导出符合条件的数据；点击"重置"按钮，重置条件。指定派单信息导出如图 2-2-56 所示。

点击待办工单旁边的"待指定派单"，切换到待指定派单页面，查看待指定派单信息；在此页面，可根据左侧的组织树，筛选流程信息，根据上方的"待指派""已指派""已完成"，可切换对应的待指定派单。待指定派单如图 2-2-57 所示。

图 2-2-55 工单改派

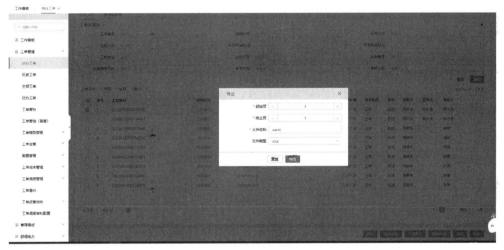

图 2-2-56 指定派单信息导出

图 2-2-57 待指定派单

使用页面上方的筛选条件，确定筛选条件后点击"查询"按钮，查询符合筛选条件的待办工单信息；点击"重置"按钮，可重置筛选条件。点击列表上方的"导出"按钮，可导出列表数据。点击列表操作栏里的"进度查看"按钮，进入进度查看页面，查看指定派单进度。指定派单流程如图 2-2-58 所示。

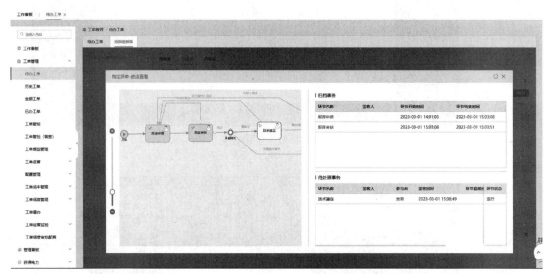

图 2-2-58　指定派单流程

选择一条工单，点击列表下方的"指派"按钮，出现选择指派人员页面，选择派单人员后，点击"确定"按钮，此条工单指派成功；点击"取消"按钮，取消操作。指定派单人员选择如图 2-2-59 所示。

图 2-2-59　指定派单人员选择

二、全部工单

【任务目标】

掌握全部工单的含义及查询条件的应用；熟悉各类工单进度情况及完成情况的查询方法；了解查询条件及步骤路径。

【任务描述】

本任务主要完成工单的查询与跟踪。

【任务实施】

1. 功能说明

全部工单是指省级/市级/县级供电所或供电公司员工使用电脑查询权限范围内的所有工单，并跟踪工单进度及其完成情况。

2. 操作说明

菜单路径："工单管理"→"工作台管理"→"全部工单"。在左侧菜单栏点击"全部工单"按钮，进入全部工单页面，查看全部工单信息。全部工单如图 2-2-60 所示。

图 2-2-60　全部工单

使用页面上方的筛选条件，确定筛选条件后点击"查询"按钮，查询符合筛选条件的全部工单信息；点击"重置"按钮，可重置筛选条件。全部工单查询如图 2-2-61 所示。

点击列表右上方的"显示"下拉按钮，出现列表数据筛选项，可筛选想要在列表中显示的数据，根据选择的数据项，点击"保存"按钮，展示选择数据项；点击"取消"，取消选择的数据项。全部工单的显示菜单如图 2-2-62 所示。

图 2-2-61　全部工单查询

图 2-2-62　全部工单的显示菜单

　　点击列表里的"流程名称"，可进入流程名称页面，查看该流程名称信息；点击列表里的"业务编号"，可进入 360 视图查询页面，通过业务编号查询工单信息。点击列表里的"工单扩展"按钮，可进入工单拓展页面，查看该条工单拓展信息。全部工单的扩展详情如图 2-2-63 所示。

　　点击列表下方的"导出"图标，弹出导出弹窗，确定导出条件，点击"导出"按钮，则导出符合条件的数据；点击"重置"按钮，重置条件。全部工单信息导出如图 2-2-64 所示。

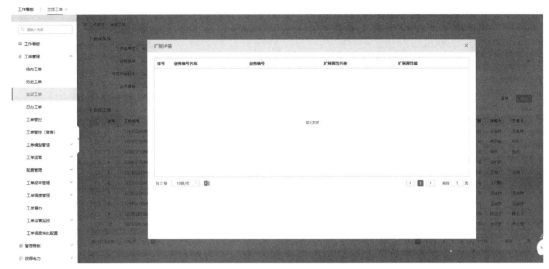

图 2-2-63　工单扩展的扩展详情

图 2-2-64　全部工单信息导出

三、主题查询

📖【任务目标】

（1）掌握省侧主题查询路径。

（2）熟悉搜索引擎、主题收藏、算法说明等功能应用。

（3）了解查询条件及步骤路径。

📖【任务描述】

本任务主要完成省侧自建的主题查询，以及应用搜索引擎快速定位到相关主题。

【任务实施】

1. 功能说明

省侧自建主题查询是为了满足公司的发展需要而建设的，基于内部管控要求扩展的业务查询或报表统计的功能，用于实现对日常工作的数据查询与统计。

2. 操作说明

（1）业务主题查询导航。菜单路径："综合管理"→"智能报表"→"业务主题查询"。业务主题查询如图2-2-65所示。

也可以业务主题查询界面左侧的搜索框直接搜索业务主题。业务主题查询搜索如图2-2-66所示。

（2）业务主题查询使用。

1）菜单路径："综合管理"→"智能报表"→"业务主题查询"。

图2-2-65　业务主题查询

图2-2-66　业务主题查询搜索

2）主题查询列表：进入业务主题查询界面时默认显示所有主题。点击左侧的"常用查询"按钮可显示专业分类，点击不同专业时，右侧会显示相应专业的主题，点击"全部专业"显示所有的主题。

右上角的查询框可以对主题进行查询，可以对主题名称或者主题编号进行模糊查询。业务主题专业搜索如图 2-2-67 所示。

图 2-2-67　业务主题专业搜索

业务主题列表显示收藏状态、序号、主题编号、主题名称、专业分类、更新频度、主题定义等字段。业务主题列表如图 2-2-68 所示。

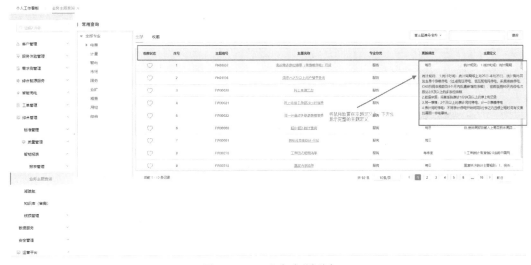

图 2-2-68　业务主题列表

3）主题收藏：用户可以对主题进行收藏，方便进行统一查看。每一个主题左边会有一个收藏状态，点击变成蓝色即为收藏成功，点击页面上方的"收藏"按钮可以查看当前用户收藏的所有主题。业务主题收藏状态如图 2-2-69 所示，用户收藏主题如图 2-2-70 所示。

图 2-2-69　业务主题收藏状态

图 2-2-70　用户收藏主题

4）业务主题查询：通过点击主题列表中的主题名称进行主题查询，首先选择或者输入查询条件，然后点击"查询"按钮进行查询。业务主题细项查询、业务主题细项查询结果如图 2-2-71、图 2-2-72 所示。

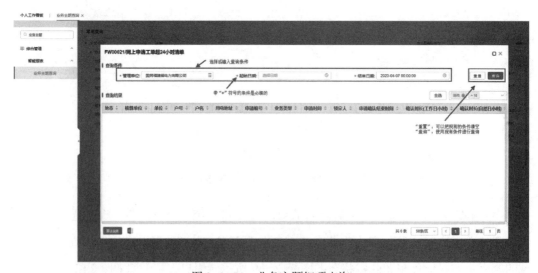

图 2-2-71　业务主题细项查询

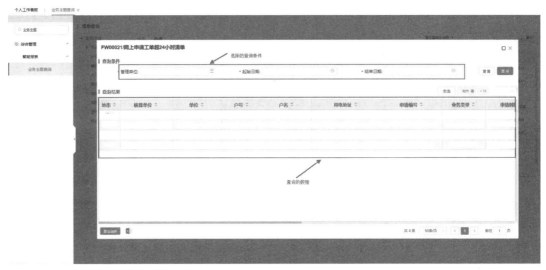

图 2-2-72　业务主题细项查询结果

5）主题展示字段控制：在查询按钮下方，有一个显示字段的下拉框，里面是所有查询结果显示的字段，初始查询时默认全部勾选，用户可以通过是否勾选来决定哪些字段显示，哪些不显示。业务主题展示字段如图 2-2-73 所示。

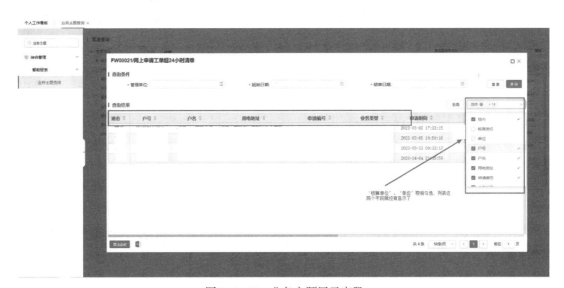

图 2-2-73　业务主题展示字段

在查询按钮下方显示字段的下拉框中选择"全选"按钮可以一键勾选所有字段。业务主题展示字段全部显示如图 2-2-74 所示。

6）主题查询数据导出：在主题查询出数据之后，点击左下角的导出按钮（excel 图标）进行数据导出。当前主题导出数据最大数量为 8 万条，当查询数据大于 8 万条，只能导出前 8 万条数据，当导出数据量较大时需要等待几分钟（3 分钟以内）。主题查询数据导出如图 2-2-75 所示。

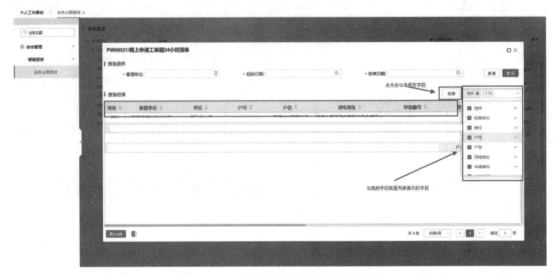

图 2-2-74　业务主题展示字段全部显示

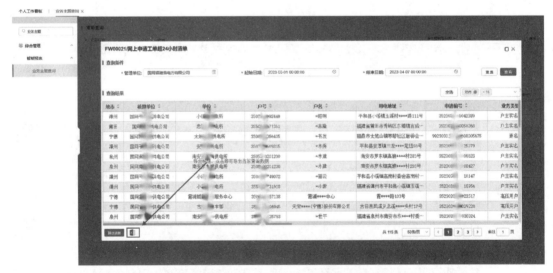

图 2-2-75　主题查询数据导出

导出成功之后，在系统左下角会显示导出的文件。主题查询数据导出显示如图 2-2-76 所示。

7）主题算法说明查看：在主题查询页面的导出按钮旁边，有一个"算法说明"按钮，点击该按钮可以查看该主题的说明，其与主题列表的描述内容是一致的。主题算法说明、主题算法说明显示如图 2-2-77、图 2-2-78 所示。

图 2-2-76　主题查询数据导出显示

图 2-2-77　主题算法说明

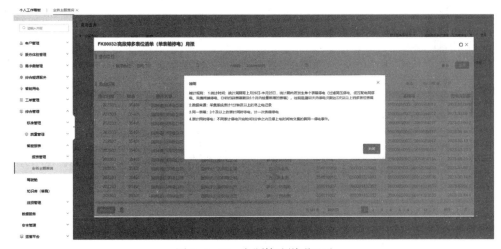

图 2-2-78　主题算法说明显示

8）查询数据计算：在主题查询出来数据之后，在列表上可以选择单格数据，在页面下方会对选中数据进行求和、求平均值、查看最大值和最小值等。主题查询数据计算如图 2-2-79 所示。

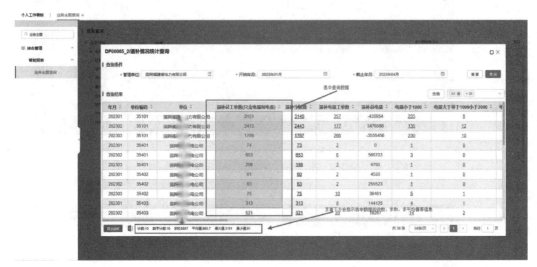

图 2-2-79　主题查询数据计算

9）主题下钻：根据用户要求，对于可以下钻的主题，在查询出数据之后，点击列表上带下划线的单元格数据，可以下钻到另外一个主题，以便查看主题的明细。主题查询数据下钻如图 2-2-80 所示。

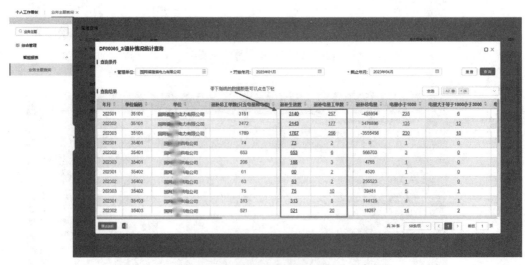

图 2-2-80　主题查询数据下钻

点击下钻数据之后，会弹出一个新的网页，会展示对应的下钻主题。下钻有弹框和新页面两种方式。主题查询下钻数据展示如图 2-2-81 所示。

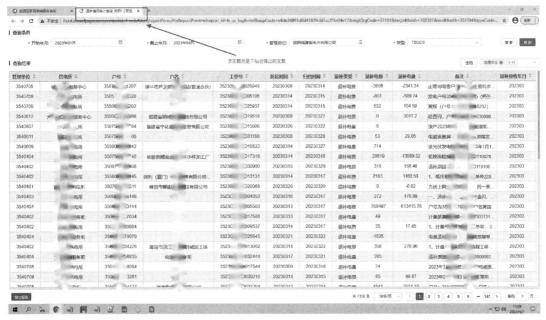

图 2-2-81 主题查询下钻数据展示

四、消息发送查询

【任务目标】

掌握营销侧消息发送的查询路径；熟悉消息内外部分类；了解查询条件及步骤路径。

【任务描述】

本任务主要完成营销侧内、外部消息发送的记录查询。

【任务实施】

1. 功能说明

统一信息平台查询：通过输入消息类型（必选）、发送时间（必选，发送时间规定查询指定一天的数据）、手机号、用户编号、选择策略（跟超期预警模块里面策略类型一致）、发送状态（必选），即可统计出发送次数、成功多少、失败多少、待发送多少、信息类型、手机号、用户编号、渠道、正文、策略名称、策略编号、消息参数、业务请求时间（发送时间）、重复发送次数、发送状态备注、操作等统计内容。

2. 操作说明

菜单路径："支撑应用"→"系统管理"→"统一消息平台查询"。用该功能时，可根据查询条件，如消息类型（必选）、发送时间（必选，发送时间规定查询指定一天的数据）、手机号、用户编号、选择策略（跟超期预警模块里面策略类型一致）、发送状态（必选）等信息进行查询，统一消息平台查询如图 2-2-82 所示。

图2-2-82　统一消息平台查询

【任务评价】

1. 其他公共信息查询考核要求

通过营销系统仿真库，以业务工单为例，通过待办工单准确对未完成或进行中的业务完成工单签收、处理、终止等操作；以业扩工单为例，通过全部工单准确定位工单的处理进度及当前处理人；以某个主题查询为例，准确定位并按规定的条件导出相关报表；以停电信息为例，查询某个用户的停电信息告知的消息发送记录。

2. 其他公共信息查询考核评分表

其他公共信息查询考核评分表见表2-2-2。

表2-2-2　　　　　　　　　　　其他公共信息查询考核评分表

班级：_____		姓名：_____		得分：_____		
考核项目：其他公共信息查询				考核时间：30分钟		
序号	主要内容	考核要求	评分标准		分值	得分
1	工作前准备	1）能源互联网营销服务系统专网计算机、系统登录账号、网址正确； 2）笔、纸等准备齐全	不能正确登录系统扣5分		5	
2	作业风险分析与预控	1）注意个人账号和密码应妥善保管； 2）注意客户信息、系统数据保密	1）未进行危险点分析及注意事项交代不得分； 2）分析不全面，扣5分		10	
3	待办工单查询	根据给定条件，按要求查询待处理工单，并按照要求进行处置	1）错、漏每处按比例扣分； 2）本项分数扣完为止		25	
4	全部工单查询	根据给定条件，按要求查询工单信息	1）错、漏每处按比例扣分； 2）本项分数扣完为止		20	

续表

序号	主要内容	考核要求	评分标准	分值	得分
5	主题查询	根据给定条件，按要求查询工单、报表信息，并将相关数据导出；根据给定要求进行处置	1）错、漏每处按比例扣分； 2）本项分数扣完为止	30	
6	消息发送查询	根据给定条件，按要求查询消息发送记录	1）错、漏每处按比例扣分； 2）本项分数扣完为止	10	
合计				100	
教师签名					

模块三　能源互联网营销服务系统专业类查询

【模块描述】

（1）本模块主要涉及营销服务系统的计量专业查询、线损专业查询、客服专业查询、抄催专业查询、网格管理专业查询 5 类查询业务。

（2）核心知识点包括计量点管理、现场巡视、异常处理；外部渠道诉求受理、抄表催费、网格服务等业务相关知识内容。

（3）关键技能项掌握计量点管理、现场巡视、异常处理；外部渠道诉求受理、抄表催费、网格服务等业务流程处理。

【模块目标】

（一）知识目标

熟悉计量点、计量资产、计量运行，台区日线损、台区月线损分布统计，客户诉求业务、停电信息，抄表包、抄表数据，网格台账相关信息；了解计量点查询、计量资产、计量运行，台区日线损、台区月线损分布统计，客户诉求工单、停电信息，抄表机台账查询、抄表包电网资源，网格台账、抄表包、台区、用电户信息查询的结果应用；掌握计量专业、线损专业、客服专业、抄催专业及网格管理专业信息查询的查询条件及操作步骤。

（二）能力目标

能够根据操作步骤，按照查询条件对计量专业、线损专业、客服专业、抄催专业和网格管理专业的相关信息进行规范查询。

（三）素质目标

提升新一代能源互联网营销服务系统基础功的实操能力；培养精益求精的工匠精神，强化职业责任担当；弘扬家国情怀，增强营销服务管理的处理能力。

任 务 一　计 量 专 业 查 询

【任务目标】

（一）知识目标

熟悉计量点、计量资产、计量运行等相关信息；了解计量点查询、计量资产、计量运行业务查询的结果应用。掌握计量点查询、计量资产、计量运行业务查询的查询条件要求和操作步骤。

（二）能力目标

能够根据计量点查询、计量资产、计量运行业务查询等操作手册，按照查询条件对计量相关信息进行规范查询。

（三）素质目标

提升新一代能源互联网营销服务系统基础功的实操能力；培养精益求精的工匠精神，强化职业责任担当；弘扬家国情怀，增强营销服务管理的处理能力。

【任务描述】

（1）本任务主要涉及计量专业查询，包括计量点查询、资产查询、计量计划查询，巡视记录查询、巡视完成情况查询、异常处理记录查询6个工作任务。

（2）核心知识点包括计量点相关信息查询和计量资产基本信息查询，计量设备运行、计量计划制定、执行和处理的具体内容查询等工作。

（3）关键技能项包括计量点查询、资产基本信息查询，计量计划查询、现场巡视及异常处理记录业务内容查询。

一、计量点查询

【任务目标】

（1）熟悉计量点等相关信息内容。

（2）了解计量点查询的结果应用。

（3）掌握计量点查询的查询条件要求和操作步骤。

（4）能按照查询条件对计量点相关信息进行规范查询。

【任务描述】

（1）本任务主要完成将计量点编号、台区名称、线路名称、用户编号、计量点名称、变电站名称、电厂名称、投运日期作为查询条件之一对计量点相关信息进行查询的业务。

（2）本工作任务以"计量点分类：关口；计量方式：高供低计；计量点状态：在用"作为查询条件进行查询。

【任务实施】

1. 业务描述

计量点查询是指台区经理对计量点相关信息进行查询的业务。

2. 功能说明

台区经理查看计量点信息。根据当前计量点编号、计量点名称、计量点地址、计量点分类、电量计算方式、中性点接地方式、计量点容量、计量点状态、是否装表、是否安装负控、抄表包编号、投运日期等信息，查看具体明细。

3. 操作说明

菜单路径："运行管理"→"运行查询主题"→"计量点查询"。打开"计量点查询"页面。计量点查询如图 2-3-1 所示。

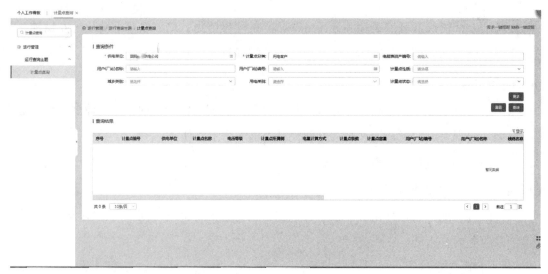

图 2-3-1　计量点查询

在计量点查询界面点击"更多"按钮，根据查询条件："计量点分类：关口；计量方式：高供低计；计量点状态：在用"进行查询。计量点查询条件如图 2-3-2 所示。

点击每条数据的"计量点编号"按钮，查询该条计量点编号数据的详细信息。计量点编号如图 2-3-3 所示。

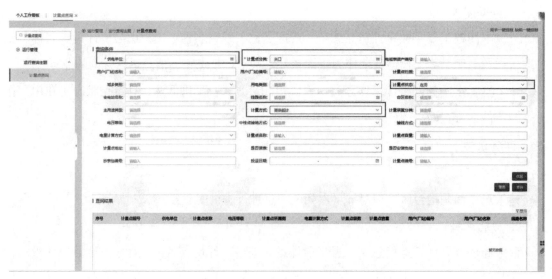

图 2-3-2　计量点查询条件

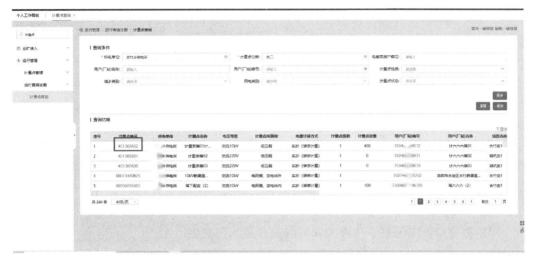

图 2-3-3　计量点编号

　　计量点明细信息包含了计量点、运行采集终端、运行互感器及二次回路、计量箱（柜、屏）、运行采集点的信息。点击"运行互感器及二次回路"按钮可查看相关信息。计量点明细信息如图 2-3-4 所示。

图 2-3-4　计量点明细信息

4. 页面相关名词解释

　　计量点信息包含计量点编号、计量点名称、计量点性质、计量点分类、计量点地址、主用途类型、用电户／发电户／关口名称、计量点级数、申请日期、投运日期、接线方式、计量方式、供电单位、开关编号、抄表包编号、抄表顺序号、所属线路、所属台区、用电户／发电户／关口编号、是否安装负控、电压等级、计量管理顺序序号、计量点状态、电能计量装置分类、电能交换点分类、是否装表等详细信息。

二、资产查询

【任务目标】

（1）熟悉计量资产等相关信息内容。

（2）了解计量资产查询的结果应用。

（3）掌握计量资产查询的查询条件要求和操作步骤。

（4）能按照查询条件规范地查询出计量资产的相关信息。

【任务描述】

（1）本任务主要完成资产档案、关键环节业务操作、库存位置及状态变化等信息的查询工作，以掌握资产基本信息、全寿命周期内业务及状态变化情况。

（2）本工作任务以"设备分类：电能表；资产编号"作为查询条件对电能表的基本信息进行查询。

【任务实施】

1. 业务描述

资产查询是指为了掌握资产基本信息、全寿命周期内业务及状态变化情况，提供资产档案、关键环节业务操作、库存位置及状态变化等信息的查询工作。

2. 功能说明

台区经理根据设备分类、资产编号等信息查询当前单位的相关资产信息内容。

3. 操作说明

菜单路径："资产管理"→"常用查询"→"资产查询"，点击"资产查询"按钮进入资产查询页面。资产查询如图2-3-5所示。

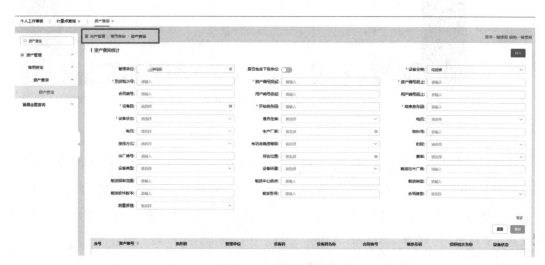

图2-3-5　资产查询

在资产查询页面选择查询条件，如管理单位、是否包含下级单位、设备分类、出厂编号、资产编号段起、资产编号段止、品规码、开始条形码、结束条形码、类别、类型、型号等信息，点击"查询"按钮，本工作任务以"设备分类：电能表；资产编号"作为查询条件对电能表的基本信息进行查询。资产查询统计如图2-3-6所示。

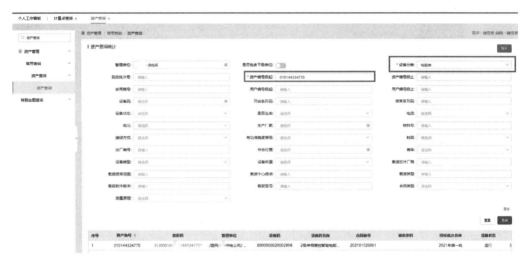

图2-3-6　资产查询统计

查询出具体信息后，点击下方"导出"按钮可导出资产信息，导出文件类型为xlsx、xls、pdf文件。资产查询数据导出如图2-3-7所示。

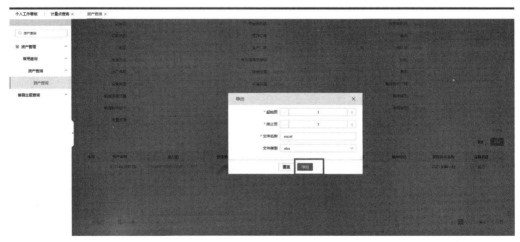

图2-3-7　资产查询数据导出

点击资产查询数据中的"条形码"按钮，弹出设备信息，包括设备详细信息、订货合信息、到货信息、检定/检测信息、出入库信息、装拆信息、报废信息、分拣信息、状态变化信息、附属信息封。资产查询设备信息如图2-3-8所示。

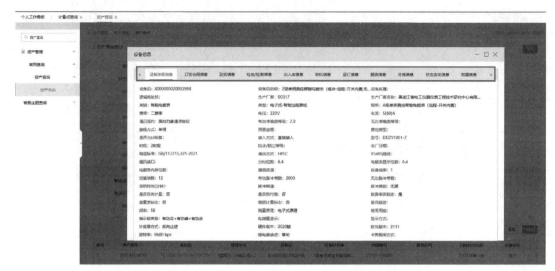

图 2-3-8　资产查询设备信息

三、计量计划查询

📖【任务目标】

（1）熟悉计量计划业务的相关信息内容。

（2）了解计量计划查询的结果应用。

（3）掌握计量计划查询的查询条件要求和操作步骤。

（4）能按照查询条件规范地查询出计量计划的相关信息。

📖【任务描述】

（1）本任务主要完成对计量计划的查询工作，以掌握各类计量计划数量、待完成数量等指标，对计量计划进行监管。

（2）本工作任务以当前账号的供电单位、计划分类（选择计量设备更换）为查询条件进行计划信息查询。

📖【任务实施】

1. 业务描述

计量计划查询是指台区经理使用电脑，查看当前各类计划数量、待完成数量、计划超期数量等指标，对计量计划进行监管、查询等工作。

2. 功能说明

台区经理查看计量计划。根据当前账号权限级别、计划年份、计划开始日期、计划结束日期、设备分类、计划编号、计划名称、计划状态等条件查询当前各类计划，查看具体明细。

3. 操作说明

菜单路径："运行管理"→"运行查询主题"→"计量计划监控"→"计量计划监控 –
计划查询"，点击"计量计划监控 – 计划查询"按钮进入对应查询界面。计量计划监控 – 计
划查询如图 2–3–9 所示。

图 2–3–9　计量计划监控 – 计划查询

根据供电单位、计划分类、计划年份、计划月份、计划起止日期、设备分类、计划编
号、计划名称、计划状态等条件查询当前各类计划数据。计划查询界面如图 2–3–10 所示。

图 2–3–10　计划查询界面

点击每条数据的"详细信息"按钮，查询该条计划数据的详细信息。计划查询详细信息
如图 2–3–11 所示。

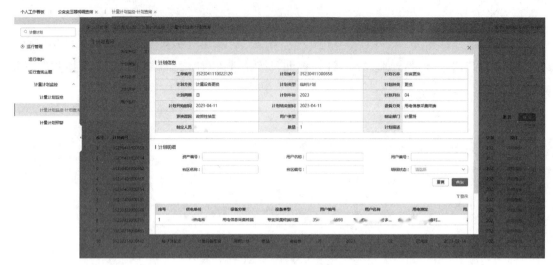

图 2-3-11　计划查询详细信息

在"计划明细"中输入资产编号、用户名称、用户编号、台区名称、台区编号、明细状态等信息，点击"查询"按钮即可查询计划明细的详细信息。计划信息详情如图 2-3-12 所示。

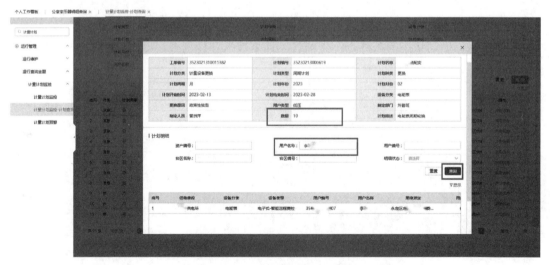

图 2-3-12　计划信息详情

四、巡视记录查询

【任务目标】

（1）熟悉计量现场巡视记录等相关信息内容。

（2）了解计量现场巡视记录查询的结果应用。

（3）掌握计量现场巡视记录查询的查询条件要求和操作步骤。

（4）能按照查询条件规范地查询出计量现场巡视记录的相关信息。

【任务描述】

（1）本任务主要完成巡视任务日期小于巡视计划工作安排结束日期的疑似问题的查询工作，以掌握现场巡视执行是否到位的实际情况，并获取截至当前日期之前的巡视实施结果。

（2）本工作任务以当前账号供电单位、巡视起止日期作为查询条件查询现场巡视的记录信息。

【任务实施】

1. 业务描述

巡视记录查询是指台区经理使用电脑，对正在执行或已完成的巡视记录进行查询的业务。

2. 功能说明

台区经理查看巡视记录。根据当前账号供电单位、巡视起止日期、巡视人员、工单编号、任务起止日期、任务类型、任务编号、任务名称、任务状态、所属网格、所属台区、所属抄表包、计量箱资产编号、是否开箱、缺陷定级、异常处理标志、储备标志、现场消缺标志、申请白名单标志、疑似违约用电标志等信息查看具体明细。

3. 操作说明

菜单路径："运行管理"→"运行查询主题"→"巡视记录查询"，点击"巡视记录查询"按钮即可查看现场巡视记录信息和现场巡视记录列表。现场巡视记录信息如图 2-3-13 所示。

图 2-3-13 现场巡视记录信息

根据供电单位、巡视起止日期、巡视人员、工单编号、任务起止日期、任务类型、任务编号、任务名称、任务状态、所属网格、所属台区、所属抄表包、计量箱资产编号、是否开箱、缺陷定级、异常处理标志、储备标志、现场消缺标志、申请白名单标志、疑似违约用电标志等条件信息进行数据查询。现场巡视记录查询如图2-3-14所示。

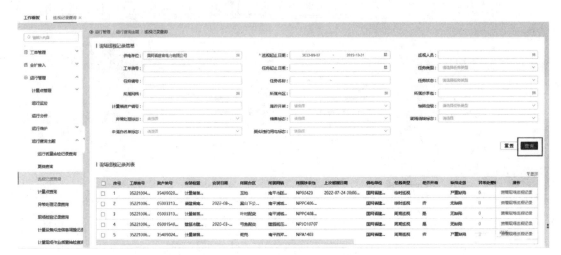

图2-3-14　现场巡视记录查询

点击每条数据的"查看现场巡视记录"按钮，查询该条现场巡视记录数据的详细信息。现场巡视记录详情如图2-3-15所示。

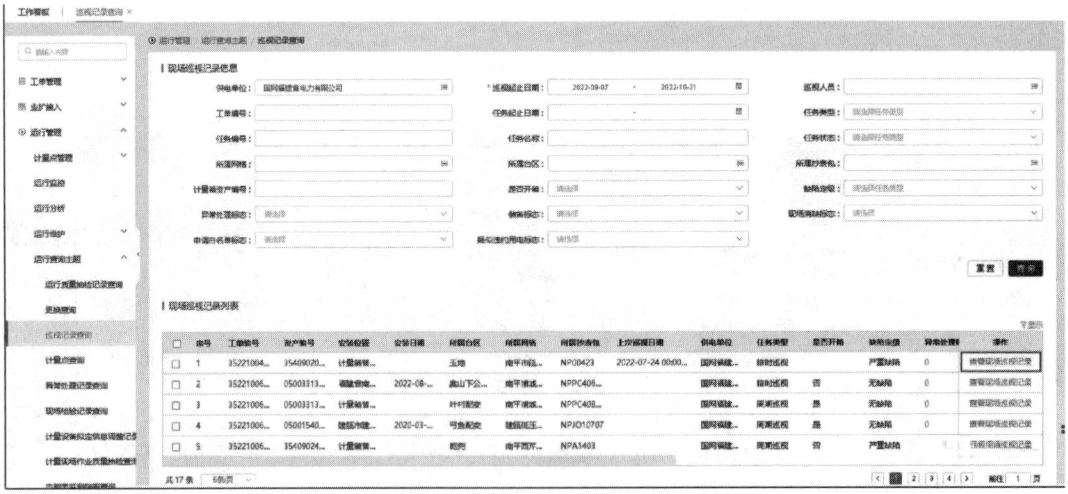

图2-3-15　现场巡视记录详情

现场巡视记录详情界面分为现场巡视记录信息、巡视结果和现场消缺结果三部分，现场巡视记录信息包含工单编号、管理单位、任务类型、任务名称、巡视记录编号、巡视日期、巡视人、缺陷定级和是否开箱等详细信息；巡视结果包含档案维护、计量箱、电能表、其他（如低压电流互感器、采集终端）的详细巡视结果；现场消缺结果包含封印消缺、杂物锁具消缺两部分的详细消缺结果。巡视记录明细如图 2-3-16 所示。

图 2-3-16 巡视记录明细

五、巡视完成情况查询

【任务目标】

（1）熟悉计量现场巡视任务完成情况等相关信息内容。

（2）了解计量现场巡视完成率查询的结果应用。

（3）掌握计量现场巡视完成率查询的查询条件要求和操作步骤。

（4）能按照查询条件规范地查询出计量现场巡视完成率的相关信息。

【任务描述】

（1）本任务主要完成各当前具体台区执行完成的巡视任务的工作进度、剩余工作量等的查询工作，以掌握现场巡视任务完成情况，获取截至当前日期之前巡视任务实施情况，了解当年巡视任务完成的情况。

（2）本工作任务以当前账号供电单位为查询条件对当年巡视任务完成的情况和具体台区执行完成巡视任务情况进行查询的业务。

【任务实施】

1. 业务描述

巡视完成率查询是指台区经理使用电脑，对正在执行或已完成的单位当年度和具体台区的巡视完成情况进行查询的业务。

2. 功能说明

台区经理查看巡视任务完成情况。根据当前账号供电单位查看巡视任务完成的情况和具体台区执行完成巡视任务情况进行查询的业务。

3. 操作说明

菜单路径："省侧主题查询"→"计量／计量装置巡视看板（i 国网）"，点击对应按钮即可出现查询界面。计量装置巡视看板（i 国网）如图 2-3-17 所示。

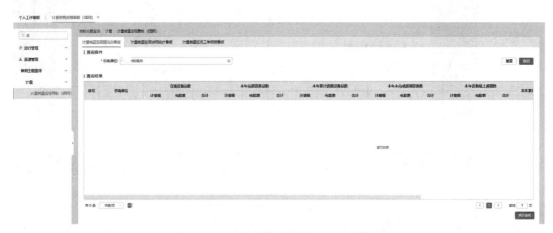

图 2-3-17　计量装置巡视看板（i 国网）

根据当前账号供电单位信息查看当年度单位计量装置巡视完成情况。计量装置巡视看板（i 国网）查询结果如图 2-3-18 所示。

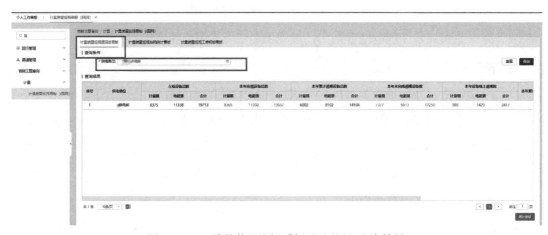

图 2-3-18　计量装置巡视看板（i 国网）查询结果

点击"统计说明"按钮，系统会弹出具体明细，并支持导出。计量装置巡视看板（i 国网）统计说明如图 2-3-19 所示。

图 2-3-19　计量装置巡视看板（i 国网）统计说明

六、异常处理记录查询

【任务目标】

（1）熟悉异常处理记录信息查询。

（2）掌握异常处理记录查询的查询条件要求和操作步骤。

【任务描述】

（1）本任务主要完成异常处理记录查询。

（2）本工作任务为按要求异常处理记录查询相关信息，并将相关数据导出。

【任务实施】

1. 业务描述

异常处理记录查询是指台区经理使用电脑，对正在执行或已完成的异常处理记录进行查询的业务。

2. 功能说明

台区经理查看当前各异常处理情况，以及本年度异常总数、本年度已处理数、本年度在途数、本年度待处理数、推送来源／处理方式、异常明细处理百分比、异常处理推送来源百分比、采集推送异常分析下钻。

3. 操作说明

菜单路径："运行管理"→"运行查询主题"→"异常处理记录查询"，点击对应按钮进入相关界面。异常处理记录查询如图 2-3-20 所示。

点击异常处理记录查询界面的"列表查询"按钮进入查询窗口。列表查询如图 2-3-21 所示。

在"列表查询"分界面里的模式切换有"推送来源""处理方式"两种，可根据需要选择不同的模式来查询相关信息。模式切换选择如图 2-3-22 所示。

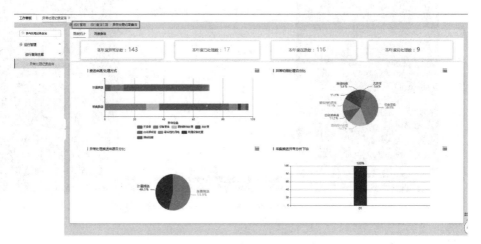

图 2-3-20　异常处理记录查询

图 2-3-21　列表查询

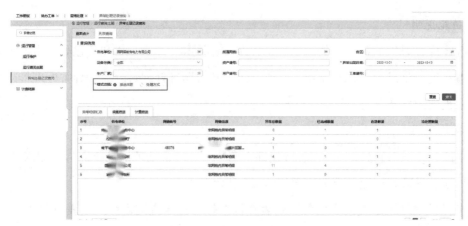

图 2-3-22　模式切换选择

查询条件填写完毕后点击"查询"按钮，弹出异常明细。异常明细汇总如图 2-3-23 所示。

图 2-3-23　异常明细汇总

【任务评价】

1. 计量专业查询考核要求

通过能源互联网营销服务仿真培训系统，按照查询条件的要求和操作步骤，查询出计量点、计量资产、计量运行等相关信息。

2. 计量专业查询考核评分表

计量专业查询考核评分表见表 2-3-1。

表 2-3-1　　　　　　　　　　　　计量专业查询考核评分表

班级：_____　　姓名：_____　　得分：_____

		考核项目：计量专业查询		考核时间：30 分钟		
序号	主要内容	考核要求	评分标准	分值	得分
1	工作前准备	1）能源互联网营销服务系统专网计算机、系统登录账号、网址正确； 2）笔、纸等准备齐全	不能正确登录系统扣 5 分	5	
2	作业风险分析与预控	1）注意个人账号和密码应妥善保管； 2）注意客户信息、系统数据保密	1）未进行危险点分析及注意事项交代不得分； 2）分析不全面，扣 5 分	10	
3	计量点查询	根据给定条件，按要求查询计量点相关信息，并将相关数据导出	1）错、漏每处按比例扣分； 2）本项分数扣完为止	15	
4	资产查询	根据给定条件，按要求查询计量资产相关信息，并将相关数据导出	1）错、漏每处按比例扣分； 2）本项分数扣完为止	20	

续表

序号	主要内容	考核要求	评分标准	分值	得分
5	计量计划查询	根据给定条件，按要求查询计量计划相关信息，并将相关数据导出	1）错、漏每处按比例扣分； 2）本项分数扣完为止	20	
6	巡视记录查询	根据给定条件，按要求查询计量设备巡视记录相关信息，并将相关数据导出	1）错、漏每处按比例扣分； 2）本项分数扣完为止	10	
7	巡视完成情况查询	根据给定条件，按要求查询计量设备巡视完成情况相关信息，并将相关数据导出	1）错、漏每处按比例扣分； 2）本项分数扣完为止	10	
8	异常处理记录查询	根据给定条件，按要求查询计量异常处理情况相关信息，并将相关数据导出	1）错、漏每处按比例扣分； 2）本项分数扣完为止	10	
合计				100	
教师签名					

任务二　线损专业查询

一、台区日线损分布统计查询

【任务目标】

（1）熟悉台区日线损分布统计的相关统计时限等信息内容。

（2）了解台区日线损分布统计查询的结果应用。

（3）掌握台区日线损分布统计查询的查询条件要求和操作步骤。

（4）能按照查询条件规范地查询出台区日线损分布统计相关信息，并导出数据表格。

【任务描述】

（1）本任务主要完成根据提供的供电单位、开始时间、结束时间、网格编号、网格负责人等查询条件，按不同维度进行台区日线损分布统计查询。

（2）本工作任务以供电单位为查询条件，按供电单位维度进行台区日线损分布统计查询；以网络编号为查询条件，按网络维度进行台区日线损分布统计查询；查看台区日线损分布情况并导出数据表格。

【任务实施】

1. 业务描述

台区日线损分布统计查询是指按供电单位、开始时间、结束时间、网格编号、网格负责人等查询条件，按不同维度进行台区日线损分布统计查询的业务。通过查询，及时了解指定台区的日线损分布统计的信息，辅助线损管理人员对台区进行精益化管理。

2. 功能说明

台区经理查看台区日线损分布统计信息。根据当前供电单位、开始时间、结束时间、网格编号、网格负责人等信息，按供电单位维度、网格维度统计台区日线损情况，并查看具体明细。统计数据项包括地区、供电单位、统计时间、运行台区数、台区容量、当日供电量、当日售电量、当日损失电量、当日线损率、线损正常台区数、白名单台区数、无法统计台区数、高损台区数、负损台区数、重度高损台区数、在线监测率。

3. 操作说明

菜单路径："省侧主题查询"→"线损"→"台区日线损分布统计"，点击对应按钮打开相应界面。其中，台区日线损分布统计包含按供电单位维度和按网格维度两个方面。台区日线损分布统计界面如图 2-3-24 所示。

图 2-3-24　台区日线损分布统计界面

选择时间进行查询，横向拖动底部滚动条，查看线损正常台区数、白名单台区数、无法统计台区数、高损台区数、负损台区数、重度高损台区数的分布统计。台区日线损分布统计查询结果如图 2-3-25 所示。

点击分布统计具体变色的数据项，可查询台区日线损数据的详细信息。台区日线损分布统计数据具体信息如图 2-3-26 所示。

台区日线损数据的明细信息包含供电单位、台区编码、台区名称、台区容量、用户数、日供电量、当日售电量、当日损失电量、当日线损率、理论线损率、采集成功率、线损异常分类、当月异常天数、统计日期，并支持导出数据表格。台区日线损数据导出如图 2-3-27 所示。

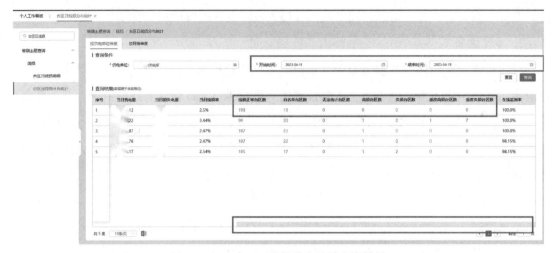

图 2-3-25 台区日线损分布统计查询结果

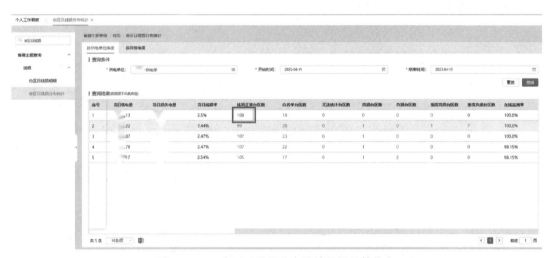

图 2-3-26 台区日线损分布统计数据具体信息

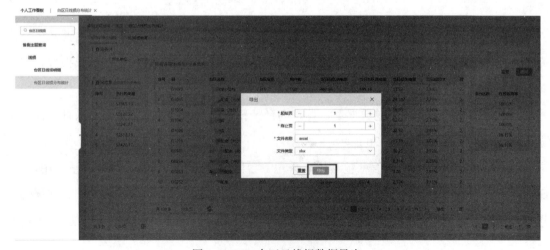

图 2-3-27 台区日线损数据导出

二、台区日线损明细查询

【任务目标】

（1）熟悉台区日线损明细的相关信息内容。

（2）了解台区日线损明细查询的结果应用。

（3）掌握台区日线损明细的查询条件要求和操作步骤。

（4）能按照查询条件规范地查询出台区日线损明细信息，并导出数据表格。

【任务描述】

（1）本任务主要完成根据提供的供电单位、数据时间、台区编号、线损异常分类等查询条件，进行台区日线损明细查询。

（2）本工作任务以供电单位、数据时间、台区编号、线损异常分类（正常、高损、负损、重度高损、重度负损、线损不可算、零损）进行台区日线损查询，并导出数据表格。

【任务实施】

1. 业务描述

台区日线损明细查询是指将供电单位、数据时间、台区编号、线损异常分类等作为查询条件进行查询的业务。通过查询，可及时了解指定台区的日线损明细的信息，辅助线损管理人员对台区进行精益化管理。

2. 功能说明

台区经理查看台区日线损详细信息。根据当前供电单位、数据时间、台区编号、线损异常分类查询条件进行查询的业务，并支持导出。查询数据项包括供电单位、台区编码、台区名称、台区容量、用户数、当日台区供电量、当日台区售电量、当日损失电量、当日线损率、采集成功率、线损异常分类、当月异常天数、统计日期。

3. 操作说明

菜单路径："省侧主题查询"→"线损"→"台区日线损明细"，点击对应按钮打开相应界面。台区日线损明细如图2-3-28所示。

选择数据时间、线损异常分类进行查询，横向拖动底部滚动条，查看供电单位、台区编码、台区名称、台区容量、用户数、当日台区供电量、当日台区售电量、当日损失电量、当日线损率、采集成功率、线损异常分类、当月异常天数、统计日期等。台区日线损明细查询结果如图2-3-29所示。

点击坐下角的表格图标，可弹出导出对话框，点击"导出"按钮即可导出对应的数据。台区日线损明细导出如图2-3-30所示。

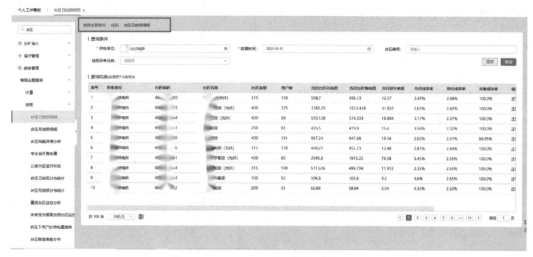

图 2-3-28 台区日线损明细

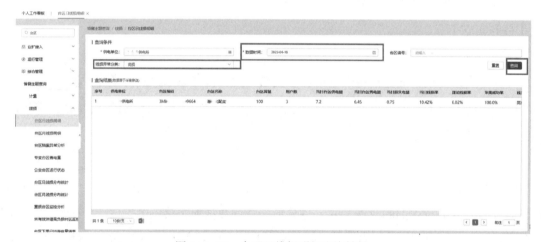

图 2-3-29 台区日线损明细查询结果

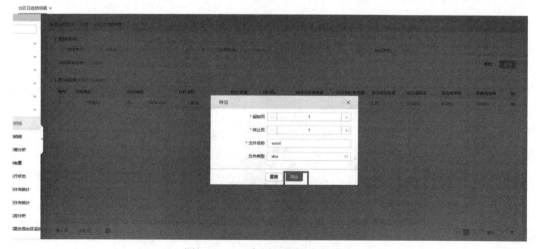

图 2-3-30 台区日线损明细导出

　　导出数据后在系统左下角会显示表格，点击左下角的表格，可打开查看导出的数据表格明细信息，台区日线损明细信息如图 2-3-31 所示。

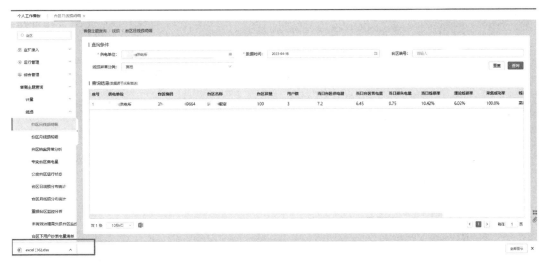

图 2-3-31　台区日线损明细信息

三、台区月线损分布统计查询

📖【任务目标】

　　（1）熟悉台区月线损分布统计的相关统计时限等信息内容。

　　（2）了解台区月线损分布统计查询的结果应用。

　　（3）掌握台区月线损分布统计查询的查询条件要求和操作步骤。

　　（4）能按照查询条件规范地查询出台区月线损分布统计相关信息，并导出数据表格。

📑【任务描述】

　　（1）本任务主要完成根据提供的供电单位、开始时间、结束时间、网格编号、网格负责人等查询条件，按不同维度进行台区月线损分布统计查询。

　　（2）本工作任务以供电单位为查询条件，按供电单位维度进行台区月线损分布统计查询；以网格编号为查询条件，按网格维度进行台区月线损分布统计查询；查看台区月线损分布情况并导出。

🗂【任务实施】

　　1. 业务描述

　　台区月线损分布统计查询是指按供电单位、开始时间、结束时间、网格编号、网格负责人等查询条件，按不同维度进行台区月线损分布统计查询的业务。通过查询，及时了解指定台区的月线损分布统计的信息，辅助线损管理人员对台区进行精益化管理。

2. 功能说明

台区经理查看台区月线损分布统计信息。根据当前供电单位、开始时间、结束时间、网格编号、网格负责人等信息，按供电单位维度、网格维度统计台区月线损情况，并查看具体明细。统计数据项包括地区、供电单位、统计时间、运行台区数、台区容量、当月累计供电量、当月累计售电量、当月累计损失电量、当月累计线损率、线损正常台区数、白名单台区数、无法统计台区数、高损台区数、负损台区数、重度高损台区数、本月新增高损台区数、本月新增负损台区数、本月新增高度高损台区数、本月新增高度负损台区数。

3. 操作说明

菜单路径："省侧主题查询"→"线损"→"台区月线损分布统计"，点击对应按钮打开相应的界面。台区月线损分布统计如图 2-3-32 所示。

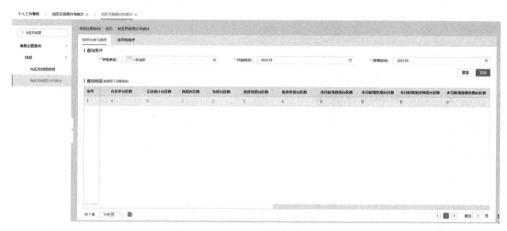

图 2-3-32 台区月线损分布统计

在"台区月线损分布统计"界面点击"按供电单位维度"按钮，在此界面下选择时间进行查询，横向拖动底部滚动条，查看线损正常台区数、白名单台区数、无法统计台区数、高损台区数、负损台区数、重度高损台区数、本月新增高损台区数、本月新增负损台区数、本月新增重度高损台区数、本月新增重度负损台区数的分布统计。台区月线损分布统计查询结果如图 2-3-33 所示。

点击分布统计具体变色的数据项，可查询台区月线损数据详细信息。台区月线损分布统计数据详细信息如图 2-3-34 所示。

台区月线损数据的明细信息包含了供电单位、台区编码、台区名称、台区容量、用户数、当月台区供电量、当月台区售电量、当月损失电量、当月线损率、理论线损率、线损异常分类、当月异常天数、统计日期，并支持导出数据表格。在查看详情界面点击"导出"按钮可导出对应数据。台区月线损数据导出如图 2-3-35 所示。

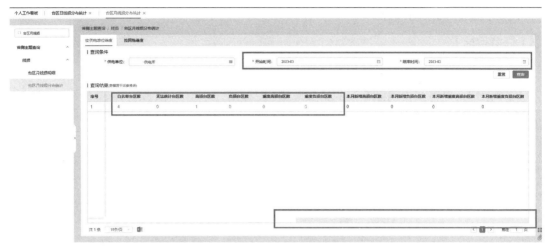

图 2-3-33 台区月线损分布统计查询结果

图 2-3-34 台区月线损分布统计数据详细信息

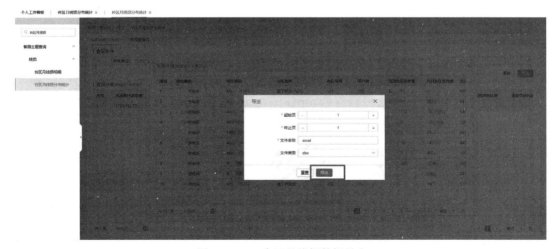

图 2-3-35 台区月线损数据导出

四、台区月线损明细查询

 【任务目标】

（1）熟悉台区月线损明细的相关信息内容。

（2）了解台区月线损明细查询的结果应用。

（3）掌握台区月线损明细的查询条件要求和操作步骤。

（4）能按照查询条件规范地查询出台区月线损明细信息，并导出数据表格。

【任务描述】

（1）本任务主要完成根据提供的供电单位、数据时间、台区编号、线损异常分类等查询条件，进行台区月线损明细查询的业务。

（2）本工作任务以供电单位、数据时间、台区编号、线损异常分类（正常、高损、负损、重度高损、重度负损、线损不可算、零损）进行台区月线损查询，并导出数据表格。

【任务实施】

1. 业务描述

台区月线损明细查询是指按供电单位、数据时间、台区编号、线损异常分类等查询条件的业务。通过查询，及时了解指定台区的月线损明细信息，辅助线损管理人员对台区进行精益化管理。

2. 功能说明

台区经理查看台区月线损详细信息。根据当前供电单位、数据时间、台区编号、线损异常分类查询条件进行查询，并支持导出。查询数据项包括供电单位、台区编码、台区名称、台区容量、用户数、当月台区供电量、当月台区售电量、当月损失电量、当月线损率、理论线损率、线损异常分类、当月异常天数、统计日期。

3. 操作说明

菜单路径："省侧主题查询"→"线损"→"台区月线损明细"，点击对应的按钮打开相应界面。台区月线损明细如图 2-3-36 所示。

选择时间、线损异常分类进行查询，横向拖动底部滚动条，查看供电单位、台区编码、台区名称、台区容量、用户数、当月台区供电量、当月台区售电量、当月损失电量、当月线损率、理论线损率、线损异常分类、当月异常天数、统计日期。台区月线损明细查询条件如图 2-3-37 所示。

点击左下角的表格图标，可弹出导出对话框，点击"导出"按钮即可导出对应数据。台区月线损明细导出如图 2-3-38 所示。

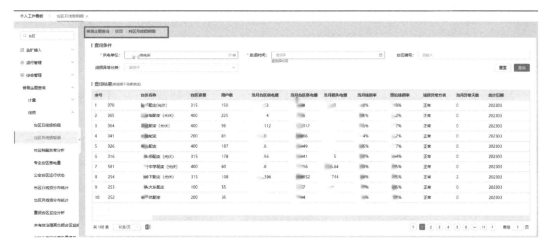

图 2-3-36　台区月线损明细

图 2-3-37　台区月线损明细查询条件

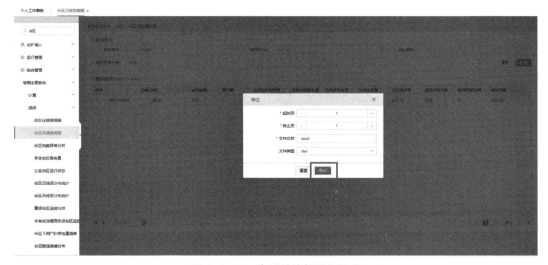

图 2-3-38　台区月线损明细导出

导出后左下角会出现导出的表格图标，点击左下角的表格，可打开查看导出的数据表格明细信息。台区月线损明细导出信息如图2-3-39所示。

图2-3-39　台区月线损明细导出信息

【任务评价】

1. 线损专业查询考核要求

通过能源互联网营销服务仿真培训系统，按照查询条件的要求和操作步骤，查询出台区线损相关信息。

2. 线损专业查询考核评分表

线损专业查询考核评分表见表2-3-2。

表 2-3-2　　　　　　　　　　　　　线损专业查询考核评分表

班级：_____　　姓名：_____　　得分：_____

考核项目：线损专业查询				考核时间：30分钟		
序号	主要内容	考核要求	评分标准		分值	得分
1	工作前准备	1）能源互联网营销服务系统专网计算机、系统登录账号、网址正确； 2）笔、纸等准备齐全	不能正确登录系统扣5分		5	
2	作业风险分析与预控	1）注意个人账号和密码应妥善保管； 2）注意客户信息、系统数据保密	1）未进行危险点分析及注意事项交代不得分； 2）分析不全面，扣5分		10	
3	台区日线损分布统计查询	根据给定条件，按要求查询台区日线损分布统计相关信息，并将相关数据导出	1）错、漏每处按比例扣分； 2）本项分数扣完为止		20	

166

续表

序号	主要内容	考核要求	评分标准	分值	得分
4	台区日线损明细查询	根据给定条件，按要求查询台区日线损明细相关信息，并将相关数据导出	1）错、漏每处按比例扣分； 2）本项分数扣完为止	25	
5	台区月线损分布统计查询	根据给定条件，按要求查询台区月线损分布统计相关信息，并将相关数据导出	1）错、漏每处按比例扣分； 2）本项分数扣完为止	20	
6	台区月线损明细查询	根据给定条件，按要求查询台区月线损明细相关信息，并将相关数据导出	1）错、漏每处按比例扣分； 2）本项分数扣完为止	20	
合计				100	
教师签名					

任务三　客服专业查询

【任务目标】

（一）知识目标

掌握客户诉求工单、停电信息查询的查询条件及操作步骤。

（二）能力目标

通过已知的查询条件，准确地查询到相关的工单信息，从而掌握客户的服务诉求处理情况及客户对服务请求处理满意程度等信息；能够根据查询条件，获取停电信息的具体原因、停电处理进展、停电影响范围及用户告知情况等信息。

（三）素质目标

提升新一代能源互联网营销服务系统基础功的实操能力；培养精益求精的工匠精神，强化职业责任担当；弘扬家国情怀，增强营销服务管理的处理能力。

【任务描述】

（1）本模块主要包括客户诉求工单查询、停电信息查询2个工作任务。

（2）核心知识点包括95598渠道、外部渠道生成的营销相关的业务咨询、投诉、举报、建议、意见、表扬、催办等电力服务诉求工单的查询；通过停电信息查询掌握停电的多维信息，包括重要用户停电、居住区停电、停电处理进展（停电信息变更）、标签用户停电及停电信息推送情况等。

（3）关键技能项包括区别95598渠道与外部渠道的查询路径，应用已知条件查询到相关信息。

一、客户诉求工单查询

【任务目标】

（1）了解95598渠道与外部渠道的区别，准确地定位查询产品。

（2）熟悉诉求查询条件，根据已知信息正确搜索到客户诉求工单。

【任务描述】

本任务主要内容是根据已知的信息，通过查询条件搜索到正确工单，并能根据工单记录的信息，开展相应的服务。

【任务实施】

1. 功能说明

查询营销系统中95598渠道与外部渠道工单的信息，包括受理内容、联系信息、回复信息、研判记录等。

2. 操作说明

菜单路径："95598客户服务"→"95598综合业务查询"，在左侧菜单栏点击"95598综合业务查询"按钮，进行各类专项查询。95598综合业务查询如图2-3-40所示。

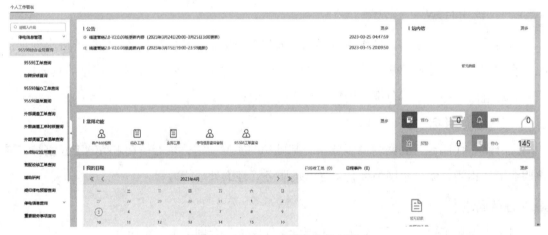

图2-3-40　95598综合业务查询

在95598综合业务查询界面点击"95598工单查询"按钮，通过国网申请编号，查询对应工单信息；点击"显示"按钮展示更多查询条件，95598工单查询如图2-3-41所示。

在95598综合业务查询界面点击"故障报修查询"按钮，通过国网申请编号，点击"查询"按钮即可查询故障报修工单信息，故障报修查询如图2-3-42所示。

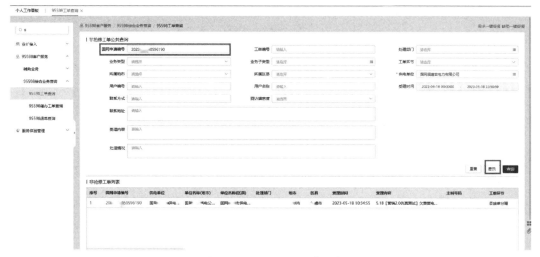

图 2-3-41　95598 工单查询

图 2-3-42　故障报修查询

在 95598 综合业务查询界面点击"95598 催办工单查询"按钮，输入"被催办国网95598 工单编号"，点击"查询"按钮即可查询催办工单信息。其中，"被催办次数"可查询催办级别。95598 催办工单查询如图 2-3-43 所示。

图 2-3-43　95598 催办工单查询

二、停电信息查询

【任务目标】

（1）熟悉停电信息查询条件。

（2）了解停电信息进度、短信发送情况的查询。

（3）掌握停电影响范围的查询，特别是小区、重要用户、停电敏感用户。

【任务描述】

本任务主要完成根据查询条件搜索到相应停电信息。

【任务实施】

1. 功能说明

停电信息指因各类原因致使客户正常用电中断，属地单位及时发布生产类、营销类停电信息，并及时更新闭环，系统通过接口获取停电信息，支撑客服人员答复客户的业务。

2. 操作说明

菜单路径："95598 客户服务"→"停电信息管理"→"停电信息查询及短信发送省侧"，在左侧菜单栏点击"停电信息查询及短信发送省侧"按钮进入对应页面，停电信息查询及短信发送省侧如图 2-3-44 所示。

图 2-3-44 停电信息查询及短信发送省侧

在"停电信息查询及短信发送省侧"界面输入对应查询条件，点击"查询"按钮即可查看所有停电信息，选中某条停电信息，进入详情页面，停电信息详情如图 2-3-45 所示。

在停电信息详情界面点击"停电信息推送节点查询"按钮，可同步查询到网上国网展示信息。停电信息推送节点查询如图 2-3-46 所示。

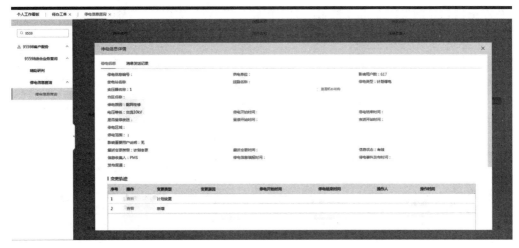

图 2-3-45　停电信息详情

图 2-3-46　停电信息推送节点查询

在停电信息详情界面点击"消息发送记录"按钮，可查询对用户发送的停电短信或微信信息。消息发送记录如图 2-3-47 所示。

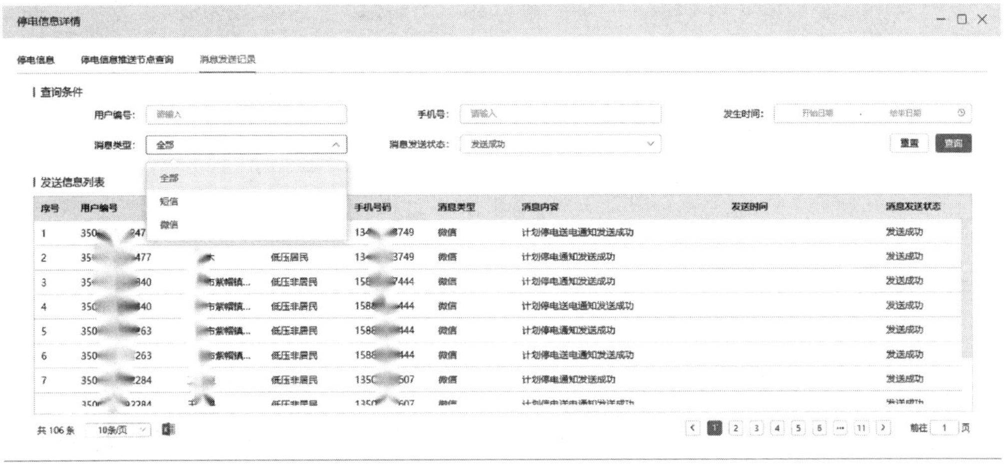

图 2-3-47　消息发送记录

在停电信息详情页面点击"影响范围"按钮，可看到"台区""用户""小区"三类，影响范围 - 台区、影响范围 - 用户如图 2-3-48、图 2-3-49 所示。

图 2-3-48　影响范围 - 台区

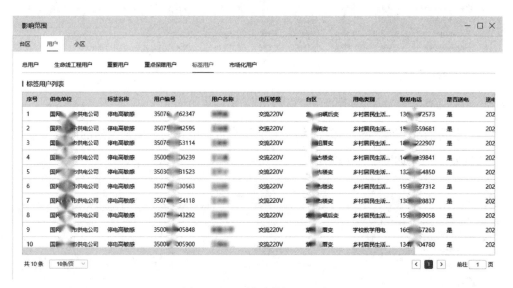

图 2-3-49　影响范围 - 用户

【任务评价】

1. 客户专业查询考核要求

通过营销系统仿真库，以某个客户诉求为例，查找到客户历史诉求记录，包括 95598 工单、故障报修工单和催办工单。本工作任务以某条故障停电为例，查询到故障处理进展及信息推送情况。

2. 客户专业查询考核评分表

客户专业查询考核评分表见表 2-3-3。

表 2-3-3　　　　　　　　　　　　　客户专业查询考核评分表

班级：_____　姓名：_____　得分：_____

考核项目：客户专业查询				考核时间：30 分钟		
序号	主要内容	考核要求	评分标准	分值	得分
1	工作前准备	1）能源互联网营销服务系统专网计算机、系统登录账号、网址正确； 2）笔、纸等准备齐全	不能正确登录系统扣 5 分	5	
2	作业风险分析与预控	1）注意个人账号和密码应妥善保管； 2）注意客户信息、系统数据保密	1）未进行危险点分析及注意事项交代不得分； 2）分析不全面，扣 5 分	10	
3	95598 工单查询	根据给定条件，按要求查询 95598 工单，并将相关数据导出	1）错、漏每处按比例扣分； 2）本项分数扣完为止	25	
4	故障报修查询	根据给定条件，按要求查询故障工单，并将相关数据导出	1）错、漏每处按比例扣分； 2）本项分数扣完为止	20	
5	95598 催办工单查询	根据给定条件，按要求查询催办工单，并将相关数据导出	1）错、漏每处按比例扣分； 2）本项分数扣完为止	10	
6	停电信息查询	根据给定条件，按要求查询停电信息	1）错、漏每处按比例扣分； 2）本项分数扣完为止	30	
合计				100	
教师签名					

任务四　抄催专业查询

一、抄表包查询

【任务目标】

（1）熟悉抄表包等相关信息内容。

（2）了解抄表包查询的结果应用。

（3）掌握抄表包的查询条件要求和操作步骤。

（4）能按照查询条件规范地查询出抄表包相关信息。

【任务描述】

本任务主要通过将抄表包编号、抄表包名称、线路名称、台区名称、抄表责任人、管理班组作为查询条件之一对抄表包相关信息进行查询。

【任务实施】

1. 功能说明

查询抄表包的信息，包括供电单位、抄表包编号、抄表包名称、能源类型、分类维度、抄表责任人、抄表包状态、管理班组、线路、台区等信息。"抄表包用户"指正常用户和销户用户的信息。"电网资源"指电网资源、资源编号、电压等级、资源名称等信息。"抄表责任人"指人员编号、人员姓名、派单工作状态、工作分类、能源类型、任务分类、能力系数、备注说明信息。

2. 操作说明

菜单路径："计费结算"→"量费核算"→"抄表单元管理"→"抄表包管理"，点击"抄表包管理"按钮即可进入对应的界面。抄表包管理如图 2-3-50 所示。

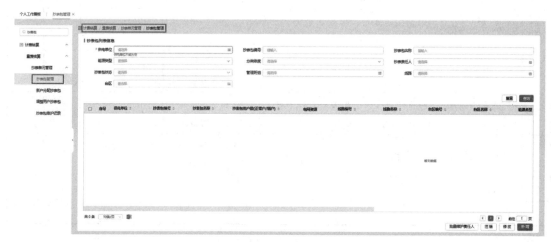

图 2-3-50　抄表包管理

根据已获信息（如供电单位、抄表包编号等）进行查询，可模糊检索也可精确查询，如根据抄表包编号进行检索。抄表包列表信息如图 2-3-51 所示。

选中一条抄表包记录，点击"抄表包用户数（正常户/销户）"后，弹出的抄表包用户明细对话框包含"正常用户"和"销户用户"的全部用户信息。用户信息主要包括供电单位、抄表包编号、抄表包名称、用户编号、用户名称、用电地址、用户分类、供电电压、市场化属性、售电公司等。抄表包用户明细如图 2-3-52 所示。

选中一条抄表包记录，点击"电网资源"按钮，即可查看电网资源、资源编号、电压等级、资源名称等信息。电网资源 - 查看如图 2-3-53 所示。

图 2-3-51　抄表包列表信息

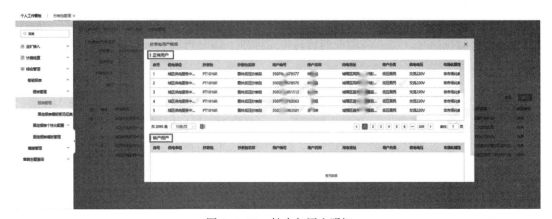

图 2-3-52　抄表包用户明细

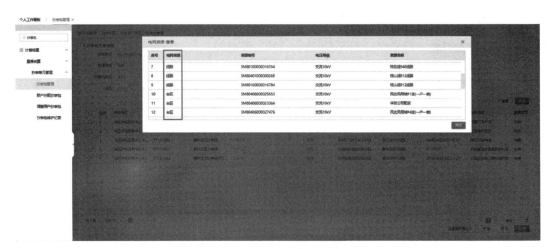

图 2-3-53　电网资源 - 查看

二、抄表数据查询

【任务目标】

（1）熟悉抄表数据等相关信息内容。

（2）了解抄表数据查询的结果应用。

（3）掌握抄表数据查询的查询条件要求和操作步骤。

（4）能按照查询条件规范地查询出抄表数据的相关信息。

【任务描述】

（1）本任务主要通过将用电户编号、电能表资产编号等作为查询条件之一，查询该用电户各月份电量、电费、抄表方式、欠费情况及往年用电情况等信息的查询工作。

（2）本工作任务以用电户编号、电能表资产编号作为查询条件查询用电户的用电基本信息。

【任务实施】

1. 功能说明

查询抄表数据信息，可查询用户的历月电费明细、历月抄表明细、历月抄表清单、电费收费情况等信息。

2. 操作说明

菜单路径："客户管理"→"客户信息"→"客户 360 视图跳转"→"信息查询"，在信息查询界面有"客户信息查询""用户信息查询""发电户信息查询"三种。点击"用户信息查询"，采取"用户编号"或"电能表资产编号"作为查询条件进行查询，用户信息查询如图 2-3-54 所示。

查询抄表电量信息，可以看到该用户的历月电费明细、历月抄表明细、历月抄表清单信息及该用户的选定周期内的资产编号、抄表日期、示数类型、上次示数、本次示数、综合倍率、本次电量等信息。抄表电量信息如图 2-3-55 所示。

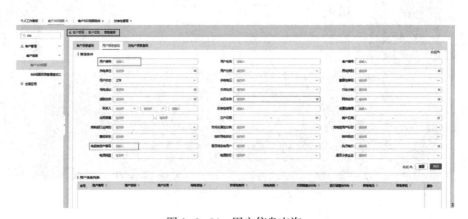

图 2-3-54　用户信息查询

图 2-3-55　抄表电量信息

点击历月电费明细，可以看到选定周期内该用户的用户编号、用户名称、抄表包编号、用电地址及电费年月、总电量、电费（元）、费用状态、违约金起算日期、应收来源、本次调尾、上次调尾。

点击历月抄表明细，可以看到选定周期内该用户的用户编号、用户名称、用电地址、抄表包编号、应收年月、资产编号、示数类型、起码、止码、倍率、抄见电量、上月电量等信息。

点击历月抄表清单，可以看到选定周期内该用户的用户编号、用户名称、用电地址、抄表包编号、电能表资产编号、电费年月、本次抄表日期、示数类型、上次示数、本次示数、综合倍率、抄表异常分类、数据来源、抄表状态、实际抄表方式等信息。

三、欠费信息查询

【任务目标】

（1）熟悉欠费信息等相关信息内容。

（2）了解欠费信息查询的结果应用。

（3）掌握欠费信息查询的查询条件要求和操作步骤。

（4）能按照查询条件规范地查询出欠费信息的相关信息。

【任务描述】

本任务主要通过将用电户编号、电能表资产编号等作为查询条件之一，查询该用电户往月及当前电费结清情况等信息。

【任务实施】

1. 功能说明

查询用电户欠费信息，包括用户、应收年月、应收金额、实收金额、违约金额、费用状态等信息。

177

2. 操作说明

菜单路径："计费结算"→"支付结算"→"支付结算查询"→"欠费信息查询"，进入欠费信息查询界面可通过"供电单位""抄表包编号""催费责任人""用户编号"进行查询，欠费信息查询如图 2-3-56 所示。

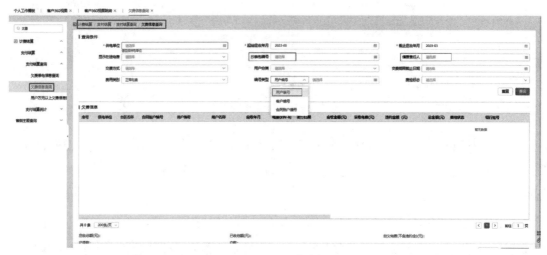

图 2-3-56　欠费信息查询

按抄表包编号查询详细的欠费信息，可以按照选定周期查询到台区名称、合同账户编号、用户编号、用户名称、应收年月、电量、发行日期、应收金额、实收电费、违约金额、费用状态、交费方式、抄表包编号、用户联系信息、停电标志等信息。欠费信息查询结果如图 2-3-57 所示。

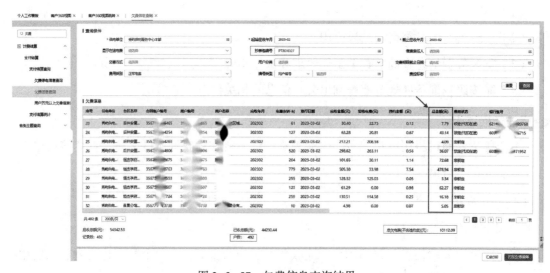

图 2-3-57　欠费信息查询结果

四、欠费停复电信息查询

【任务目标】

（1）熟悉欠费信息等相关信息内容。

（2）了解欠费信息查询的结果应用。

（3）掌握欠费信息查询的查询条件要求和操作步骤。

（4）能按照查询条件规范地查询出欠费信息的相关信息。

【任务描述】

本任务主要通过将用户编号、用户名称、电能表资产编号等作为查询条件之一，查询该用电户往月及当前电费结清情况等信息。

【任务实施】

1. 功能说明

（1）停电信息查询：用电户欠费停电信息包括供电单位、用户编号、用户名称、用户分类、电能表号、催费包编码、催费责任人、计划停电方式、计划停电时间、实际停电方式、实际停电时间、执行状态、电费年月、欠费金额、结清标志、欠费停复电状态等信息。

（2）复电信息查询：用电户复电信息包括供电单位、用户编号、用户名称、用户分类、电能表号、催费包编码、催费责任人、电费协议类型、实际复电方式、实际复电时间、执行状态、电费年月、欠费金额、结清标志等信息。

2. 操作说明

（1）停电信息查询。菜单路径："计费结算"→"支付结算"→"支付结算查询"→"欠费停电信息查询"，可通过供电单位、催费包编号、催费责任人、电费年月、用户编号、用户分类、电费协议类型、欠费停复电状态等进行查询，欠费停电信息查询如图2-3-58所示。

按供电单位查询详细的欠费停电信息，可以按照选定周期查询到用户编号、用户名称、用户分类、用户地址、电能表号、催费包编号、催费责任人、电费协议类型、计划停电方式、实际停电方式、计划停电时间、实际停电时间、执行状态、执行说明、电能表号、电费年月、欠费金额、结清标志、欠费停复电状态等信息。欠费停电信息查询结果如图2-3-59所示。

（2）复电信息查询。菜单路径："计费结算"→"支付结算"→"支付结算查询"→"复电信息查询"，可通过供电单位、催费包编号、催费责任人、用户编号、电费年月、用户分类等进行查询，复电信息查询如图2-3-60所示。

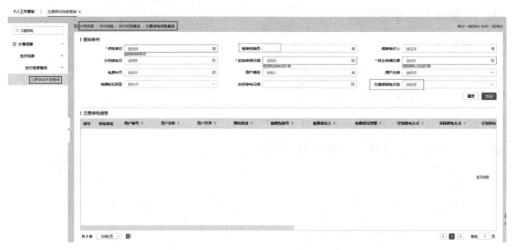

图 2-3-58　欠费停电信息查询

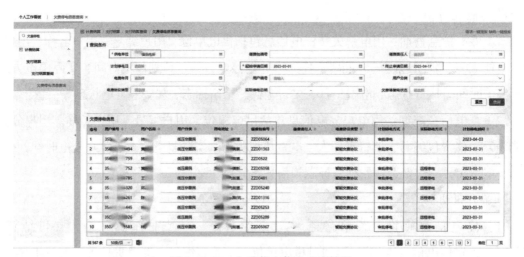

图 2-3-59　欠费停电信息查询结果

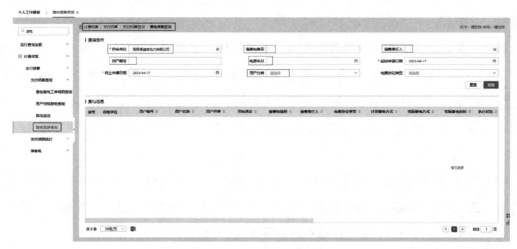

图 2-3-60　复电信息查询

按催费包编号查询详细的复电信息，可以按照选定周期查询到用户编号、用户名称、用户分类、用户地址、电能表号、催费责任人、电费协议类型、计划复电方式、实际复电方式、实际复电时间、执行状态、执行说明、欠费停复电状态、欠费金额、结清标志等信息。复电信息查询结果如图 2-3-61 所示。

图 2-3-61 复电信息查询结果

【任务评价】

一、任务评价一 抄表信息查询作业考核要求

1. 抄表信息查询作业考核要求

通过能源互联网营销服务仿真培训系统，按照查询条件的要求和操作步骤，查询出抄表包、电网资源、抄表责任人、管理班组、指定用电户各月份电量、电费、抄表方式、欠费情况及往年用电情况等相关信息。

2. 抄表信息查询考核评分表

抄表信息查询考核评分表见表 2-3-4。

表 2-3-4 抄表信息查询考核评分表

班级：_____ 姓名：_____ 得分：_____

考核项目：抄表信息查询				考核时间：30分钟		
序号	主要内容	考核要求	评分标准		分值	得分
1	工作前准备	1）能源互联网营销服务仿真培训系统专网计算机、仿真培训系统账号、网址正确；2）笔、纸等准备齐全	不能正确登录系统扣5分		5	

续表

序号	主要内容	考核要求	评分标准	分值	得分
2	作业风险分析与预控	1）注意个人账号和密码应妥善保管； 2）客户信息、系统数据保密	1）未进行危险点分析及注意事项交代不得分； 2）分析不全面，扣 5 分	10	
3	抄表包基础信息查询	根据给定条件，按要求查询抄表包编号、分类维度、责任人等相关信息，并将相关数据导出	1）错、漏每处按比例扣分； 2）本项分数扣完为止	10	
4	电网资源信息查询	根据给定条件，按要求查询抄表包内相关电网资源信息相关信息，并将相关数据记录表单内	1）错、漏每处按比例扣分； 2）本项分数扣完为止	10	
5	抄表包维护记录查询	根据给定条件，按要求查询抄表包维护的相关记录，并将相关数据记录表单内	1）错、漏每处按比例扣分； 2）本项分数扣完为止	10	
6	用电量信息查询	根据给定条件，按要求查询用电户指定月份相关电量信息，并将相关数据导出	1）错、漏每处按比例扣分； 2）本项分数扣完为止	20	
7	抄表方式查询	根据给定条件，按要求查询用电户的抄表方式相关信息，并将相关数据记录表单内	1）错、漏每处按比例扣分； 2）本项分数扣完为止	20	
8	电费信息查询	根据给定条件，按要求查询用电户对应周期内的电量、电费相关信息，并将相关数据记录导出	1）错、漏每处按比例扣分； 2）本项分数扣完为止	15	
合计				100	
教师签名					

二、任务评价二　欠费停复电信息查询作业考核要求

1. 欠费停复电信息查询作业考核要求

通过能源互联网营销服务仿真培训系统，按照查询条件的要求和操作步骤，查询出指定用电户月电量、电费、抄表方式、欠费情况、欠费停电方式、停电时间、欠费停电状态、结清标志等相关信息。

2. 欠费停复电信息查询评价表

欠费停复电信息查询考核评分表见表 2-3-5。

表 2-3-5　　　　　　　　　欠费停复电信息查询考核评分表

班级：_____　　　姓名：_____　　　得分：_____					
考核项目：欠费停复电信息查询				考核时间：30 分钟	
序号	主要内容	考核要求	评分标准	分值	得分
1	工作前准备	1）能源互联网营销服务仿真培训系统专网计算机、仿真培训系统账号、网址正确； 2）笔、纸等准备齐全	不能正确登录系统扣 5 分	5	

续表

序号	主要内容	考核要求	评分标准	分值	得分
2	作业风险分析与预控	1）注意个人账号和密码应妥善保管； 2）客户信息、系统数据保密	1）未进行危险点分析及注意事项交代不得分； 2）分析不全面，扣5分	10	
3	欠费用电户基础信息查询	根据给定条件，按要求查询欠费用电户的用电地址、资产编号、联系方式等相关信息，并将相关数据记录表单内	1）错、漏每处按比例扣分； 2）本项分数扣完为止	15	
4	欠费用电户欠费信息查询	根据给定条件，按要求查询欠费用电户对应周期内的电量、欠费金额、违约金等相关信息，并将相关数据记录表单内	1）错、漏每处按比例扣分； 2）本项分数扣完为止	20	
5	欠费停电信息查询	根据给定条件，按要求查询欠费用电户的欠费停电时间、停电方式、欠费金额、欠费停电状态等相关欠费停电信息记录，并将相关数据记录导出	1）错、漏每处按比例扣分； 2）本项分数扣完为止	20	
6	欠费停电复电查询	根据给定条件，按要求查询用电户对应执行停电复电信息，并将相关数据记录导出	1）错、漏每处按比例扣分； 2）本项分数扣完为止	15	
7	缴费信息查询	根据给定条件，按要求查询用电户的缴费方式、缴费金额等相关信息，并将相关数据记录表单内	1）错、漏每处按比例扣分； 2）本项分数扣完为止	15	
合计				100	
教师签名					

任务五　网格管理专业查询

【任务目标】

（1）熟悉网格台账等相关信息内容。

（2）了解网格台账的结果应用。

（3）掌握网格台账查询的查询条件要求和操作步骤。

（4）能按照查询条件规范地查询出网格台账相关信息。

【任务描述】

能够根据网格台账查询等操作手册，按照查询条件规范地查询出网格台账相关信息。

本任务主要通过将网格方案名称、方案编号、网格编号、网格名称、供电单位、抄表人员等作为条件之一，对网格相关台账信息进行查询。

【任务实施】

1. 功能说明

查询网格信息，包括网格编号、网格名称、网格类型、供电单位、所属班组、网格组长、抄表人员、催费人员、服务人员等信息。

2. 操作说明

菜单路径："服务体验管理"→"网格管理"→"网格信息查询"，在网格信息查询界面可通过管理单位（必选项）、网格编号、网格名称、网格组长、抄表人员等进行查询，网格信息查询如图 2-3-62 所示。

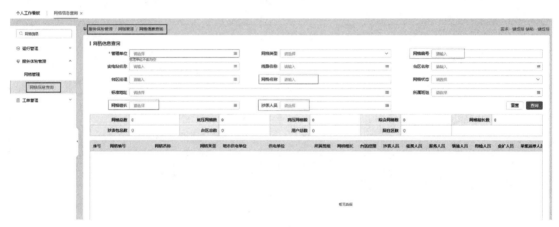

图 2-3-62　网格信息查询

按网格组长查询详细的网格信息，可以查询到网格总数、网格组长数、抄表包总数、台区总数、用户总数、网格编号、网格名称、网格类型、供电单位、所属班组、网格组长、抄表人员、催费人员、服务人员等信息。网格信息查询结果如图 2-3-63 所示。

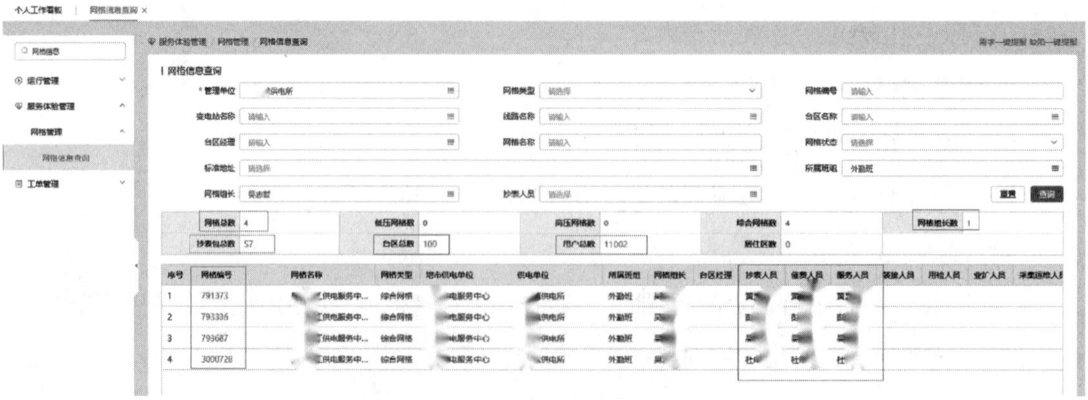

图 2-3-63　网格信息查询结果

根据已获得网格信息进行查询。点击"网格编号"的数据，可查询到网格信息明细，网格信息明细包括网格基本信息和网格管辖对象两部分。其中，网格基本信息包括网格编号、网格名称、网格类型、抄表人员、催费人员、服务人员、用户数等信息，网格信息明细如图 2-3-64 所示。

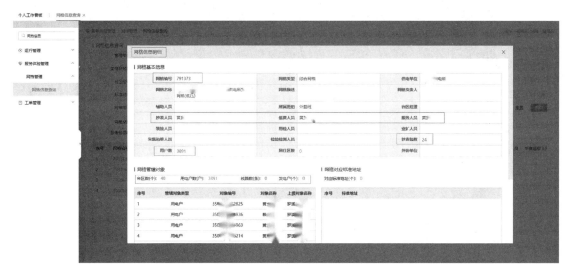

图 2-3-64 网格信息明细

根据已获得网格信息进行查询。点击网格信息明细中的"抄表包数"按钮，可查到抄表包信息，包括抄表包编号、抄表包名称、供电单位、管理班组、分类维度、抄表负责人等信息，弹出抄表包信息如图 2-3-65 所示。

图 2-3-65 抄表包信息

根据已获得网格信息进行查询。点击网格信息明细中的"用户数"按钮，可查询到用户信息，包括用电户编号、用电户名称、用电地址、用电户分类、管理单位等信息，用户信息弹出如图2-3-66所示。

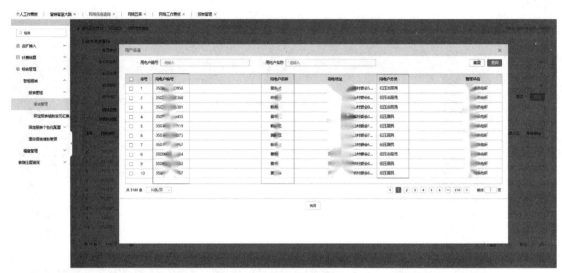

图2-3-66 用户信息

【任务评价】

1. 网格管理专业查询作业考核要求

通过能源互联网营销服务仿真培训系统，按照查询条件的要求和操作步骤，查询出指定网格的网格类型、网格人员角色、网格内用电户、台区、居住区等相关信息。

2. 网格管理专业查询考核评分表

网格管理专业查询考核评分表见表2-3-6。

表2-3-6　　　　　　　　　　网格管理专业查询考核评分表

班级：		姓名：	得分：		
考核项目：网格管理专业查询				考核时间：30分钟	
序号	主要内容	考核要求	评分标准	分值	得分
1	工作前准备	1）能源互联网营销服务仿真培训系统专网计算机、仿真培训系统账号、网址正确； 2）笔、纸等准备齐全	不能正确登录系统扣5分	5	
2	作业风险分析与预控	1）注意个人账号和密码应妥善保管； 2）客户信息、系统数据保密	1）未进行危险点分析及注意事项交代不得分； 2）分析不全面，扣5分	10	

续表

序号	主要内容	考核要求	评分标准	分值	得分
3	网格信息查询	根据给定条件，按要求查询网格编号、网格类型、网格名称、网格人员角色等相关信息，并将相关数据记录表单内	1）错、漏每处按比例扣分； 2）本项分数扣完为止	25	
4	网格管辖对象信息查询	根据给定条件，按要求查询对应网格的抄表包、用电户、台区、线路等相关信息，并将相关数据记录表单内	1）错、漏每处按比例扣分； 2）本项分数扣完为止	20	
5	网格内抄表包信息查询	根据给定条件，按要求查询抄表包编号、抄表包名称、供电单位、管理班组、分类维度、抄表负责人等相关信息记录，并将相关数据记录表单内	1）错、漏每处按比例扣分； 2）本项分数扣完为止	20	
6	网格内用户信息查询	根据给定条件，按要求查询用电户编号、用电户名称、用电地址、用电户分类、管理单位信息，并将相关数据记录表单内	1）错、漏每处按比例扣分； 2）本项分数扣完为止	20	
合计				100	
教师签名					

模块四 营销业务应用系统深化应用

【模块描述】

（1）本模块主要涉及营销服务系统的计量运行类功能应用、外部渠道工单功能应用、抄催专业功能应用及网格管理功能应用4个基础功能应用。

（2）核心知识点包括对计量点管理、现场巡视、异常处理，外部渠道诉求受理、抄表催费、网格服务等业务相关知识内容。

（3）关键技能项掌握计量点管理、现场巡视、异常处理，外部渠道诉求受理、抄表催费、网格服务等业务流程处理。

【模块目标】

（一）知识目标

（1）熟悉计量点管理、计量计划制定、现场巡视、计量设备更换、异常处理等运行维护业务；客户诉求的业务类型、客户诉求解决时限要求；抄表包台账信息维护、人工催费短信发送、欠费停电流程和物联预警策略、网格信息台账设置、客户基础信息维护的业务规定和要求。

（2）了解线路、开关站关口、公用配变关口、办公用电关口等计量点管理、计量计划制定、现场巡视、计量设备更换、异常处理等运行维护的业务规定和要求。

（3）掌握线路、各类关口等计量点管理、计量计划制定、现场巡视、计量设备更换、异常处理等运行维护的业务；维护抄表包及抄表包内用电户的新增、调整；掌握催费短信发送、停电流程发起、审批、执行及物联预警策略等维护的业务；对客户联系信息、证件信息、账务信息等运行维护的业务的操作流程和步骤。掌握信息回复机制，准确记录客户诉求。掌握网格台账创建、网格划分。

（二）能力目标

能够根据操作步骤，按照对应的业务规范要求，对计量点管理、计量计划制定、现场巡视、计量设备更换、异常处理；抄表包管理；人工发送催费短信、欠费停电、物联预警策略管理；网格方案，网格管理；客户基础信息维护开展系统流程作业。能够根据简单的判断识别准确地记录客户诉求点，形成客户服务记录，对无法当即答复的诉求及时向相关部门转办。

（三）素质目标

提升新一代能源互联网营销服务系统基础功的实操能力；培养精益求精的工匠精神，强化职业责任担当；弘扬家国情怀，增强营销服务管理的处理能力。

任务一　计量运行类功能应用

【任务目标】

（一）知识目标

（1）熟悉计量点管理（变电站关口、公用配变关口、办公用电关口）、计量计划制定、计量设备更换等运行维护的相关业务内容。

（2）了解线路、开关站关口、公用配变关口、办公用电关口等计量点管理、计量计划制定、计量设备更换、现场巡视、异常处理等运行维护的业务规定和要求。

（3）掌握线路、开关站关口、公用配变关口、办公用电关口等计量点管理、计量计划制定、计量设备更换、现场巡视、异常处理等运行维护的业务的操作流程和步骤。

（二）能力目标

能够根据计量点管理、计量计划制定、计量设备更换、现场巡视、异常处理等操作手册，按照对应的业务规范要求，准确及时地开展系统流程操作。

（三）素质目标

提升新一代能源互联网营销服务系统基础功的实操能力；培养精益求精的工匠精神，强化职业责任担当；弘扬家国情怀，增强营销服务管理的处理能力。

【任务描述】

（1）本任务主要包括计量点管理（变电站关口、公用配变关口、办公用电关口）、计量计划制定、计量设备更换运行维护的3个工作任务。

（2）核心知识点包括为确保电能计量装置准确可靠，开展对关口计量点集中管理，对计量点上的运行设备进行新装、更换、拆除等业务；为保证设备正常运行，对运行设备进行计量设备更换、现场巡视、异常处理等运行维护的业务。

（3）关键技能项包括对220kV及以下变电站关口（包括线路、开关站关口）、公用配变关口、办公用电关口等关口计量点集中管理，对计量点上的运行设备进行新装、更换、拆除等业务；对运行设备进行运行维护业务，包括计量计划制定、计量设备更换、现场巡视、异常处理等业务。

一、计量点管理

【任务目标】

（1）熟悉计量点管理（变电站关口、公用配变关口、办公用电关口）运行维护的相关业务内容。

（2）了解变电站关口、公用配变关口、办公用电关口等计量点管理运行维护的业务规定和要求。

（3）掌握变电站关口、公用配变关口、办公用电关口等计量点管理运行维护的业务的操作流程和步骤。

（4）能按照业务规范要求，及时准确地完成开展系统流程操作。

【任务描述】

（1）本任务主要内容是为确保电能计量装置准确可靠，开展关口计量点集中管理，本业务范围只包括对 220kV 及以下变电站关口（包括线路、开关站关口）、公用配变关口、办公用电关口计量点上的运行设备进行新装、更换、拆除等业务。

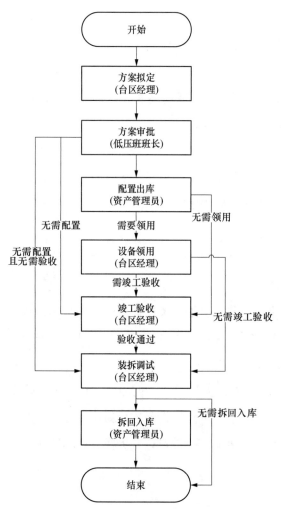

图 2-4-1　公用配变关口管理流程

（2）本工作任务以公用配变关口计量点上设备进行更换的业务为例，进行系统流程操作。

【任务实施】

此任务主要讲解公用配变关口管理。

1. 业务描述

公用配变关口管理是指计量工作人员根据公用配变关口计量点配置方案，开展公变关口计量点新增、变更、撤销的业务。包括方案拟定、方案审批、配置出库、设备领用、竣工验收、装拆调试、拆回入库等工作。

2. 业务流程

公用配变关口管理流程如图 2-4-1 所示。

3. 方案拟定

（1）功能说明。方案拟定是指台区经理使用电脑，根据配置需求，拟定并审查公用配变关口计量点、采集点方案，开展设备新装、更换和拆除任务并进行派工的工作。

（2）业务角色。角色为台区经理。

（3）操作说明。

1）菜单路径："运行管理"→"计量点管理"→"公用配变关口管理"→"方案拟定"，在方案拟定界面选择变更类型、关口分类、台区名称等，填写地址信息，点击"保存"按钮。公用配变关口方案拟定如图 2-4-2 所示。

图 2-4-2 公用配变关口方案拟定

2）修改关口方案：点击"配置方案"按钮，配置方案有关口方案、计量方案、采集方案、计量箱方案 4 种。点击"关口方案"按钮，填写关口方案信息，点击"保存"按钮。配置方案 - 关口方案如图 2-4-3 所示。

图 2-4-3 配置方案 - 关口方案

3）新增计量点：在配置方案界面点击"计量方案"按钮，在计量方案页面点击"新增"按钮，弹出计量点方案窗口，输入相应信息后点击"保存"按钮。配置方案 – 计量方案如图 2-4-4 所示。

图 2-4-4　配置方案 – 计量方案

4）删除计量点：在计量方案界面下方的计量点方案中选中需要删除的计量点方案，点击"删除"按钮即可删除掉相应的计量点信息。计量点方案删除如图 2-4-5 所示。

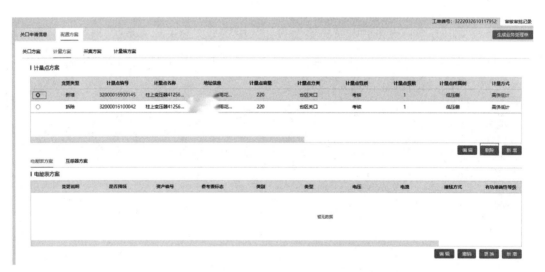

图 2-4-5　计量点方案删除

5）编辑计量点信息：在计量方案界面下方的计量点方案中选中需要修改的计量点信息，点击"编辑"按钮，弹出计量点方案详细信息页面，修改计量点信息，点击"保存"按钮。编辑计量点方案、计量点方案修改如图 2-4-6、图 2-4-7 所示。

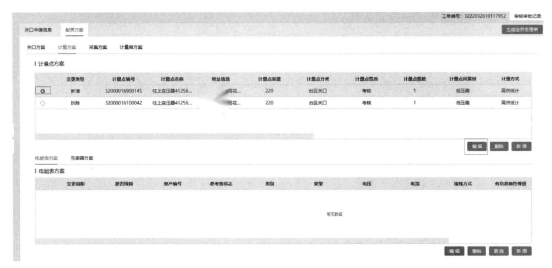

图 2-4-6　编辑计量点方案

图 2-4-7　计量点方案修改

6）拆除计量点信息：在计量方案界面下方的计量点方案中选中对应的计量点方案，点击"拆除"按钮，拆除计量点信息，拆除计量点之前要把计量点下的电能表和互感器拆除掉。计量点方案拆除如图 2-4-8 所示。

7）撤销计量点信息：在计量方案界面下方的计量点方案中选中需要撤销的计量点方案，点击"撤销"按钮，拆除计量点方案信息。计量点方案撤销如图 2-4-9 所示。

8）新增采集点信息：在配置方案界面中选择采集方案，在采集方案界面下方的采集点方案中点击"新增"按钮，在弹出的对应窗口中输入采集点信息，点击"保存"按钮完成相关操作。新增采集点方案如图 2-4-10 所示。

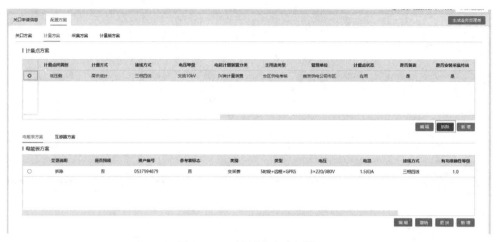

图 2-4-8 计量点方案拆除

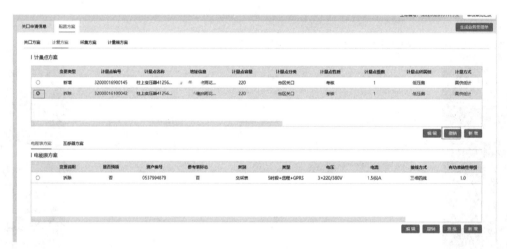

图 2-4-9 计量点方案撤销

图 2-4-10 新增采集点方案

9）删除采集点：在采集方案界面中选择采集点方案，选中需要删除的采集点方案点击"删除"按钮，删除掉对应的采集点信息。采集点方案删除如图2-4-11所示。

图2-4-11 采集点方案删除

10）编辑采集点信息：在采集方案界面中选择采集点方案，选中需要修改的采集点信息，点击"编辑"按钮，弹出采集点方案详细信息页面，修改采集点信息，点击"保存"按钮。编辑采集点方案、采集点方案修改如图2-4-12、图2-4-13所示。

11）新增采集终端信息：在采集方案界面中选择采终端方案，点击"新增"按钮，弹出采集终端方案，填写采集终端方案的具体信息，点击"保存"按钮。采集终端方案新增如图2-4-14所示。

图2-4-12 编辑采集点方案

图 2-4-13 采集点方案修改

图 2-4-14 采集终端方案新增

12）删除采集终端方案：在采集方案界面中选择采集终端方案，选中需要删除的方案，点击"删除"按钮即可删除掉新增的采集终端方案信息，采集终端方案删除如图 2-4-15 所示。

13）拆除采集终端方案：在采集方案界面中选择采集终端方案，选中需要拆除的采集终端方案，点击"拆除"按钮即可拆除采集终端方案信息。采集终端方案拆除如图 2-4-16 所示。

14）撤销采集终端方案：在采集方案界面中选择采集终端方案，选中需要撤销的采集终端方案，点击"撤销"按钮，选中的采集终端方案变为保留。采集终端方案撤销如图 2-4-17 所示。

图 2-4-15 采集终端方案删除

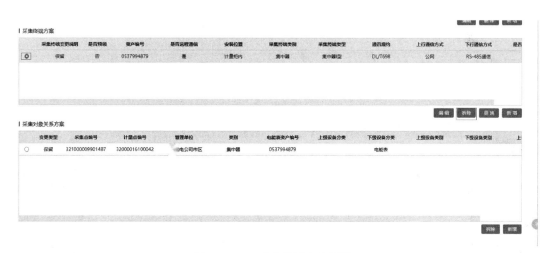

图 2-4-16 采集终端方案拆除

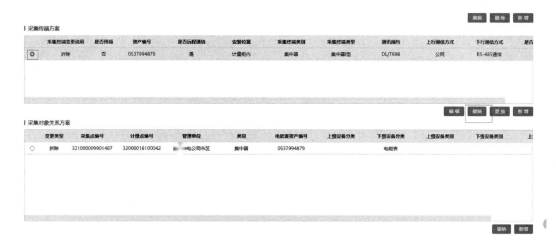

图 2-4-17 采集终端方案撤销

15）修改采集终端信息：在采集方案界面中选择采集终端方案，选中需要修改的采集终端方案信息，点击"编辑"按钮，弹出采集终端方案详细信息页面，在此界面修改采集终端方案信息，点击"保存"按钮。采集终端方案编辑、采集终端方案修改如图 2-4-18、图 2-4-19 所示。

图 2-4-18　采集终端方案编辑

图 2-4-19　采集终端方案修改

16）更换采集终端信息：在采集方案界面中选择采集终端方案，选中需要更换的采集终端方案，点击"更换"按钮，拆除保留的采集终端方案，新增一条采集终端方案。采集终端方案更换如图 2-4-20 所示。

17）新增采集对象关系方案：在采集方案界面中选择采集对象关系方案，在采集对象关系方案分页面点击"新增"按钮，选中电能表方案，自动新增采集对象关系，点击"确定"

198

按钮即可新增采集对象关系信息。电能表方案新增如图2-4-21所示。

图2-4-20 采集终端方案更换

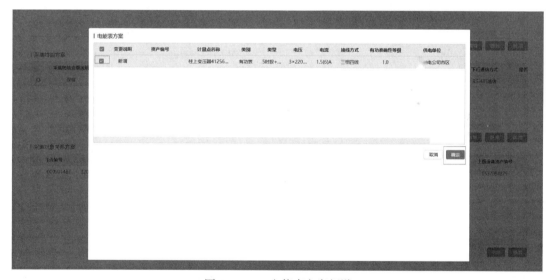

图2-4-21 电能表方案新增

18）删除采集对象关系：在采集方案界面中选择采集对象关系方案，选中需要删除的采集对象关系方案，点击"删除"按钮删除对应的采集对象关系。采集对象关系方案删除如图2-4-22所示。

19）拆除采集对象关系：在采集方案界面中选择采集对象关系方案，选中需要拆除的采集对象关系方案，点击"拆除"按钮即可拆除相应的采集对象关系方案。采集对象关系方案拆除如图2-4-23所示。

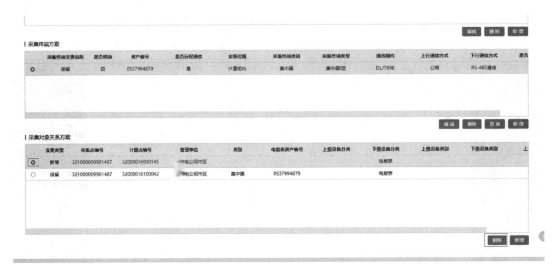

图 2-4-22 采集对象关系方案删除

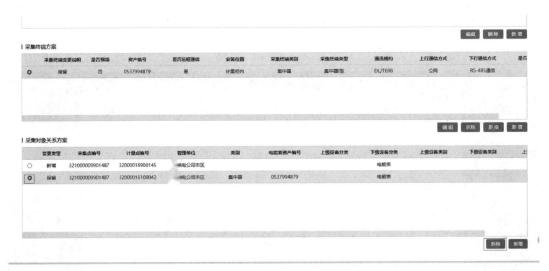

图 2-4-23 采集对象关系方案拆除

20）撤销采集对象关系：在采集方案界面中选择采集对象关系方案，选中需要撤销的采集对象关系方案，点击"撤销"按钮即可撤销采集对象关系信息。采集对象关系方案撤销如图 2-4-24 所示。

21）新增电能表信息：在计量方案界面中选择电能表方案，在电能表方案分页面点击"新增"按钮，弹出电能表方案，填写电能表方案信息，其中类别选择有功表，点击"保存"按钮。电能表方案新增如图 2-4-25 所示。

22）删除电能表方案：在计量方案界面中选择电能表方案，选中需要删除的电能表方案，点击"删除"按钮即可删除掉新增的电能表方案信息。电能表方案删除如图 2-4-26 所示。

图 2-4-24　采集对象关系方案撤销

图 2-4-25　电能表方案新增

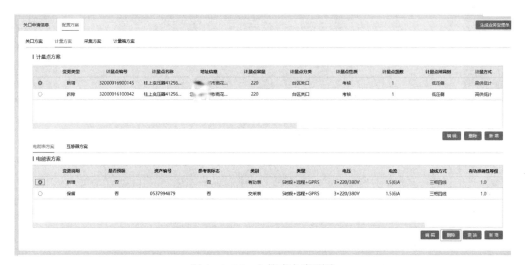

图 2-4-26　电能表方案删除

23）编辑电能表信息：在计量方案界面中选择电能表方案，选中需要修改的电能表方案信息，点击"编辑"按钮，弹出电能表方案信息页面，修改电能表方案信息，点击"保存"按钮。电能表方案编辑、电能表方案修改如图 2-4-27、图 2-4-28 所示。

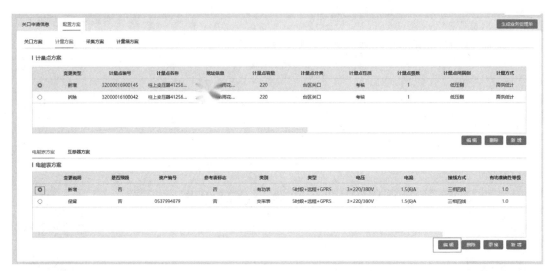

图 2-4-27　电能表方案编辑

图 2-4-28　电能表方案修改

24）拆除电能表方案：在计量方案界面中选择电能表方案，选中需要拆除的电能表方案，点击"拆除"按钮，拆除电能表方案信息。需要注意的是，只有非交采表才能单独拆除。电能表方案拆除如图 2-4-29 所示。

25）撤销电能表方案：在计量方案界面中选择电能表方案，选中需要撤销的电能表方案，点击"撤销"按钮，撤销电能表方案信息。电能表方案撤销如图 2-4-30 所示。

模块四 营销业务应用系统深化应用

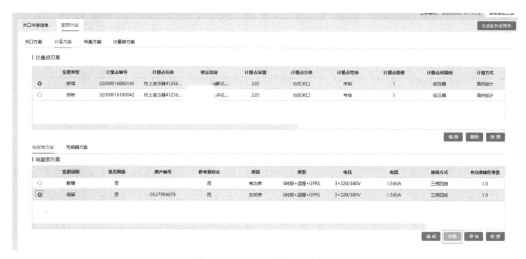

图 2-4-29　电能表方案拆除

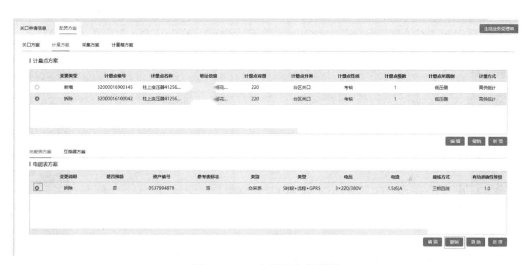

图 2-4-30　电能表方案撤销

26）更换电能表信息：在计量方案界面中选择电能表方案，选中需要更换的电能表方案，点击"更换"按钮，拆除保留的电能表方案，新增一条电能表方案。需要注意的是，只有非交采表才能单独更换。电能表方案更换如图 2-4-31 所示。

27）新增互感器信息：在计量方案界面中选择互感器方案，点击"新增"按钮，弹出互感器方案，填写互感器方案信息，点击"保存"按钮。互感器方案新增如图 2-4-32 所示。

28）删除互感器方案：在计量方案界面中选择互感器方案，选中需要删除的互感器方案，点击"删除"按钮即可删除掉新增的互感器方案信息。互感器方案删除如图 2-4-33 所示。

29）编辑互感器信息：在计量方案界面中选择互感器方案，选中需要修改的互感器方案信息，点击"编辑"按钮，弹出互感器方案详细信息页面，修改互感器方案信息，点击"保存"按钮。互感器方案编辑、互感器方案修改如图 2-4-34、图 2-4-35 所示。

图 2-4-31 电能表方案更换

图 2-4-32 互感器方案新增

图 2-4-33 互感器方案删除

图 2-4-34 互感器方案编辑

图 2-4-35 互感器方案修改

30）拆除互感器方案：在计量方案界面中选择互感器方案，选中需要拆除的互感器方案，点击"拆除"按钮即可拆除互感器方案信息。互感器方案拆除如图 2-4-36 所示。

图 2-4-36 互感器方案拆除

31）撤销互感器方案：在计量方案界面中选择互感器方案，选中需要撤销的互感器方案，点击"撤销"按钮即可撤销互感器方案信息。互感器方案撤销如图 2-4-37 所示。

图 2-4-37　互感器方案撤销

32）更换互感器信息：在计量方案界面中选择互感器方案，选中需要更换的互感器方案，点击"更换"按钮，拆除保留的互感器方案，新增一条互感器方案。拆除互感器方案如图 2-4-38 所示。

图 2-4-38　拆除互感器方案

33）新增计量箱方案：在配置方案界面中选择计量箱方案，点击"新增"按钮，在弹出的计量箱方案中输入计量箱方案信息，点击"保存"按钮。计量箱方案新增如图 2-4-39 所示。

图 2-4-39 计量箱方案新增

34）删除计量箱方案：在配置方案界面中选择计量箱方案，选中需要删除的计量箱方案，点击"删除"按钮即可删除掉新增的计量箱方案信息。计量箱方案删除如图 2-4-40 所示。

图 2-4-40 计量箱方案删除

35）拆除计量箱方案：在配置方案界面中选择计量箱方案，选中需要拆除的计量箱方案，点击"拆除"按钮。计量箱方案拆除如图 2-4-41 所示。

36）撤销计量箱方案：在配置方案界面中选择计量箱方案，选中要撤销的计量箱方案，点击"撤销"按钮，撤销掉新增的计量箱方案信息或把拆除的计量箱方案改为保留状态。计量箱方案撤销如图 2-4-42 所示。

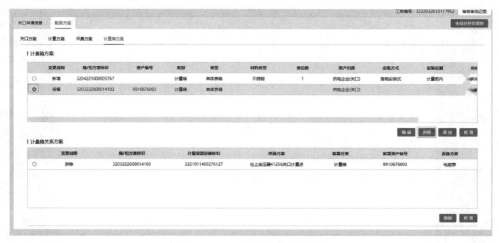

图 2-4-41　计量箱方案拆除

图 2-4-42　计量箱方案撤销

37）编辑计量箱方案信息：在配置方案界面中选择计量箱方案，选中需要修改的计量箱方案信息，点击"编辑"按钮，弹出计量箱方案信息页面，修改计量箱方案信息，点击"保存"按钮。计量箱方案编辑、计量箱方案修改如图 2-4-43、图 2-4-44 所示。

38）更换计量箱方案：在配置方案界面中选择计量箱方案，在计量箱方案分页面选中要更换的计量箱方案，点击"更换"按钮，弹出更换计量箱方案，点击"保存"按钮，拆除保留的计量箱方案，新增一条计量箱方案。更换计量箱方案如图 2-4-45 所示。

39）新增计量箱关系方案：在计量箱方案界面中选择计量箱关系方案，选中计量箱关系方案，点击"新增"按钮，选中电能表方案。拆除计量箱关系方案操作类似。计量箱关系方案拆除如图 2-4-46 所示。

40）新增采集终端方案：点击采集终端方案，选中采集终端，点击"确定"按钮，新增计量箱关系。计量箱关系方案新增采集终端方案如图 2-4-47 所示。

图 2-4-43　计量箱方案编辑

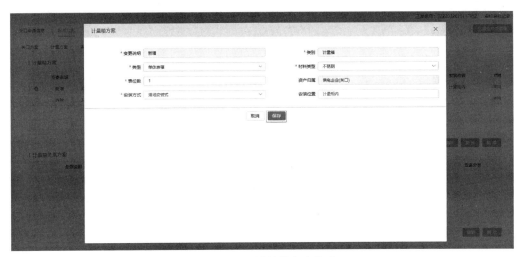

图 2-4-44　计量箱方案修改

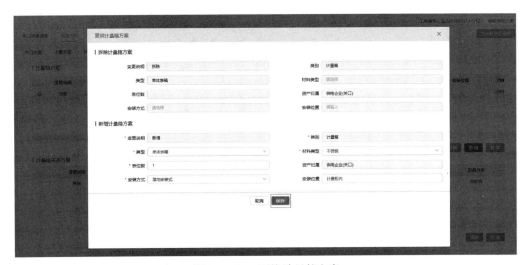

图 2-4-45　更换计量箱方案

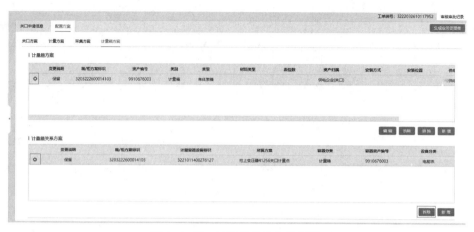

图 2-4-46　计量箱关系方案拆除

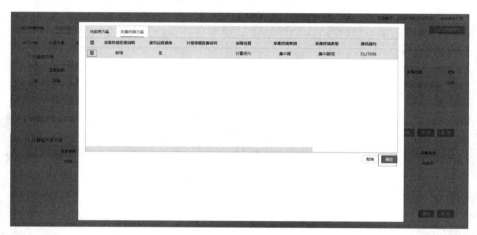

图 2-4-47　计量箱关系方案新增采集终端方案

41）拆除计量箱关系：在计量箱方案界面中选择计量箱关系方案，选中要拆除的计量箱关系方案，点击"拆除"按钮，拆除采集对象关系。计量箱关系方案拆除如图 2-4-48 所示。

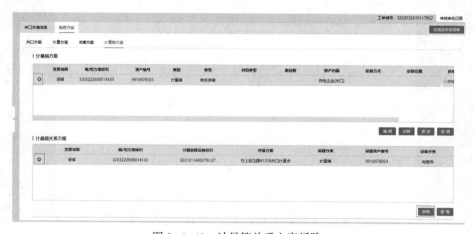

图 2-4-48　计量箱关系方案拆除

42）撤销计量箱关系：在计量箱方案界面中选择计量箱关系方案，选中要撤销的计量箱关系方案，点击"撤销"按钮，撤销计量箱关系信息。计量箱关系方案撤销如图 2-4-49 所示。

图 2-4-49　计量箱关系方案撤销

43）方案信息推送：在计量箱方案界面中选择计量箱关系方案，点击"方案信息推送"按钮，在弹出的界面中选择接收人，点击"推送方案信息"按钮。供电方案信息推送如图 2-4-50 所示。

图 2-4-50　供电方案信息推送

在计量箱方案界面中选择计量箱关系方案，在此分页面点击"发送"按钮，计量点配置环节发送成功，流程传递至下一个环节。

（4）注意事项。方案配置时，可按照以下要求进行：①计量点电压等级大于 380V，且没有组合互感器，且接线方式为"三相三线"，电压互感器数量选择 2、3、4 或 6；②计量点电压等级大于 380V 且小于 110kV，且没有组合互感器，且接线方式为"三相四线"，电流互感器、电压互感器数量都应等于 3；③计量点电压等级大于等于 110kV，且没有组合互感器，且接线方式为"三相四线"，电流互感器、电压互感器数量应等于 3 或 6。

电能表、互感器准确度等级与所属计量点的电压等级，对照 DL/T 448—2016《电能计量装置技术管理规程》的 6.1、6.2 进行判断。

4. 方案审批

（1）功能说明。方案审批是指低压班班长使用电脑，对公用配变关口新建、变更、撤销方案进行审批的工作。

（2）业务角色。角色为低压班班长。

（3）操作说明。

1）菜单路径："工单管理"→"待办工单"，在待办工单页面输入在计量点配置环节发送成功时的工单编号，点击"查询"按钮筛选出满足条件的工单，选中工单，点击"签收"按钮。待办工单如图 2-4-51 所示。

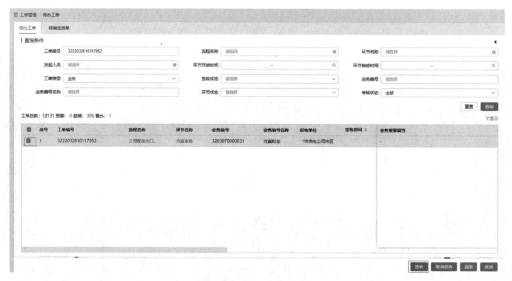

图 2-4-51　待办工单

2）进入方案审批环节：在待办工单页面选中工单，点击环节名称"方案审批"，显示配置方案信息详情，方案审批如图 2-4-52 所示。

3）方案不通过：在"审批结果"中选中不通过，输入审核意见，点击"保存"，最后点击"发送"按钮，返回上一环节。关口方案审批不通过如图 2-4-53 所示。

图 2-4-52　方案审批

图 2-4-53　关口方案审批不通过

4）方案通过：在"审批结果"中选中通过，点击"保存"按钮，最后点击"发送"按钮，方案审批发送成功，流程流转至下一环节。

（4）注意事项。方案审批结果为不通过时，审批意见不能为空。

5. 配置出库

（1）功能说明。配置出库是指资产管理员使用电脑或移动作业终端，配置所需设备并通过扫描工单发放设备的工作。

（2）业务角色。角色为资产管理员。

（3）操作说明。

1）菜单路径："工单管理"→"待办工单"。在待办工单界面输入在方案审批环节发送成功时的工单编号，点击"查询"按钮，选中工单，点击"签收"按钮。待办工单查询如图 2-4-54 所示。

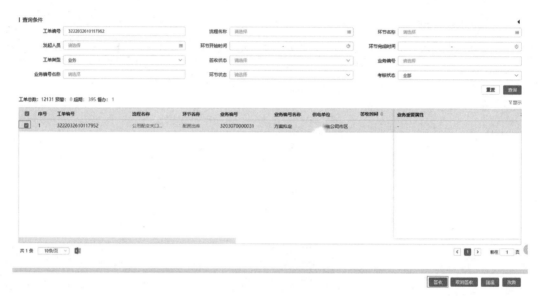

图 2-4-54　待办工单查询

2）进入配置出库环节：在待办工单页面选中工单，点击环节名称"配置出库"按钮，进入配置出库环节。设备配置出库如图 2-4-55 所示。

3）查询设备：点击"查询"按钮。存放位置如图 2-4-56 所示。

图 2-4-55　设备配置出库

图 2-4-56 存放位置

4）复制资产编号，粘贴到资产编号输入框中，点击"确定"按钮进行设备配置。设备配置如图 2-4-57 所示。

图 2-4-57 设备配置

最后点击"发送"按钮，配置出库环节结束，流程传递至下一个环节。

（4）注意事项。具体如下：①电能表、采集终端设备出库时，所有示数类型对应示数必须为 0；②电能表出库时，应检查检定合格的电能表在库房保存时间是否超过 6 个月，超过 6 个月应提示，在安装前检查表计功能、时钟电池、抄表电池等是否正常；③电能表、互感器、采集终端、计量表箱、计量通信模块出库时，应满足"设备配置信息"配置要求；④电能表、互感器、采集终端、计量表箱、计量通信模块出库时，应生成"设备出入库明细信息"；⑤应支持扫描工单发放配置设备功能；⑥绑定电能表、采集终端的计量通信模块，应随电能表、采集终端出库一起出库，同时修改设备状态。

6. 设备领用

（1）功能说明。设备领用是指台区经理从库房领取相关计量设备的工作。

（2）业务角色。角色为台区经理。

（3）操作说明。菜单路径："运行管理"→"计量点管理"→"办公用电关口管理"→"设备领用"，点击"设备领用"按钮即可进行设备领用操作及查看领用记录，设备领用、领用记录如图2-4-58、图2-4-59所示。

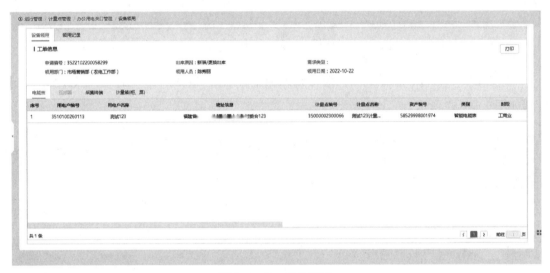

图2-4-58 设备领用

图2-4-59 领用记录

7. 竣工验收

（1）功能说明。竣工验收是指装表接电工配合生产部门开展新增、变更关口的竣工验收，并记录上传验收结果的工作。

（2）业务角色。角色为装表接电工。

（3）操作说明。菜单路径："工单管理"→"待办工单"。点击"待办工单"，进入对应的查询页面，输入工单编号，点击"查询"按钮，选中工单，点击"签收"按钮。竣工验收待办工单如图 2-4-60 所示。

在"待办工单"页面选中需要操作的工单，点击环节名称"竣工验收"，进入竣工验收环节。竣工验收如图 2-4-61 所示。

图 2-4-60　竣工验收待办工单

图 2-4-61　竣工验收

若不通过，点击"新增"按钮，验收结论选择不通过，填写相关信息，点击"保存"。竣工验收信息如图 2-4-62 所示。

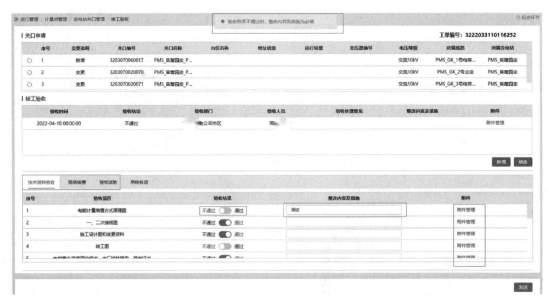

图 2-4-62　竣工验收信息

点击竣工验收界面下的技术资料验收，验收结果选择不通过，填写整改内容及措施，会提示验收结果不通过，上传相关附件。现场核查和验收试验同技术资料验收。技术资料验收如图 2-4-63 所示。

图 2-4-63　技术资料验收

点击界面右下方的"发送"按钮，会提示验收结果不通过，工单不下发。验收结果显示如图 2-4-64 所示。

图 2-4-64 验收结果显示

修改验收结果，验收结果修改为通过，才能修改验收结论。验收结果修改如图 2-4-65 所示。

修改验收结论，在竣工验收分页面点击"修改"按钮，验收结论选择通过。竣工验收信息修改如图 2-4-66 所示。

图 2-4-65 验收结果修改

图 2-4-66　竣工验收信息修改

最后点击"发送"按钮，工单发送成功，流程传递至下一个环节。

8. 装拆调试

（1）功能说明。装拆调试是指台区经理使用电脑或移动作业终端开展设备现场更换作业，记录设备更换信息并进行设备入网调试的工作。

（2）业务角色。角色为台区经理。

（3）操作说明。菜单路径："工单管理"→"待办工单"，在待办工单页面输入在配置出库发送成功时的工单编号，点击"查询"按钮，选中工单，点击"签收"按钮。装拆调试待办工单如图 2-4-67 所示。

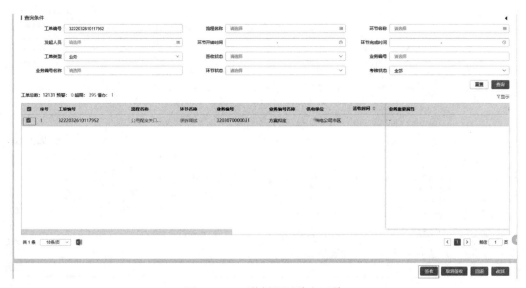

图 2-4-67　装拆调试待办工单

在待办工单页面，选中需要操作的工单点击环节名称"装拆调试"，进入装拆调试环节。更换调试如图 2-4-68 所示。

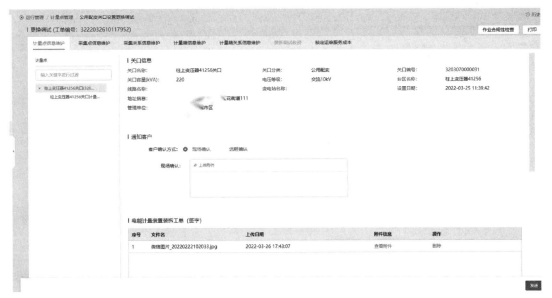

图 2-4-68　更换调试

在更换调试界面选择"计量点信息维护"，选中需要操作的计量点，点击关口名称，上传电能计量装置装拆工单，点击"上传附件"按钮，上传附件。电能计量装置装拆工单上传如图 2-4-69 所示。

图 2-4-69　电能计量装置装拆工单上传

在更换调试界面选择"计量点信息维护"，点击计量点名称，选择装拆日期。装拆日期更新如图 2-4-70 所示。

图 2-4-70　装拆日期更新

在更换调试界面选择"计量点信息维护"，选中新增的电能表方案，点击"作业质量评价照片"按钮，点击上传附件，上传相关照片。作业质量评价照片上传如图 2-4-71 所示。

图 2-4-71　作业质量评价照片上传

输入本次抄表示数，选择拆除的电能表，点击"示数信息"按钮，录入本次抄表示数，并上传照片。电能表方案维护 - 拆除如图 2-4-72 所示。

图 2-4-72 电能表方案维护－拆除

录入智能识别示数，点击"上传照片"按钮，上传示数照片，orc 识别智能识别出示数，然后点击"录入智能识别示数"按钮。示数照片上传如图 2-4-73 所示。

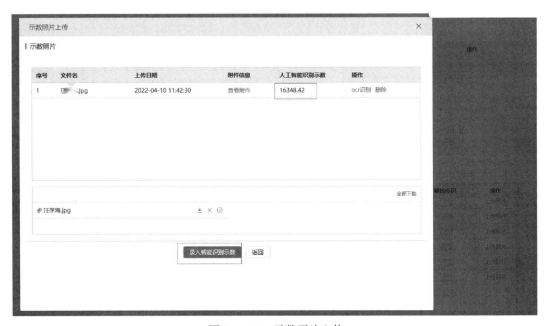

图 2-4-73 示数照片上传

计量箱信息维护：点击"计量箱信息维护"，选择新增计量箱，填写相关信息。计量箱信息维护如图 2-4-74 所示。

上传计量箱现场照片：点击"附件信息"进入对应界面，点击"上传附件"按钮上传照片。计量箱信息维护－新增如图 2-4-75 所示。

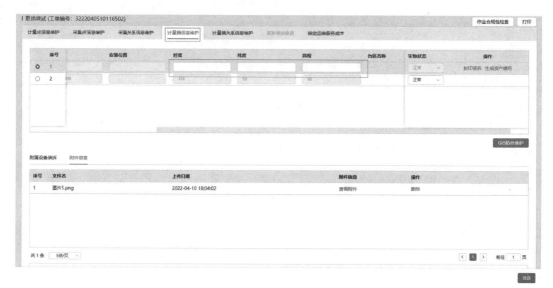

图 2-4-74 计量箱信息维护

图 2-4-75 计量箱信息维护 - 新增

采集调试：点击"采集关系信息维护"按钮进入对应界面，在此界面点击"采集调试"按钮。采集关系信息维护如图 2-4-76 所示。

等待采集返回调试成功结果，点击"采集调试结果"按钮，查看调试结果。调试结果反馈如图 2-4-77 所示。

最后点击"发送"按钮，装拆调试环节发送成功，进入下一环节。

（4）注意事项。具体如下：①完成设备装、拆、换作业后，安装和拆除的"设备装拆信息"的资产编号不能为空；②完成设备装、拆、换作业后，安装和拆除的设备的"设备装拆

图 2-4-76　采集关系信息维护

图 2-4-77　调试结果反馈

示数信息"不能为空；③完成电能表、互感器设备装、拆、换作业后，"工单确认信息"的确认结果不能为空。

9. 拆回入库

（1）功能说明。拆回入库是指资产管理员使用电脑，将客户经理送回的拆除设备，通过扫码方式接收入库的工作。

（2）业务角色。角色为资产管理员。

（3）操作说明。菜单路径："工单管理"→"待办工单"，在待办工单界面输入在更换调试发送成功时的工单编号，点击"查询"按钮。拆回入库待办工单如图2-4-78所示。

进入拆回入库环节：选中需要操作的工单，点击环节名称"拆回入库"，进入拆回入库环节。公用配变关口设置拆回入库如图2-4-79所示。

图2-4-78　拆回入库待办工单

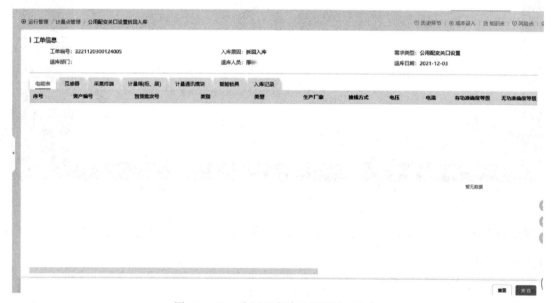

图2-4-79　公用配变关口设置拆回入库

在入库信息分页面中点击"存放位置"按钮，选择存放位置，录入资产编号。入库信息如图2-4-80所示。

图 2-4-80 入库信息

最后点击"发送"按钮，工单发送成功，流程结束。

二、计量计划制定

【任务目标】

（1）熟悉运行维护中计量计划制定的相关业务内容。

（2）了解运行维护中计量计划制定的业务规定和要求。

（3）掌握运行维护中计量计划制定的业务的操作流程和步骤。

（4）能按照业务规范要求，及时准确地完成开展系统流程操作。

【任务描述】

（1）本任务主要根据业务需求，结合作业班组承载力、库存情况、季节假日因素、工作紧急程度、地理位置等因素，开展计量计划制定的业务，包括计量计划拟定、计量计划拟定审批等工作。计量计划包括计量设备更换、运行设备抽检、现场检验、现场巡视的计量计划。

（2）本工作任务以开展计量设备更换而制定的计量计划为例，进行系统流程操作的工作过程说明。

【任务实施】

1. 计量计划制定

（1）业务描述。计量计划制定是指计量工作人员根据业务需求，结合作业班组承载力、库存情况、季节假日因素、工作紧急程度、地理位置等因素，开展计量计划制定的业务，包

227

括计量计划拟定、计量计划拟定审批等工作。计量计划包括计量设备更换、运行设备抽检、现场检验、巡视的计量计划。

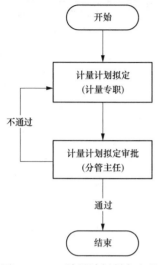

图2-4-81 计量计划制定流程

视频：计量计划制定—计量设备更换

（2）业务流程。计量计划制定流程如图2-4-81所示。

（3）计量计划制定。

1）功能说明。计量计划制定是指省营销服务中心现场校验管理/市级供电公司检测检验专职/县级供电公司检测检验专职/计量专职使用电脑或移动作业终端，拟定计量设备更换、运行设备抽检、现场检验、现场巡视的计量计划的工作。

2）业务角色。角色为省营销服务中心现场校验管理/市级供电公司检测检验专职/县级供电公司检测检验专职/计量专职。

3）操作说明。菜单路径："运行管理"→"运行维护"→"计量计划制定"→"计量计划制定"。计量计划制定将计量设备更换计划、运行设备抽检计划、现场检验计划、巡视计划融合为一个产品，通过选择不同的计划页签进行计划的制定。计量计划制定如图2-4-82所示。

以计量设备更换为例，在计量计划制定下选择计量计划拟定，之后在页面点击"计量设备更换计划"页签，填写申请信息，点击"保存"按钮。计量设备更换计划如图2-4-83所示。

点击计划明细中的"新增"按钮，查询需要计划明细数据。计量设备更换计划–新增如图2-4-84所示。

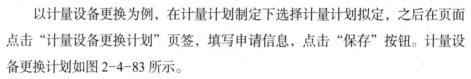

图2-4-82 计量计划制定

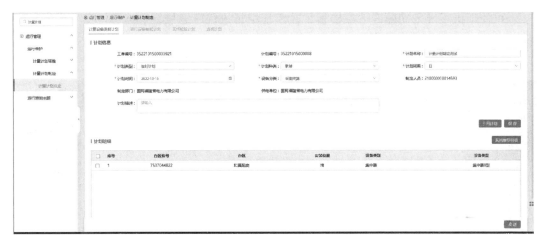

图 2-4-83　计量设备更换计划

图 2-4-84　计量设备更换计划－新增

选择明细数据，根据计划任务实际需要的资产设备，查询设备信息，勾选设备后，点击"确定"按钮生成计划明细数据。计划明细如图 2-4-85 所示。

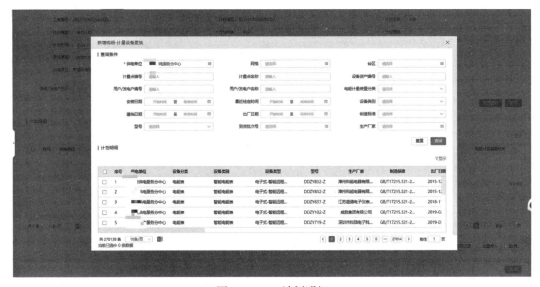

图 2-4-85　计划明细

也可使用批量导入功能，下载模板，在模板中录入资产编号，上传导入文件完成批量导入明细操作。计划明细导入如图 2-4-86 所示。

图 2-4-86　计划明细导入

最后点击"发送"按钮完成计划拟定环节，流程转入下一环节计量计划拟定审批。工单发送如图 2-4-87 所示。

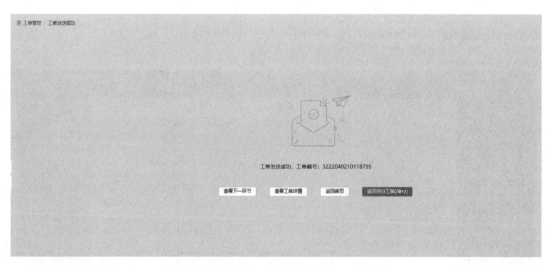

图 2-4-87　工单发送

4）小技巧。具体如下：①计量设备更换计划：基于终端、计量箱设备新装、高压用户轮换等用户数据，或基于下一年的项目储备设备改造清单或其他业务项所需改造设备等设备数据，生成计量设备更换计划；②运行设备抽检计划：基于已选电能表批次数据，自动筛选用电量多、负荷高、工作环境差的设备，生成运行设备抽检设备明细；③现场检验：基于周期检验、首次检验规则，筛选符合检验规则设备，生成现场检验设备明细，根据状态评价的结果自动调整检验设备明细；④巡视计划：按照周期巡视规则，生成周期巡视明细，根据其他要求开展特别巡视和临时巡视。

（4）计量计划审批

1）功能说明。计量计划审批是指省营销服务中心现场校验管理/市级供电公司检测检验专职/县级供电公司检测检验专职/计量专职使用电脑或移动作业终端，审批计量设备更换、运行设备抽检、现场检验、现场巡视的计量计划的工作。

2）业务角色。角色为省营销服务中心现场校验管理/市级供电公司检测检验专职/县级供电公司检测检验专职/计量专职。

3）操作说明。操作路径："运行管理"→"运行维护"→"计量计划制定"→"计量计划拟定"。在计量计划拟定页面，可查看待办工单，选中需要操作的工单，点击环节名称"计量计划审批"，可查看计划申请信息、计划明细信息。待办工单-计量计划审批如图2-4-88所示。

图2-4-88　待办工单-计量计划审批

在"计量计划审批"页面，审核人员对计量计划工单签收。计量计划工单签收如图2-4-89所示。

根据业务审批要求点击"通过"或"不通过"，填写意见。计量计划审批如图2-4-90所示。

最后点击"发送"按钮，计量计划审批完成，流程处理结束。计量计划审批-发送如图2-4-91所示。

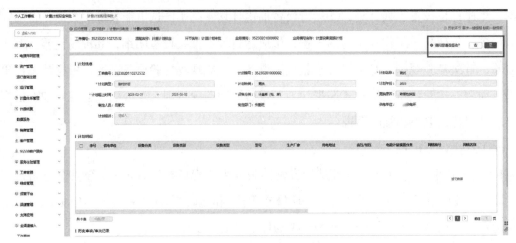

图 2-4-89 计量计划工单签收

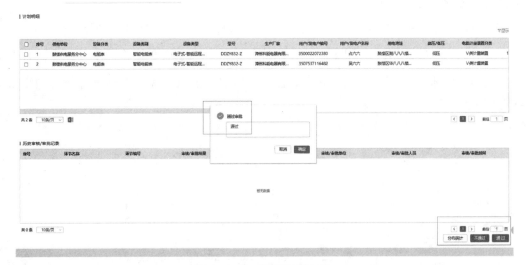

图 2-4-90 计量计划审批

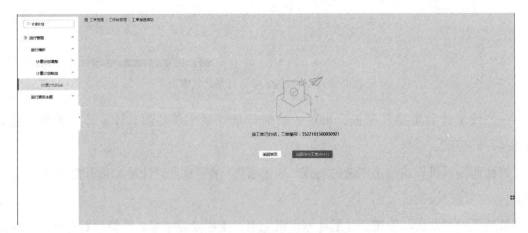

图 2-4-91 计量计划审批－发送

4）注意事项。具体如下：①审批不通过时，审批意见不能为空；②自下而上发起的计划，设备分类为电能表或互感器、计划种类为更换时，需要进行三级审批（可配置），由县公司发起计划拟定，县公司计量专职或分管领导进行一级计划审批，市公司计量专职或分管领导进行二级计划审批，省营销服务中心计量专职或分管领导进行三级审批；③设备分类为计量箱或采集终端时，需要一级审批，由县公司或供电所发起计划拟定，县公司计量专职或分管领导进行计划审批。

三、计量设备更换

【任务目标】

（1）熟悉运行维护中计量设备更换的相关业务内容。

（2）了解运行维护中计量设备更换的业务规定和要求。

（3）掌握运行维护中计量设备更换的业务的操作流程和步骤。

（4）能按照业务规范要求，及时准确地完成开展系统流程操作。

【任务描述】

（1）本任务主要按照更换计划对计量设备开展现场新装、更换、拆除的业务，包括任务拟定派工、方案配置、配置出库、设备领用、装拆调试、拆回入库等工作。

（2）本工作任务以按照设备分类为电能表的更换计划开展计量设备更换为例，进行系统流程操作的工作过程说明。

【任务实施】

1. 计量设备更换

（1）业务描述。计量设备更换是指计量班长及实施人员按照更换计划，对计量设备开展现场新装、更换、拆除的业务。包括任务拟定派工、方案配置、配置出库、装拆调试、拆回入库等工作。

（2）业务流程。计量设备更换流程如图 2-4-92 所示。

（3）任务拟定派工。

1）功能说明。任务拟定派工是指计量班班长使用电脑，根据更换计划拟定设备新装、更换、拆除任务并派工的工作。

2）业务角色。角色为计量班班长。

3）操作说明。菜单路径："运行管理"→"运行维护"→"计量设备更换"。打开对应界面，计量设备更换的任务类型包括更换（电能表、互感器、采集终端、计量箱）、拆除（采集终端、计量箱）、新装（采集终端、计量箱）、维修（计量箱）4 类，计量设备更换如图 2-4-93 所示。

视频：计量设备更换—高压用户电能表更换（1）

视频：计量设备更换—高压用户电能表更换（2）

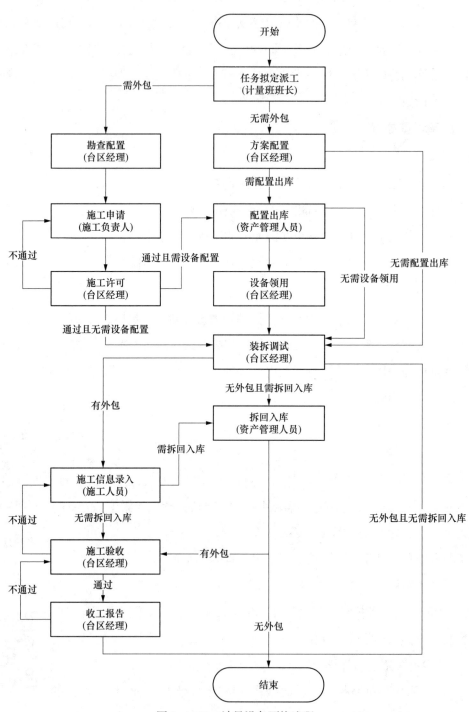

图 2-4-92 计量设备更换流程

以任务类型为"更换"操作为例，在页面选择任务类型为更换，用户类型分为高压、低压，此处选择低压，填写申请信息，点击"保存"按钮，生成工单编号和任务编号。计量设备更换－更换任务如图2-4-94所示。

图2-4-93　计量设备更换

图2-4-94　计量设备更换－更换任务

在"更换任务明细"分页面点击"新增"进入任务拟定界面，输入查询条件或直接查询计划信息并选择计划明细。任务拟定如图2-4-95所示。

选择明细数据，点击"确定"按钮生成设备更换任务明细数据。更换任务明细如图2-4-96所示。

在"派工信息"分页面点击班组派工选择派工人员，可选择多个。更换任务－选择人员如图2-4-97所示。

235

图 2-4-95　任务拟定

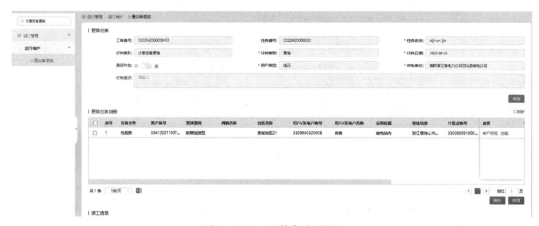

图 2-4-96　更换任务明细

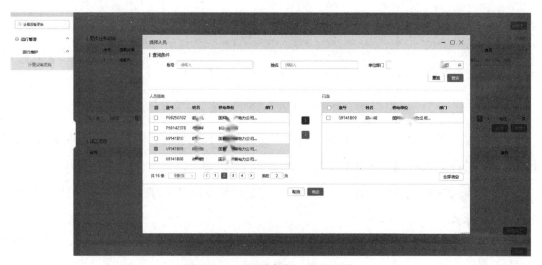

图 2-4-97　更换任务－选择人员

最后点击"发送"按钮完成任务拟定派工环节，流程转入下一环节。更换任务－工单发送成功如图2-4-98所示。

4）注意事项。更换计划明细应在到期前进行提示。

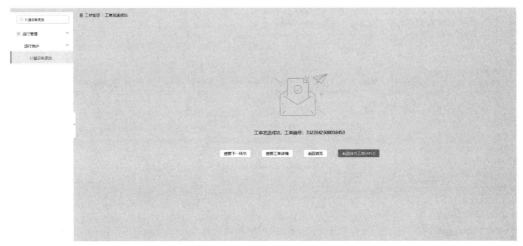

图2-4-98　更换任务－工单发送成功

（4）方案配置。

1）功能说明。方案配置是指装表接电工使用电脑或移动作业终端，在接收计量设备更换任务后，开展相关设备方案配置的工作。

2）业务角色。角色为装表接电工。

3）操作说明。菜单路径："工单管理"→"待办工单"，打开待办窗口，并输入工单编号，点击查询，选中工单，点击方案配置。方案配置待办工单如图2-4-99所示。

图2-4-99　方案配置待办工单

选中工单，点击方案配置，进入计量设备更换方案配置环节，默认为更换任务页面，在此页面可查看更换任务明细、上传更换通知单。在上传更换通知单分页面点击"附件上传"栏的"加号"上传更换通知单。上传更换通知单如图2-4-100所示。

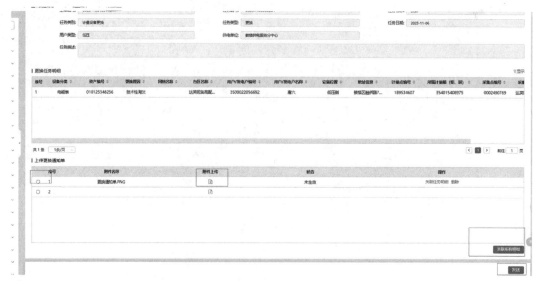

图2-4-100　上传更换通知单

上传成功后，选中附件，点击关联所有明细，或者点击附件操作栏的"关联任务明细"，弹出通知单关联任务明细界面。通知单关联任务明细如图2-4-101所示。

最后点击用户通知短信发送，在对应的弹出界面点击"发送"按钮。用户通知短信发送如图2-4-102所示。

图2-4-101　通知单关联任务明细

图 2-4-102　用户通知短信发送

在计量设备更换界面点击"方案配置"页签，查看计量方案、采集方案、计量箱方案。计量方案、采集方案、计量箱方案如图 2-4-103~图 2-4-105 所示。

图 2-4-103　计量方案

点击"发送"按钮完成计量设备更换方案配置环节，流程转入下一环节。方案配置－工单发送如图 2-4-106 所示。

4）注意事项。用户供电电压为 10kV 且其计量点的计量方式高供低计，计量点接线方式不应为三相三线。

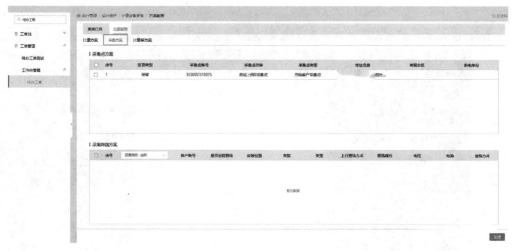

图 2-4-104 采集方案

图 2-4-105 计量箱方案

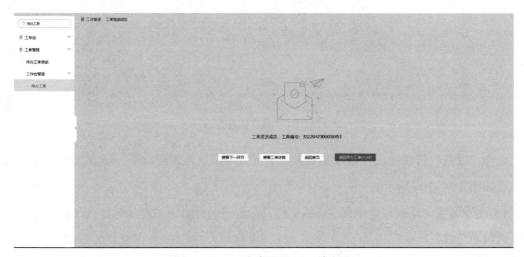

图 2-4-106 方案配置 - 工单发送

（5）配置出库。

1）功能说明。配置出库是指资产管理员使用电脑或移动作业终端，配置所需设备并通过扫描工单发放设备的工作。

2）业务角色。角色为资产管理员。

3）操作说明。菜单路径："工单管理"→"待办工单"。在待办工单页面，查询工单签收并点击进入计量设备更换配置出库页面，查询可更换设备并配置。设备配置－电能表如图2-4-107所示。

图2-4-107 设备配置－电能表

选中对应工单，点击存放位置下的"查询"按钮，可查看设备具体的存放位置。存放位置如图2-4-108所示。

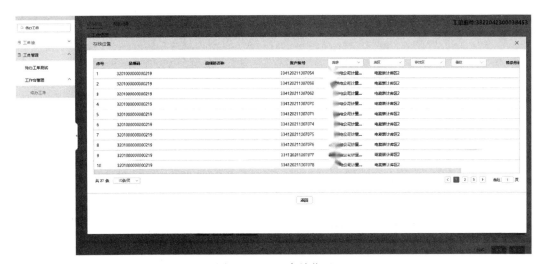

图2-4-108 存放位置

点击查询配置资产，资产配置完成后点击"发送"按钮，完成配置出库操作。

4）注意事项。电能表出库时，应检查检定合格的电能表在库房保存时间是否超过6个月，超过6个月应提示，在安装前检查表计功能、时钟电池、抄表电池等是否正常。

（6）装拆调试。

1）功能说明。装拆调试是指装表接电工使用电脑或移动作业终端，根据工单的工作内容，开展设备现场更换作业，记录设备更换信息并进行设备入网调试的工作。在设备更换期间，应进行封印施封、箱表关系变更、采集终端与电能表关系变更。设备调试内容包括采集终端在线确认、版本比对、参数下发、召测数据核验等。调试成功后，生成设备运行档案信息及拓扑信息；客户签字并填写装拆电能计量装置确认信息。

2）业务角色。角色为装表接电工。

3）操作说明。菜单路径："工单管理"→"待办工单"，在待办工单页面输入在配置出库发送成功时的工单编号，点击"查询"按钮，在待办工单页面，选中需要操作的工单点击环节名称"装拆调试"，进入装拆调试环节。此页面默认计量点信息维护页面，左侧计量点树状图处于用户层，在此页面可完成通知用户、上传"电能计量装置装拆工单""换表通知单"等操作。通知用户可选择现场确认或远程确认，现场确认需上传换表通知单，远程确认可选择用户通知短信发送或网上国网。装拆调试如图2-4-109所示。

图 2-4-109 装拆调试

选择通知用户中的远程确认，点击"用户通知短信发送"按钮，弹出对应界面。用户通知短信发送如图2-4-110所示。

图 2-4-110　用户通知短信发送

在计量点信息维护页面，点击左侧计量点树状图的计量点层，电能表方案栏中选择拆除方案，填入装拆日期，会将日期同步到所有方案。在示数信息栏中逐一选择示数类型，填入本次抄表示数并上传照片。点击"作业质量评价照片"按钮，上传至少两张图片。电能表方案栏中选择新增方案，点击"作业质量评价照片"，上传至少两张图片。计量点信息维护如图 2-4-111 所示。

图 2-4-111　计量点信息维护

采集点信息维护操作同计量点信息维护。采集点信息维护如图 2-4-112 所示。

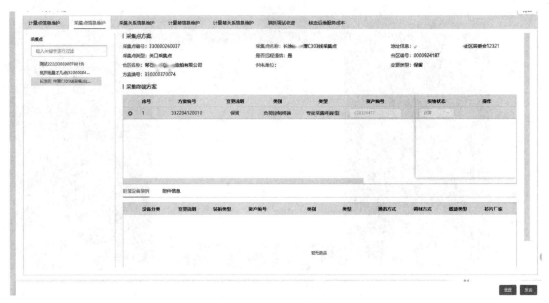

图 2-4-112 采集点信息维护

采集关系信息维护操作同计量点信息维护，在采集关系信息维护界面点击"采集调试"按钮，确认所有调试结果成功。采集关系信息维护如图 2-4-113 所示。

图 2-4-113 采集关系信息维护

计量箱信息维护操作同计量点信息维护。计量箱信息维护如图 2-4-114 所示。

计量箱关系信息维护操作同计量点信息维护。计量箱关系信息维护如图 2-4-115 所示。

设备调试完成后，点击"发送"按钮完成装拆调试环节。

图 2-4-114　计量箱信息维护

图 2-4-115　计量箱关系信息维护

4）注意事项。电能表、采集终端完成装、拆、换，应及时完成调试工作。

（7）拆回入库。

1）功能说明。拆回入库是指资产管理员使用电脑或移动作业终端，将拆除设备通过扫码方式接收入库的工作。

2）业务角色。角色为资产管理员。

3）操作说明。菜单路径："工单管理"→"待办工单"，在待办工单界面输入在更换调试发送成功时的工单编号，点击"查询"按钮。选中需要操作的工单，点击环节名称"拆回入库"，进入拆回入库环节。拆回设备入库如图 2-4-116 所示。

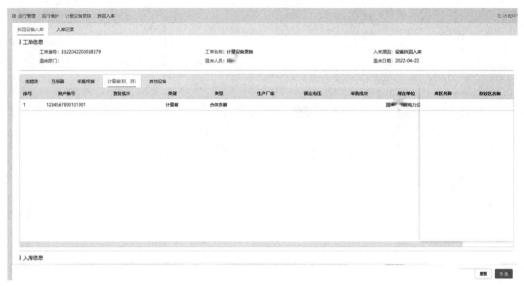

图 2-4-116　拆回设备入库

在入库信息分页面点选"存放位置"找到其对应的库区，在"入库资产录入"处填入资产编号后，点击"保存"完成入库。计量箱（柜、屏）拆回入库如图 2-4-117 所示。

图 2-4-117　计量箱（柜、屏）拆回入库

拆回入库完成后，点击"发送"按钮，该工单归于已办结。拆回入库－工单发送如图 2-4-118 所示。

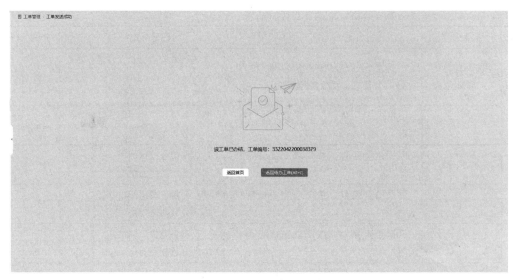

图 2-4-118 拆回入库 - 工单发送

4）注意事项。具体如下：①设备装拆工单涉及退库电能表、互感器、采集设备、计量表箱、计量通信模块设备，必须进行设备入库；②绑定电能表、采集终端的计量通信模块，应随拆回的电能表、采集终端入库一起入库，同时修改设备状态；③绑定计量箱的开关，应随拆回计量箱入库一起入库，同时修改设备状态；④当前日期减去电能表的"拆除日期"大于 20 天时，则发送催办短信给当前业务项处理人员。

【任务评价】

一、任务评价一 公用配变关口管理操作

1. 公用配变关口管理操作考核要求

通过能源互联网营销服务仿真培训系统，根据计量点配置方案的要求和操作步骤，模拟对指定公用配变关口计量点新增、变更、撤销的业务进行操作。

2. 公用配变关口管理考核评分表

公用配变关口管理考核评分表见表 2-4-1。

表 2-4-1　　　　　　　　　　公用配变关口管理考核评分表

班级：_____　　姓名：_____　　得分：_____					
考核项目：公用配变关口管理				考核时间：30 分钟	
序号	主要内容	考核要求	评分标准	分值	得分
1	工作前准备	1）能源互联网营销服务仿真培训系统专网计算机、仿真培训系统账号、网址正确； 2）笔、纸等准备齐全	不能正确登录系统扣 5 分	5	

续表

序号	主要内容	考核要求	评分标准	分值	得分
2	作业风险分析与预控	1）注意个人账号和密码应妥善保管； 2）客户信息、系统数据保密	1）未进行危险点分析及注意事项交代不得分； 2）分析不全面，扣 5 分	10	
3	方案拟定	根据给定条件，按要求完成方案拟定	1）错、漏每处按比例扣分； 2）本项分数扣完为止	15	
4	方案审批	根据给定条件，按要求完成方案审批	1）错、漏每处按比例扣分； 2）本项分数扣完为止	10	
5	配置出库	根据给定条件，按要求完成配置出库	1）错、漏每处按比例扣分； 2）本项分数扣完为止	10	
6	设备领用	根据给定条件，按要求完成设备领用	1）错、漏每处按比例扣分； 2）本项分数扣完为止	10	
7	竣工验收	根据给定条件，按要求完成竣工验收	1）错、漏每处按比例扣分； 2）本项分数扣完为止	10	
8	装拆调试	根据给定条件，按要求完成装拆调试	1）错、漏每处按比例扣分； 2）本项分数扣完为止	20	
9	拆回入库	根据给定条件，按要求完成拆回	1）错、漏每处按比例扣分； 2）本项分数扣完为止	10	
合计				100	
教师签名					

二、任务评价二 计量计划制定

1. 计量计划制定操作考核要求

通过能源互联网营销服务仿真培训系统，根据计量计划制定的要求和操作步骤，模拟对指定计量计划制定（计量计划包括计量设备更换、运行设备抽检、现场检验、巡视的计量计划）的业务进行操作。

2. 计量计划制定管理考核评分表

计量计划制定考核评分表见表 2-4-2。

表 2-4-2　　　　　　　　计量计划制定考核评分表

班级：_____　姓名：_____　得分：_____					
考核项目：计量计划制定			考核时间：30 分钟		
序号	主要内容	考核要求	评分标准	分值	得分
1	工作前准备	1）能源互联网营销服务仿真培训系统专网计算机、仿真培训系统账号、网址正确； 2）笔、纸等准备齐全	不能正确登录系统扣 5 分	5	

续表

序号	主要内容	考核要求	评分标准	分值	得分
2	作业风险分析与预控	1）注意个人账号和密码应妥善保管； 2）客户信息、系统数据保密	1）未进行危险点分析及注意事项交代不得分； 2）分析不全面，扣5分	10	
3	计量计划拟定	根据给定条件，按要求完成计量设备更换、运行设备抽检、现场检验、巡视的计量计划的拟定	1）错、漏每处按比例扣分； 2）本项分数扣完为止	55	
4	计量计划拟定审批	根据给定条件，按要求完成计量设备更换、运行设备抽检、现场检验、巡视的计量计划审批	1）错、漏每处按比例扣分； 2）本项分数扣完为止	30	
合计				100	
教师签名					

三、任务评价三　计量设备更换

1. 计量设备更换操作考核要求

通过能源互联网营销服务仿真培训系统，根据计量设备更换的要求和操作步骤，模拟对指定计量设备更换的业务进行操作。

2. 计量设备更换考核评分表

计量设备更换考核评分表见表2-4-3。

表 2-4-3　　　　　　　　　　计量设备更换考核评分表

班级：_____　姓名：_____　得分：_____

考核项目：计量设备更换			考核时间：30分钟		
序号	主要内容	考核要求	评分标准	分值	得分
1	工作前准备	1）能源互联网营销服务仿真培训系统专网计算机、仿真培训系统账号、网址正确； 2）笔、纸等准备齐全	不能正确登录系统扣5分	5	
2	作业风险分析与预控	1）注意个人账号和密码应妥善保管； 2）客户信息、系统数据保密	1）未进行危险点分析及注意事项交代不得分； 2）分析不全面，扣5分	10	
3	任务拟定派工	根据给定条件，按要求完成任务拟定派工	1）错、漏每处按比例扣分； 2）本项分数扣完为止	20	
4	方案配置	根据给定条件，按要求完成方案配置	1）错、漏每处按比例扣分； 2）本项分数扣完为止	25	
5	配置出库	根据给定条件，按要求完成配置出库	1）错、漏每处按比例扣分； 2）本项分数扣完为止	10	

续表

序号	主要内容	考核要求	评分标准	分值	得分
6	装拆调试	根据给定条件，按要求完成装拆调试	1）错、漏每处按比例扣分； 2）本项分数扣完为止	20	
7	拆回入库	根据给定条件，按要求完成拆回入库	1）错、漏每处按比例扣分； 2）本项分数扣完为止	10	
合计				100	
教师签名					

任务二　外部渠道工单功能应用

📖【任务目标】

（一）知识目标

熟悉客户诉求的业务类型；了解客户诉求解决时限要求；掌握信息回复机制；准确记录客户诉求；完成工单办结或转办。

（二）能力目标

具备掌握客户诉求核心要点的能力，能够简单地判断识别并准确地记录客户诉求点，形成客户服务记录的能力；具备对无法当即答复、处理的诉求能及时向相关部门转办，遵守客户诉求首问责任制。

（三）素质目标

提升新一代能源互联网营销服务系统基础功的实操能力；培养精益求精的工匠精神，强化职业责任担当；弘扬家国情怀，增强营销服务管理的处理能力。

📖【任务描述】

（1）本任务主要内容包括员工在日常工作中受理由舆情、12398、12345 等渠道收集或转办的客户诉求，及时在营销系统受理、转办或直接办结的工作任务。

（2）核心知识点包括受理环节信息确认及根据业务规范要求登记客户诉求内容、业务关键点及管控等信息的记录。

（3）关键技能项包括外部渠道受理的业务，包括客户信息、受理内容、派发意见、管控信息的记录要点，时限要求等。

以外部渠道诉求受理为例进行任务介绍。

📖【任务目标】

（1）熟悉诉求分类标准。

（2）了解外部渠道诉求处理时效对业务的影响，并能准确记录。

【任务描述】

本任务主要为受理外部渠道客户诉求，并对无法立即答复处理的业务进行转办。

【任务实施】

1. 功能说明

外部渠道工单是指非国网渠道受理的客户诉求业务，包括投诉、意见、举报、业务申请、故障报修等。

2. 操作说明

菜单路径："95598客户服务"→"客户电力诉求响应"→"外部渠道工单"，在外部渠道工单界面点击右侧"单条录入"，进入"单条导入"页面。外部渠道工单、单条导入如图2-4-119、图2-4-120所示。

图2-4-119 外部渠道工单

图2-4-120 单条导入

在单条导入界面点击"工单渠道"，有舆情、12398、12345、信访、巡视转办、其他可选。单条导入－工单渠道如图2-4-121所示。

图2-4-121　单条导入－工单渠道

　　在单条导入界面点击"用户编号"，弹出用电客户查询界面。用电客户查询如图2-4-122所示。

图2-4-122　用电客户查询

　　在单条导入界面点击"当前状态"，有办结与待办 2 种状态，办结表示直接归档，待办将进入工单分理环节。单条导入－当前状态如图 2-4-123 所示。

　　单条导入界面中的工单热点标记分页面有"热点标记"按钮，可根据近期营销管控要求进行勾选。单条导入－热点标记如图 2-4-124 所示。

图 2-4-123　单条导入－当前状态

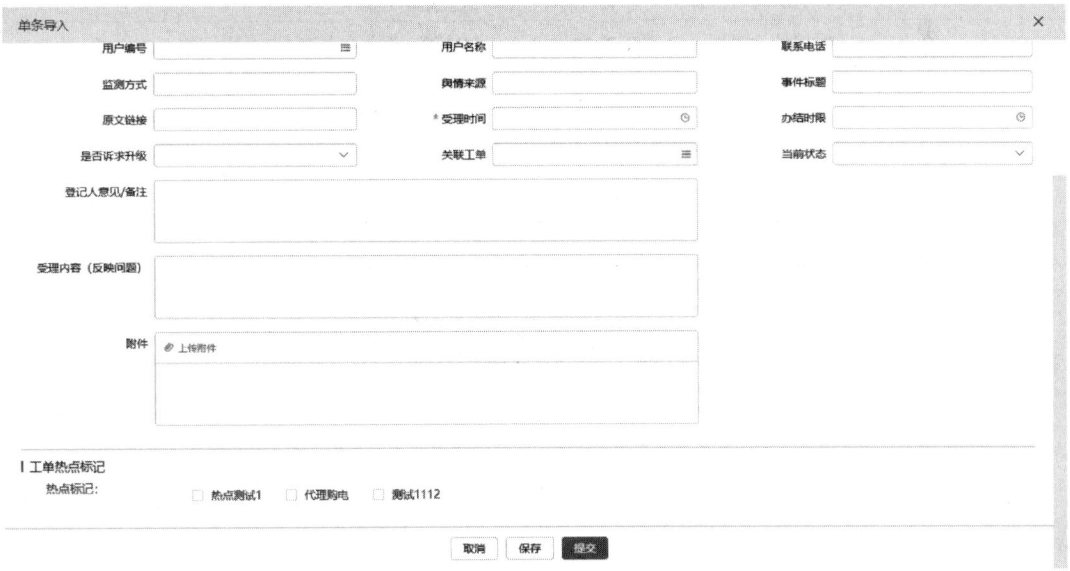

图 2-4-124　单条导入－热点标记

【任务评价】

1. 外部渠道工单功能应用考核要求

通过营销系统仿真库，本工作任务以现场客户诉求受理为例，记录无法当即答复处理的内容、转给相关部门，以及工单应记录的内容及派发。

2. 外部渠道工单功能应用考核评分表

外部渠道工单功能应用考核评分表见表2-4-4。

表2-4-4　　　　　　　　　　　　　外部渠道工单功能应用考核评分表

班级：_____ 姓名：_____ 得分：_____					
考核项目：外部渠道工单功能运用				考核时间：30分钟	
序号	主要内容	考核要求	评分标准	分值	得分
1	工作前准备	1）能源互联网营销服务系统专网计算机、系统登录账号、网址正确； 2）笔、纸等准备齐全	不能正确登录系统扣5分	5	
2	作业风险分析与预控	1）注意个人账号和密码应妥善保管； 2）注意客户信息、系统数据保密。	1）未进行危险点分析及交代注意事项不得分； 2）分析不全面，扣5分	10	
3	客户信息记录	根据给定条件，按要求准确记录客户信息	1）错、漏每处按比例扣分； 2）本项分数扣完为止	20	
4	客户诉求信息记录	根据给定条件，按要求准确记录客户诉求信息	1）错、漏每处按比例扣分； 2）本项分数扣完为止	20	
5	工单时限记录	根据给定条件，按要求准确记录工单处理时限	1）错、漏每处按比例扣分； 2）本项分数扣完为止	15	
6	内部管控信息记录	根据给定条件，按要求准确内部管理信息	1）错、漏每处按比例扣分； 2）本项分数扣完为止	30	
合计				100	
教师签名					

任务三　抄催专业功能应用

【任务目标】

（1）能够根据抄表包维护操作手册，按照对应的业务规范要求，及时准确地完成系统流程操作。

（2）能够根据人工发送催费短信、欠费停电、物联预警策略管理操作手册，按照对应的业务规范要求，对催费短信、欠费停电和物联预警策略等相关信息正确地开展系统操作流程。

【任务描述】

根据抄表包业务管理需求，对抄表包分类维度、责任人员、用户、台区等相关信息按照对应的业务规范要求，正确地开展系统流程作业。

一、抄表包维护

【任务目标】

（1）熟悉抄表包维护的相关业务内容。

（2）了解抄表包的业务规定和要求。

（3）掌握抄表包的业务操作流程和步骤。

（4）能按照业务规范要求，及时准确地完成开展系统流程操作。

【任务描述】

（1）本任务主要根据抄表包业务管理需求，对抄表包分类维度、责任人员、用户、台区等相关信息按照对应的业务规范要求，正确地开展系统流程作业。

（2）本工作任务以开展抄表用户调整为例，进行系统流程操作的工作过程说明。

【任务实施】

1. 功能说明

新增抄表包、变更抄表包、注销抄表包。

2. 操作说明

菜单路径："计费结算"→"量费核算"→"抄表单元管理"→"抄表包管理"。抄表包管理如图 2-4-125 所示。

图 2-4-125　抄表包管理

在抄表包管理界面按要求选定供电单位的抄表包编号，点击"修改"按钮，页面下方出现"抄表包修改"文本区。抄表包修改如图2-4-126所示。

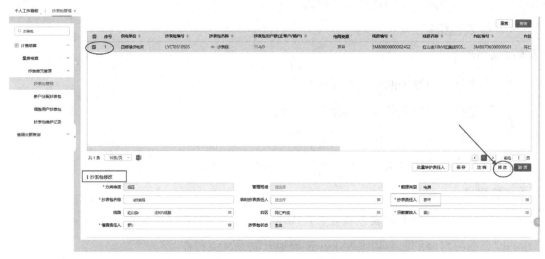

图2-4-126　抄表包修改

修改文本区内容，可以点击"抄表责任人"右侧图标，弹出"选择人员"窗口。抄表包选择人员如图2-4-127所示。

选定变更人员信息后，点击"确定"按钮，然后再"抄表包修改"文本区点击"保存"按钮，系统提示操作成功。抄表包列表信息如图2-4-128所示。

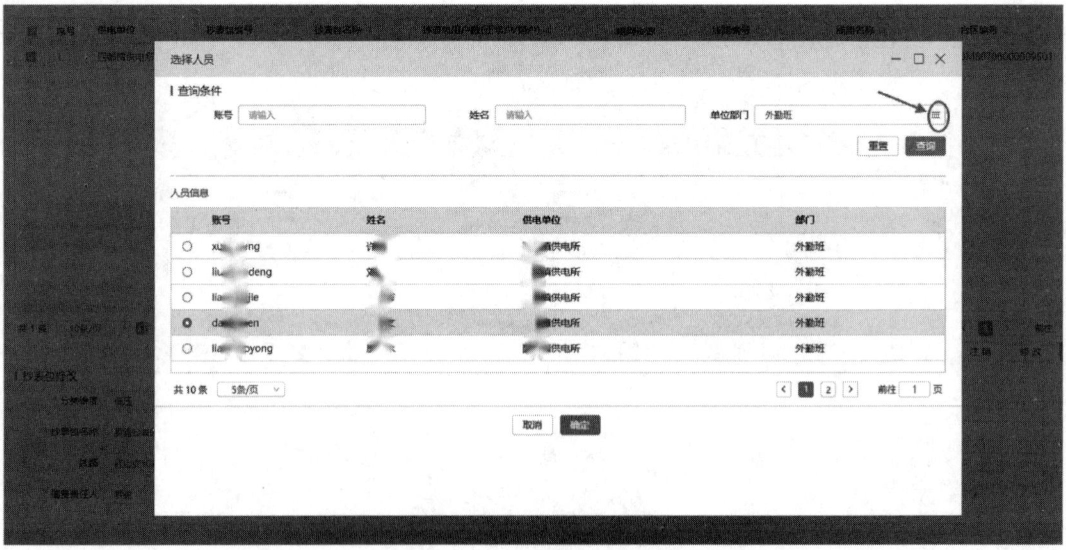

图2-4-127　抄表包选择人员

图 2-4-128　抄表包列表信息

二、人工催费短信发送

【任务目标】

（1）熟悉催费短信的相关业务内容。

（2）了解欠费催费短信发送的业务规定和要求。

（3）掌握欠费用户信息查询、人工催费短信发送的业务的操作流程和步骤。

（4）能按照业务规范要求，及时准确地完成开展系统流程操作。

【任务描述】

（1）本任务主要内容是通过查询欠费用户信息，发起对应欠费用户的人工催费短信流程的操作。

（2）本工作任务以欠费用电户户号为查询条件，对欠费用户发起人工催费，进行系统流程操作的工作过程说明。

【任务实施】

1. 功能说明

人工发送催费短信是指由催费人员手动发送催费短信的功能。

2. 操作说明

菜单路径："计费结算"→"支付结算"→"催费管理"→"人工发送催费短信"。人工发送催费短信如图 2-4-129 所示。

在人工发送催费短信界面选定供电单位，输入用户编号，选择电费年月，点击查询，即可看到欠费用户的待发送短信用户数据，同时也可以根据班组、抄表包、催费责任人、用户编号等条件进行筛选查询（所有带红色"*"的均为必填项）。待发送短信用户如图 2-4-130 所示。

勾选待发送短信用户，点击"发送"按钮，即可正常向欠费用户发送催费短信。人工发送催费短信－发送如图 2-4-131 所示。

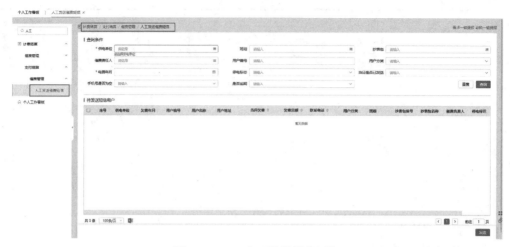

图 2-4-129　人工发送催费短信

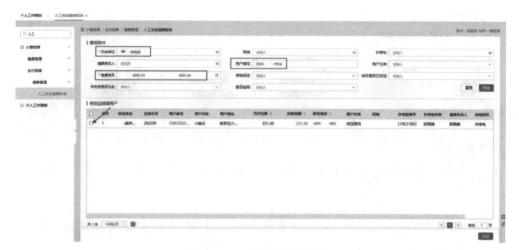

图 2-4-130　待发送短信用户

图 2-4-131　人工发送催费短信－发送

点击"发送"按钮，在弹出的确认信息框中点击"确定"按钮，短信发送成功，且在待发送短信用户页面搜索不到该用户信息。人工发送催费短信－发送成功如图2-4-132所示。

图2-4-132　人工发送催费短信－发送成功

三、欠费停电管理

📖【任务目标】

（1）熟悉欠费停电管理的相关业务内容。

（2）了解欠费停电流程发起条件等业务规定和要求。

（3）掌握欠费停电流程发起、佐证上传、审批、执行等业务的操作流程和步骤。

（4）能按照业务规范要求，及时准确地完成开展系统流程操作。

📓【任务描述】

（1）本任务主要根据业务需求，对满足欠费停电条件的用户发起欠费停电流程，并上传有效送达通知凭证，通过审批后实施欠费停电的系统流程操作的工作。

（2）本工作任务以欠费用户户号为查询条件，发起欠费停电管理流程，进行系统流程操作的工作过程。

📇【任务实施】

欠费停电是指对满足电费结算协议和政策法规中欠费停电条件的后付费用户，从欠费停电生成、欠费停电确认、欠费停电审批、欠费停电派工、欠费停电执行的全流程业务功能。

1. 欠费停电发起

（1）功能说明。欠费停电发起是指信息系统每天对满足电费结算协议和政策法规中欠费停电条件的后付费用户，生成欠费停电申请的工作。

（2）操作说明。菜单路径："计费结算"→"支付结算"→"停复电"→"欠费停电计划发起"。欠费停电计划发起如图2-4-133所示。

图2-4-133 欠费停电计划发起

在欠费停电计划发起界面，选定供电单位，输入用户编号，选择电费年月，点击查询，即可看到欠费用户的待选择停电用户信息数据，同时也可以根据催费包编号、催费责任人、台区编号等条件进行筛选查询（所有带红色"*"的均为必填项）。待选择停电用户信息如图2-4-134所示。

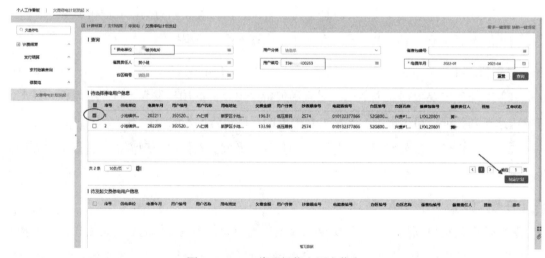

图2-4-134 待选择停电用户信息

勾选待选择停电用户，点击右下角的"制定计划"按钮，即下转至待发起欠费停电用户信息页面。待发起欠费停电用户信息如图2-4-135所示。

图 2-4-135 待发起欠费停电用户信息

在待发起欠费停电用户信息界面，选中对应工单点击"发起工单"按钮，信息发送成功。待发起欠费停电用户信息 – 发送成功如图 2-4-136 所示。

图 2-4-136 待发起欠费停电用户信息 – 发送成功

2. 欠费停电确认

（1）功能说明。欠费停电确认是指市级高压客户经理 / 市级低压客户经理 / 县级客户经理 / 县级采集运行员 / 所级运维采集员使用个人电脑或移动设备，根据结算协议的停电约定，对欠费停电申请进行审核的工作。

（2）操作说明。菜单路径："工单管理" → "工作台管理" → "待办工单"。在待办工单页面，显示签收人员为登录人的所有待办工单数据，并对所需操作的工单进行签收。欠费停电确认待办工单如图 2-4-137 所示。

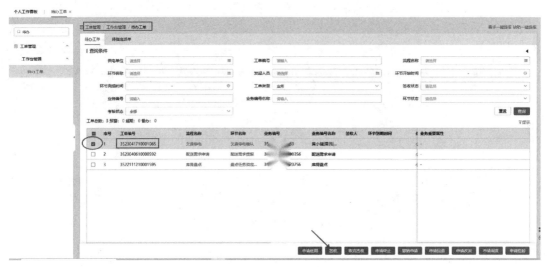

图 2-4-137　欠费停电确认待办工单

点击环节名称中的"欠费停电确认"按钮，打开欠费停电确认页面，在对应页面点击"通过"按钮即可对其确认。欠费停电确认如图 2-4-138 所示。

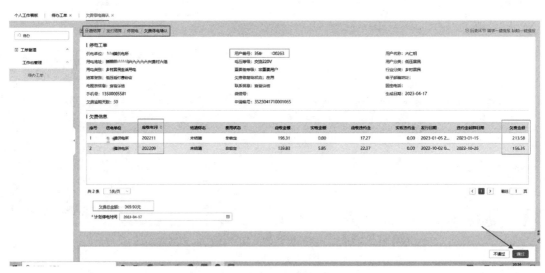

图 2-4-138　欠费停电确认

3. 停电前准备

（1）功能说明。停电前准备是指对需停电用户打印停电通知单，并将停电通知按有效方式送达通知到位的信息凭证上传系统，选定停电方式。

（2）操作说明。菜单路径："工单管理"→"工作台管理"→"待办工单"，进入待办工单页面，可根据工单编号搜索待执行停电的工单，并对所需操作的工单进行签收。停电前准备待办工单如图 2-4-139 所示。

图 2-4-139　停电前准备待办工单

在环节名称点击"停电前准备"按钮，打开欠费停电前准备页面。点击"欠费停电通知"右侧的"上传附近"按钮上传佐证附件，确认"停电方式"，最后点击"打印停电通知单"或"发送"按钮进行操作。欠费停电前准备如图 2-4-140 所示。

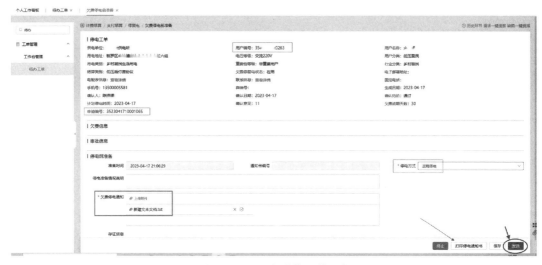

图 2-4-140　欠费停电前准备

4. 欠费停电审批

（1）功能说明。欠费停电审批是指市级高压客服班长／市级低压客服班长／县级客户经

理班长 / 县级采集运行班长 / 所级运维采集班长使用个人电脑或移动设备，对 220V/380V 且非重要用户的欠费停电申请进行审批，审批通过发送停电前准备的业务子项。

（2）操作说明。菜单路径："工单管理"→"工作台管理"→"待办工单"，进入待办工单页面，可根据工单编号搜索待执行停电审批的工单，并对所需操作的工单进行签收。欠费停电审批待办工单如图 2-4-141 所示。

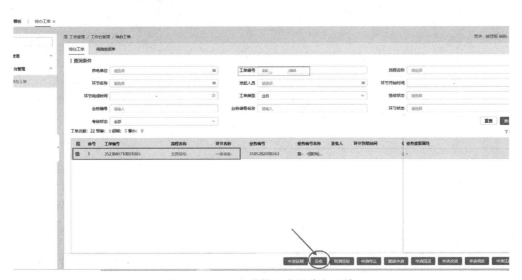

图 2-4-141　欠费停电审批待办工单

在环节名称中点击"一级审批"按钮，打开欠费停电一级审批页面，在此界面审核工单信息：用户编号、欠费逾期天数、计划停电时间、欠费金额、欠费停电通知中的佐证附件等信息。欠费停电一级审批如图 2-4-142 所示。

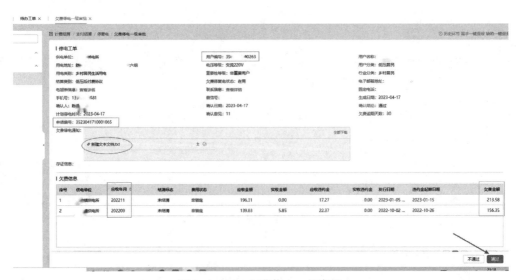

图 2-4-142　欠费停电一级审批

如果确认通过，点击"通过"按钮，页面弹出确认信息弹框，在弹出页面点击"确定"按钮。欠费停电审批通过如图 2-4-143 所示。

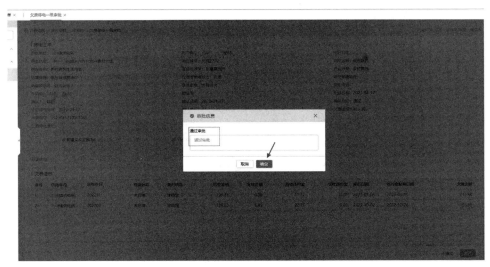

图 2-4-143　欠费停电审批通过

5. 远程停电

（1）功能说明。远程停电是指市级采集运行员 / 县级采集运行员 / 所级业务管控员使用个人电脑，停电前通过录音电话、短信等方式再次通知用户即将停电消息，在规定时间对欠费用户执行远程停电，并通知欠费停电确认人的工作。

（2）操作说明。菜单路径："工单管理"→"工作台管理"→"待办工单"，进入待办工单页面，可根据工单编号搜索待执行远程停电的工单，并对所需操作的工单进行签收。远程停电待办工单如图 2-4-144 所示。

图 2-4-144　远程停电待办工单

在环节名称中点击"远程停电"按钮，打开欠费远程停电工单页面，在此页面审核工单信息：用户编号、电能表信息、欠费逾期天数、计划停电时间、欠费金额、欠费停电通知中的佐证附件等信息。欠费远程停电如图 2-4-145 所示。

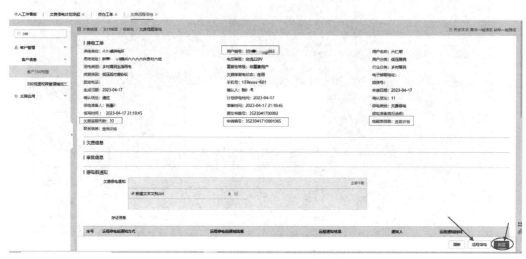

图 2-4-145　欠费远程停电

核对完信息后点击"远程停电"按钮，触发远程停电指令，完成远程停电操作。远程停电确认如图 2-4-146 所示。

图 2-4-146　远程停电确认

四、物联预警策略管理

📖【任务目标】

（1）熟悉物联预警策略管理的相关业务内容。

（2）了解物联预警策略管理的业务规定和要求。

（3）掌握物联预警策略管理的业务的操作流程和步骤。

（4）能按照业务规范要求，及时准确地完成开展系统流程操作。

【任务描述】

（1）本任务主要根据业务需求，对执行物联预警策略用户的预警阈值、停电阈值、预警内容、停电内容、复电内容等信息进行维护的系统流程操作。

（2）本工作任务以用户分类为例，选定制定维度后，对业务分类进行系统流程操作。

【任务实施】

策略管理是指依据政策法规和业务规定，根据用户类型、电费结算协议、档案信息、风险标签、信用等级等条件，对物联购电用户制定物联预警停电策略信息的业务。物联预警停电策略包括预警阈值、停电阈值、预警内容、停电内容、复电内容等信息，可以增加节假日延期下发的策略。

1. 策略制定

（1）功能说明。策略制定是指根据用户类型、风险标签、信用等级等条件，根据执行物联预警策略用户的预警阈值、停电阈值、预警内容、停电内容、复电内容等信息，制定物联购电预警停电策略的工作。

（2）操作说明。菜单路径："计费结算"→"支付结算"→"停复电"→"物联预警策略管理"，在物联预警策略管理选定"制度维度"后，对业务分类进行系统流程操作。物联预警策略管理如图 2-4-147 所示。

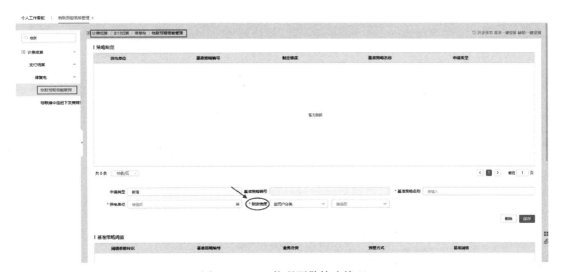

图 2-4-147　物联预警策略管理

在策略制定分页面选定供电单位，从"制定维度"下拉框中选择维度（有高压、低压非居民、低压 3 种）。在"基准策略名称"中自行命名策略名称，如"低压非居民停电策略"，最后单击"保存"按钮。策略制定如图 2-4-148 所示。

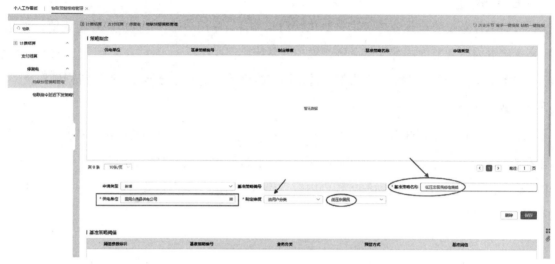

图 2-4-148　策略制定

选中策略制定页面内生成的"基准策略编号"，在基准策略阈值页面选择"业务分类"，业务分类中包含预警、停电、预收扣款、复电、取消预警、提醒。基准策略阈值如图 2-4-149 所示。

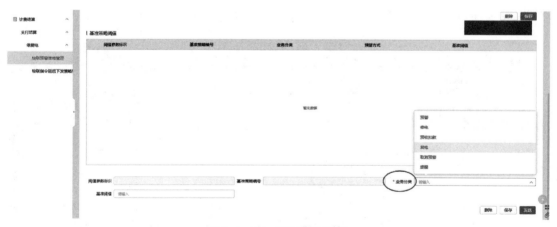

图 2-4-149　基准策略阈值

分别对业务分类中的预警、停电、复电进行基准阈值设定，然后点击"发送"按钮。策略制定－阈值设定如图 2-4-150 所示。

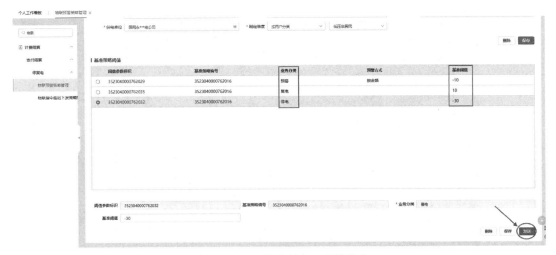

图 2-4-150　策略制定 – 阈值设定

2. 策略审批

（1）功能说明。策略审批是指制定的物联预警停电策略信息（对预警阈值、停电阈值、复电阈值等信息）进行审核审批的工作。

（2）操作说明。菜单路径："工单管理"→"工作台管理"→"待办工单"，进入待办工单页面，显示签收人员为登录人的所有待办工单数据，并对所需操作的工单进行签收。策略审批待办工单如图 2-4-151 所示。

图 2-4-151　策略审批待办工单

在环节名称中点击"策略审批"按钮，打开物联预警策略审批页面，在此页面审核策略信息：预警阈值、停电阈值、复电阈值等信息，并填写审批意见，最后"确定"按钮。物联预警策略审批如图 2-4-152 所示。

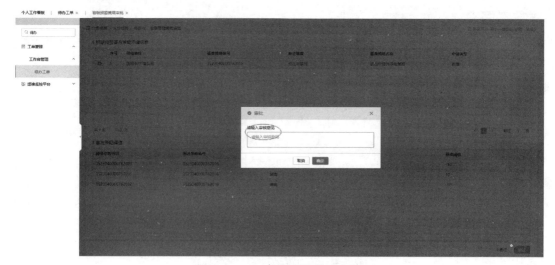

图 2-4-152 物联预警策略审批

3. 物联指令延迟下发策略管理

（1）功能说明。物联指令延迟下发策略管理指对物联预警停电策略信息进行指令延期下发策略信息维护的操作。

（2）操作说明。以"2023 年春节期间对低压居民用户不执行物联预警停电策略"为例对系统操作流程进行说明。菜单路径："计费结算"→"支付结算"→"停复电"→"物联指令延迟下发策略管理"。物联指令延迟下发策略管理如图 2-4-153 所示。

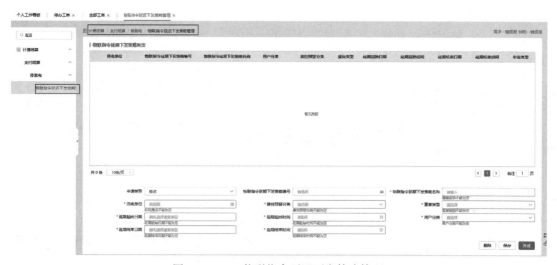

图 2-4-153 物联指令延迟下发策略管理

选择所需维护的供电单位，根据实际需求设定物联指令延迟下发策略。物联指令延迟下发策略制定如图 2-4-154 所示。

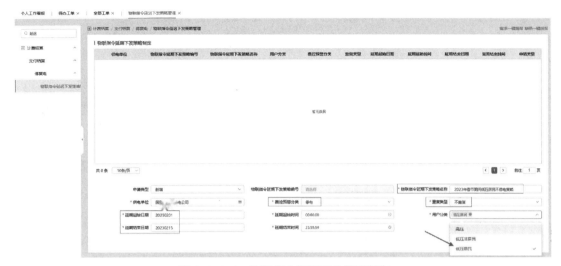

图 2-4-154 物联指令延迟下发策略制定

选中已制定完成的物联指令延迟下发策略，并点击"发送"按钮至审批环节。物联指令延迟下发策略－发送如图 2-4-155 所示。

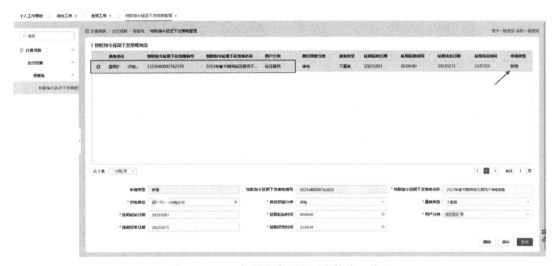

图 2-4-155 物联指令延迟下发策略－发送

4. 物联指令延迟下发策略审批

菜单路径："工单管理"→"工作台管理"→"待办工单"，进入待办工单页面，显示签收人员为登录人的所有待办工单数据，并对所需操作的工单进行签收。物联指令延迟下发策略审批待办工单如图 2-4-156 所示。

在环节名称中点击"策略审批"按钮，打开物联指令延迟下发策略审批页面，在此页面审核策略信息：物联指令延期下发策略编号、物联指令延期下发策略名称、费控预警分类、延期起始日期、延期结束日期信息，并填写审批意见。物联指令延迟下发策略审批如图 2-4-157 所示。

图 2-4-156 物联指令延迟下发策略审批待办工单

图 2-4-157 物联指令延迟下发策略审批

【任务评价】

一、任务评价一 抄表包维护

1. 抄表包维护作业考核要求

通过能源互联网营销服务仿真培训系统按照查询条件的要求和操作步骤，模拟对指定抄表包开展维护作业。

2. 抄表包维护作业考核评分表

抄表包维护作业考核评分表见表 2-4-5。

表 2-4-5　　　　　　　　　　　抄表包维护作业考核评分表

| 班级：_____　　姓名：_____　　得分：_____ ||||||
| 考核项目：抄表包维护作业 |||| 考核时间：30分钟 ||
序号	主要内容	考核要求	评分标准	分值	得分
1	工作前准备	1）能源互联网营销服务仿真培训系统专网计算机、仿真培训系统账号、网址正确； 2）笔、纸等准备齐全	不能正确登录系统扣5分	5	
2	作业风险分析与预控	1）注意个人账号和密码应妥善保管； 2）客户信息、系统数据保密	1）未进行危险点分析及注意事项交代不得分； 2）分析不全面，扣5分	10	
3	新建抄表包	根据给定条件，按要求完成抄表包创建，维护好抄表包属性，并将相关数据记录表单内	1）错、漏每处按比例扣分； 2）本项分数扣完为止	35	
4	变更抄表包	根据给定条件，按要求完成抄表包变更，维护好抄表包属性，并将相关数据记录表单内	1）错、漏每处按比例扣分； 2）本项分数扣完为止	30	
5	注销抄表包	根据给定条件，按要求完成抄表包注销，维护好抄表包属性，并将相关数据记录表单内	1）错、漏每处按比例扣分； 2）本项分数扣完为止	20	
合计				100	
教师签名					

二、任务评价二　欠费催费及停电管理

1. 欠费催费及停电管理作业考核要求

通过能源互联网营销服务仿真培训系统按照查询条件的要求和操作步骤，模拟对指定欠费用户发送人工催费短信及发起欠费停电流程作业。

2. 欠费催费及停电管理作业考核评分表

欠费催费及停电管理作业考核评分表见表 2-4-6。

表 2-4-6　　　　　　　　　欠费催费及停电管理作业考核评分表

| 班级：_____　　姓名：_____　　得分：_____ ||||||
| 考核项目：欠费催费及停电管理作业 |||| 考核时间：30分钟 ||
序号	主要内容	考核要求	评分标准	分值	得分
1	工作前准备	1）能源互联网营销服务仿真培训系统专网计算机、仿真培训系统账号、网址正确； 2）笔、纸等准备齐全	不能正确登录系统扣5分	5	

续表

序号	主要内容	考核要求	评分标准	分值	得分
2	作业风险分析与预控	1）注意个人账号和密码应妥善保管； 2）客户信息、系统数据保密	1）未进行危险点分析及注意事项交代不得分； 2）分析不全面，扣 5 分	10	
3	人工催费短信发送	根据给定条件，按要求完成对欠费用户查询，向欠费用户发送催费短信，并将相关数据记录表单内	1）错、漏每处按比例扣分； 2）本项分数扣完为止	15	
4	欠费停电计划发起	根据给定条件，按要求完成满足电费结算协议和政策法规中欠费停电条件的后付费用户，生成欠费停电申请，并将相关数据记录表单内	1）错、漏每处按比例扣分； 2）本项分数扣完为止	15	
5	欠费停电确认	根据给定条件，按要求完成欠费停电申请用户的信息确认，并将相关数据记录表单内	1）错、漏每处按比例扣分； 2）本项分数扣完为止	10	
6	停电前准备	根据给定条件，按要求将欠费停电用户的停电按有效方式送达通知到位的信息凭证上传系统，并将相关数据记录表单内	1）错、漏每处按比例扣分； 2）本项分数扣完为止	20	
7	欠费停电审批	根据给定条件，按要求完成欠费停电用户的用户编号、欠费逾期天数、计划停电时间、欠费金额、欠费停电通知中的佐证附件等信息审核，并将相关数据记录表单内	1）错、漏每处按比例扣分； 2）本项分数扣完为止	15	
8	远程停电	根据给定条件，按要求完成欠费停电用户的停电操作，并将相关数据记录表单内	1）错、漏每处按比例扣分； 2）本项分数扣完为止	10	
合计				100	
教师签名					

三、任务评价三　物联预警策略管理

1. 物联预警策略管理作业考核要求

通过能源互联网营销服务仿真培训系统按照查询条件的要求和操作步骤，模拟根据用户类型、电费结算协议、档案信息、风险标签、信用等级等条件，对物联购电用户制定物联预警停电策略信息。

2. 物联预警策略管理作业考核评分表

物联预警策略管理作业考核评分表见表 2-4-7。

表 2-4-7 物联预警策略管理作业考核评分表

班级：_____ 姓名：_____ 得分：_____

考核项目：物联预警策略管理作业			考核时间：30 分钟		
序号	主要内容	考核要求	评分标准	分值	得分
1	工作前准备	1）能源互联网营销服务仿真培训系统专网计算机、仿真培训系统账号、网址正确； 2）笔、纸等准备齐全	不能正确登录系统扣 5 分	5	
2	作业风险分析与预控	1）注意个人账号和密码应妥善保管； 2）客户信息、系统数据保密	1）未进行危险点分析及注意事项交代不得分； 2）分析不全面，扣 5 分	10	
3	物联预警策略制定	根据给定条件，按要求完成物联预警策略用户的预警阈值、停电阈值、预警内容、停电内容、复电内容等预警停电策略信息，并将相关数据记录表单内	1）错、漏每处按比例扣分； 2）本项分数扣完为止	25	
4	物联预警策略审批	根据给定条件，按要求完成物联预警策略用户的预警阈值、停电阈值、预警内容、停电内容、复电内容等预警停电策略信息确认审批，并将相关数据记录表单内	1）错、漏每处按比例扣分； 2）本项分数扣完为止	20	
5	物联指令延迟下发策略管理	根据给定条件，按要求完成物联指令延迟下发策略内容、费控预警分类、延期起始日期、延期结束日期等信息，并将相关数据记录表单内	1）错、漏每处按比例扣分； 2）本项分数扣完为止	20	
6	物联指令延迟下发策略审批	根据给定条件，按要求完成物联指令延迟下发策略内容、费控预警分类、延期起始日期、延期结束日期等信息审核确认，并将相关数据记录表单内	1）错、漏每处按比例扣分； 2）本项分数扣完为止	20	
合计				100	
教师签名					

任务四 网格管理功能应用

【任务目标】

（1）能够根据网格管理维护操作手册，按照对应的业务规范要求，及时准确地完成系统流程操作。

（2）能够根据客户基础信息维护操作手册，按照对应的业务规范要求，对客户的基本信息类、联系信息类、证件信息类、账务信息类等正确地开展系统操作流程。

【任务描述】

能够根据网格台账查询等操作手册，按照查询条件进行规范地查询出网格台账相关信息。

一、网格管理维护操作

【任务目标】

（1）熟悉网格管理功能设置的相关业务内容。

（2）了解网格管理的业务规定和要求。

（3）掌握网格管理的业务的操作流程和步骤。

（4）能按照业务规范要求，及时准确地完成开展系统流程操作。

【任务描述】

（1）本任务主要根据网格管理业务需求，结合属地网格业务开展内容、人员工作分工等因素，开展网格划分、人员角色设置，并将所辖台区、用电户信息纳入网格管理。

（2）本工作任务以开展网格人员角色、台区调整为例，进行系统流程操作的工作过程。

视频：客服培训录屏—网格管理操作

【任务实施】

1. 功能说明

网格管理的新增、修改、删除。

2. 操作说明

菜单路径："工单管理"→"工单调度管理"→"网格管理"。网格管理如图2-4-158所示。

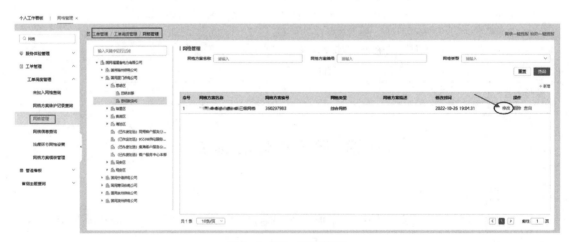

图2-4-158　网格管理

在网格管理界面点击"修改"按钮，弹出"网格管理-修改"界面。网格管理-修改如图2-4-159所示。

在网格划分信息分页面选中所需修改的网格，点击"修改"按钮，弹出"网格管理－网格修改"界面，在该页面进行相关操作后点击"保存"按钮。网格管理－网格修改如图 2-4-160 所示。

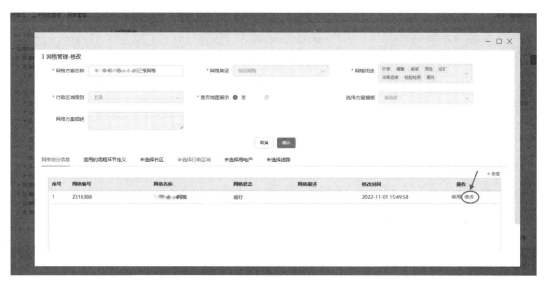

图 2-4-159　网格管理－修改

图 2-4-160　网格管理－网格修改

二、客户基础信息维护

📖【任务目标】

（1）熟悉客户基础信息维护的相关业务内容。

（2）了解客户基础信息管理和维护的业务规定和要求。

（3）掌握客户基本信息、联系信息、证件信息、账务信息等基础信息运行维护的业务的操作流程和步骤。

（4）能按照业务规范要求，及时准确地完成开展系统流程操作。

【任务描述】

（1）本任务主要内容是为确保客户基础信息完整和准确性，当客户基础信息缺失或与实际情况不符时，主动对客户相关基础信息进行维护和完善进行系统流程操作业务。

（2）本工作任务以缺失的用电户户名进行维护的业务为例，进行系统流程操作的工作过程说明。

【任务实施】

1. 功能说明

客户基础信息维护是指客户基础信息与实际情况不符或存在缺失时，供电企业经核实后或客户主动对相关基础信息进行维护或完善所开展的业务。基础档案信息主要包含基本信息类、联系信息类、证件类、账务类。基本信息类：用电地址、行业分类、生产班次等；联系信息类：联系类型、联系人、移动电话、电子邮箱等；证件类：证件类型、证件名称、证件号码等；账务类：开户银行、开户账号、账户名称等。

2. 操作说明

以用电户联系维护为例，对客户的用电户联系信息进行系统操作。菜单路径："业扩接入"→"其他业务"→"客户基础信息维护"→"客户基础信息维护"。客户基础信息维护如图2-4-161所示。

图 2-4-161　客户基础信息维护

　　点击客户编号栏，跳转客户查询界面，可根据客户编号、客户名称、用电户编号、用电户名称、证件号码、地址信息等条件进行查询。用电户基本信息如图 2-4-162 所示。

图 2-4-162　用电户基本信息

　　选中所需维护的客户角色信息，选择"联系人信息"，点击"联系方式"栏，弹出"联系信息"页面。联系信息如图 2-4-163 所示。

图 2-4-163　联系信息

　　完成用电户联系方式类型、联系号码维护后，点击"确定"按钮后返回联系人信息界面后，点击"保存"按钮，弹出提示信息框，确认维护结果。联系信息维护如图 2-4-164 所示。最后，确定维护用电户联系信息同步。用电户联系信息同步确认如图 2-4-165 所示。

图 2-4-164 联系信息维护

图 2-4-165 用电户联系信息同步确认

【任务评价】

1. 网格管理功能作业考核要求

通过能源互联网营销服务仿真培训系统按照查询条件的要求和操作步骤，模拟对指定网格管理、客户基础信息开展维护作业。

2. 网格管理功能作业考核评分表

网格管理功能作业考核评分表见表 2-4-8。

表 2-4-8　　　　　　　　　　　网格管理功能作业考核评分表

班级：_____　　姓名：_____　　得分：_____					
考核项目：网格管理功能作业				考核时间：30分钟	
序号	主要内容	考核要求	评分标准	分值	得分
1	工作前准备	1）能源互联网营销服务仿真培训系统专网计算机、仿真培训系统账号、网址正确； 2）笔、纸等准备齐全	不能正确登录系统扣5分	5	

续表

序号	主要内容	考核要求	评分标准	分值	得分
2	作业风险分析与预控	1）注意个人账号和密码应妥善保管； 2）客户信息、系统数据保密	1）未进行危险点分析及注意事项交代不得分； 2）分析不全面，扣5分	10	
3	网格方案制定	根据给定条件，按要求完成网格方案设定，含网格类型、网格用途、网格行政区域等内容设置，并将相关数据记录表单内	1）错、漏每处按比例扣分； 2）本项分数扣完为止	20	
4	网格信息维护	根据给定条件，按要求完成四级网格划分、网格人员设定、网格内台区、用电户、行政区域等信息维护等，并将相关数据记录表单内	1）错、漏每处按比例扣分； 2）本项分数扣完为止	20	
5	网格人员角色	根据给定条件，按要求完成网格内人员角色配置等，并将相关数据记录表单内	1）错、漏每处按比例扣分； 2）本项分数扣完为止	10	
6	客户信息维护	根据给定条件，按要求完成客户的基本信息、证件信息、地址信息、联系人信息、银行账号信息等内容开展维护，并将相关数据记录表单内	1）错、漏每处按比例扣分； 2）本项分数扣完为止	20	
7	用电户信息维护	根据给定条件，按要求完成用电户的基本信息、地址信息、联系人信息等内容开展维护，并将相关数据记录表单内	1）错、漏每处按比例扣分； 2）本项分数扣完为止	15	
合计				100	
教师签名					

第三部分　电力用户用电信息采集系统基础应用查询

【模块描述】

（1）本模块主要包括采集监测、运行监测、新一代用电信息采集系统—拓展应用（线损管理功能）3个工作任务。

（2）核心知识点包括数据查询、采集运行、计量在线监测、台变运行监测、台区供电能力监测、线损考核指标、线损辅助报表与线损—台区—指标等知识。

（3）关键技能项包括掌握网格信息数据、曲线数据查询、抄表成功率、计量设备异常、用电异常分析、报表管理、配变超重载监测、线损—台区—指标等操作。

【模块目标】

（一）知识目标

熟悉数据查询、采集运行、计量在线监测、台变运行监测、台区供电能力监测、线损考核指标、线损辅助报表与线损—台区—指标等知识。

（二）技能目标

掌握网格信息数据、曲线数据查询、抄表成功率、计量设备异常、用电异常分析、报表管理、配变超重载监测、线损—台区—指标等操作。

（三）素质目标

牢固树立设备系统操作作业过程中的信息安全和服务、差错风险防范意识，严格按照规范流程及管理规定进行采集系统基础功能应用，培养细心守规的工作习惯。

模块一　采　集　监　测

【模块描述】

（1）本模块主要包括数据查询、采集运行 2 个工作任务。

（2）核心知识点包括网格统一视图、查询用户示值、查询电压曲线、查询电流曲线、查询功率曲线、查询功率因数、抄表成功率、低压用户抄表监测等知识。

（3）关键技能项包括掌握网格统一视图、曲线数据查询、抄表成功率、低压用户抄表监测等操作。

【模块目标】

1. 知识目标

熟悉电力用户用电信息采集系统网格统一视图、查询用户示值、查询电压曲线、查询电流曲线、查询功率曲线、查询功率因数、抄表成功率、低压用户抄表监测等知识。

2. 技能目标

掌握网格统一视图、曲线数据查询、抄表成功率、低压用户抄表监测等操作。

3. 素质目标

通过本模块的学习让学员能够掌握数据查询、采集运行 2 个工作任务的操作方法，树立设备系统操作作业过程中的信息安全和服务意识。

任务一　数　据　查　询

【任务目标】

（1）了解电力用户用电信息采集系统网格信息数据、用户示值、电压曲线查询等模块的组成。

（2）掌握具体功能查询的操作方法。

（3）能够按照规范要求完成采集监测相关功能的查询。

【任务描述】

（1）本任务主要用于电力用户用电信息采集系统基本应用中网格化数字管理中网格统一视图的操作应用。

（2）本任务主要通过电力用户用电信息采集系统"查询数据"功能，可查询高、低压用户和集中器的用户示值、电压、电流、功率和功率因数的数值与曲线。

【知识准备】

1. 网格统一视图

网格统一视图的主要功能是提供网格状态视图、台区状态信息查询，包括网格基本信息、采集运行、线损管理、停送电管理、台变运行监测等数据。

2. 查询用户示值

该功能主要用于查询指定台区或用户的电能示值，包括曲线、日、抄表日、月，可根据工作需要查询电能示值、最大需量等数据类型。

3. 查询电压曲线

通过该功能可查询电压曲线的数据、图形、统计数值，数据、图形查询可以根据不同的数据点数查询到不同的数值。

4. 查询电流曲线

通过该功能可查询电流曲线的数据、图形、统计数值，数据、图形查询可以根据不同的数据点数查询到不同的数值。

5. 查询功率曲线

通过该功能可查询功率曲线的数据、图形、统计数值，数据、图形查询可以根据不同的数据点数查询到不同的数值。

6. 查询功率因数

通过该功能可查询功率因数的数据、图形、统计数值，数据、图形查询可以根据不同的数据点数查询到不同的数值。

【任务实施】

1. 网格信息数据查询

菜单路径："基本应用"→"网格化数字管理"→"网格统一视图"。网格统一视图路径如图 3-1-1 所示。

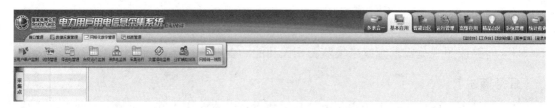

图 3-1-1　网格统一视图路径

查询方式：点击"网格统一视图"进入对应查询界面，查询条件可以选择供电单位、网格信息、日期等，最后点击"查询"按钮查询对应数据。网格统一视图查询条件如图 3-1-2 所示。

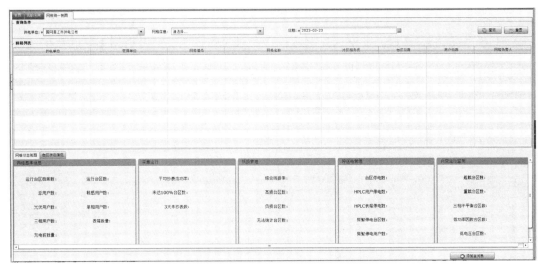

图 3-1-2 网格统一视图查询条件

2. 查询用户示值

以按"用户编号"查询用户的相关信息为例进行说明。查询方式：系统左下角点击下拉菜单选择查询类别"用户编号"，在"用户编号"右侧录入户号后按回车键确定，即可在页面左上角显示采集点信息，用户相关信息查询如图 3-1-3 所示。然后在采集点旁右击弹出功能菜单跳出对话框后选择"查询数据"，在"电能示值"分页中的查询条件选择统计频度、数据类型等后点击"查询"按钮。电能示值查询操作、电能示值查询结果如图 3-1-4、图 3-1-5 所示。

图 3-1-3 用户相关信息查询

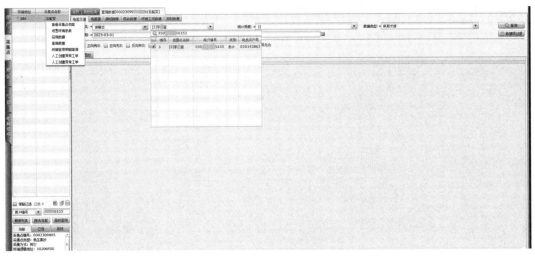

图 3-1-4 电能示值查询操作

3. 查询电压曲线

点击"曲线数据"，数据类型选择电压，选择对应的日期，可以根据不同的数据点数查询到不同的数值，点击"查询"即可获得相应数据，可查询电压曲线的数据、图形、统计数值。电压数据、电压图形、电压统计分别如图 3-1-6～图 3-1-8 所示。

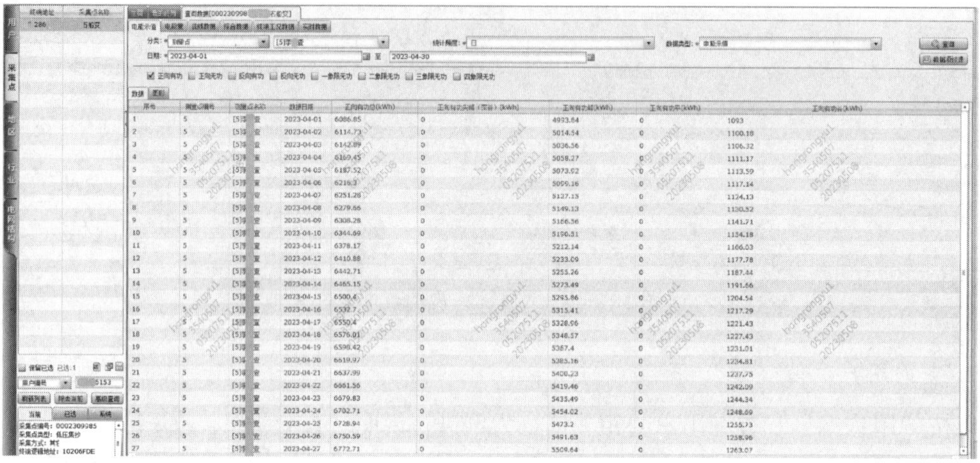

图 3-1-5　电能示值查询结果

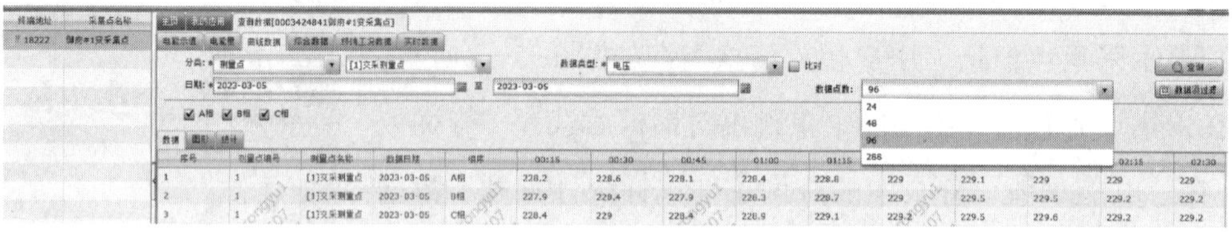

图 3-1-6　电压数据

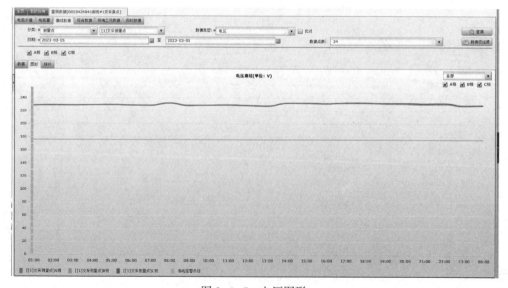

图 3-1-7　电压图形

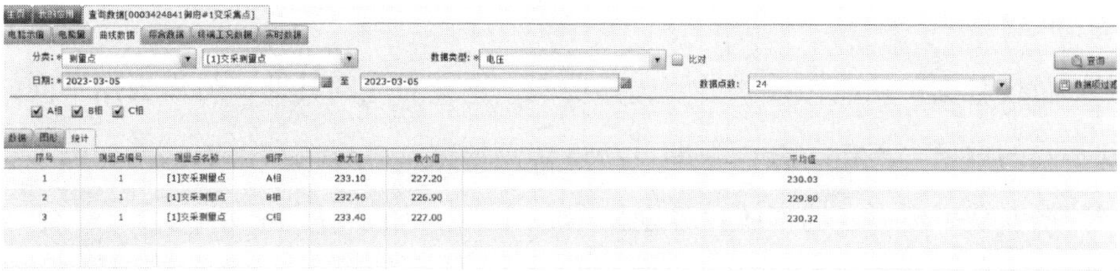

图 3-1-8 电压统计

4. 查询电流曲线

点击"曲线数据"功能，数据类型选择电流，选择对应的日期，可以根据不同的数据点数查询到不同的数值，点击"查询"即可获得相应数据，可查询电流曲线的数据、图形、统计数值。电流数据、电流图形、电流统计分别如图 3-1-9～图 3-1-11 所示。

图 3-1-9 电流数据

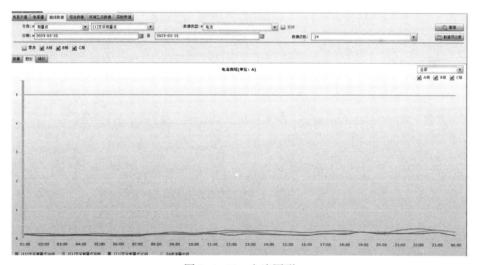

图 3-1-10 电流图形

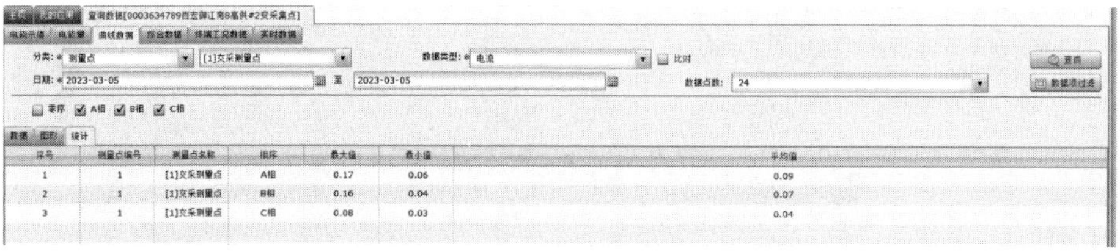

图 3-1-11 电流统计

5. 查询功率曲线

点击"曲线数据"功能，数据类型选择功率，选择对应的日期，可以根据不同的数据点数查询到不同的数值，点击"查询"即可获得相应数据，可查询功率的数据、图形、统计数值。功率数据、功率图形、功率统计分别如图 3-1-12～图 3-1-14 所示。

图 3-1-12　功率数据

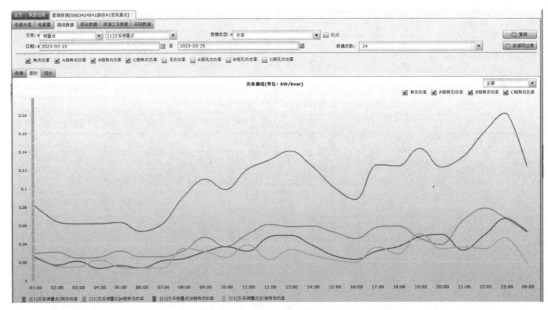

图 3-1-13　功率图形

图 3-1-14　功率统计

6. 查询功率因数

点击"曲线数据"功能，数据类型选择功率因数，选择对应的日期，可以根据不同的数据点数查询到不同的数值，点击"查询"即可获得相应数据，可查询功率因数的数据、图形、统计数值。功率因数数据、功率因数图形、功率因数统计分别如图 3-1-15～图 3-1-17所示。

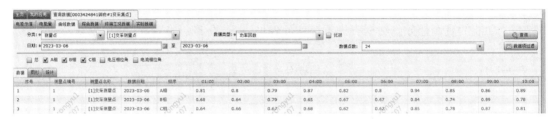

图 3-1-15　功率因数数据

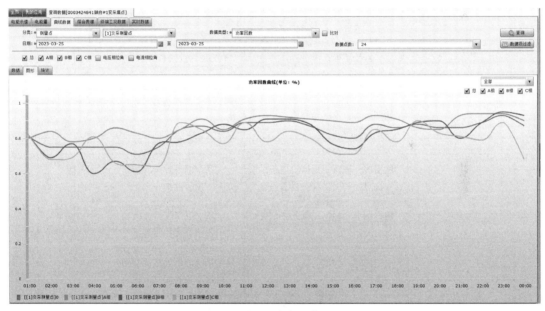

图 3-1-16　功率因数图形

图 3-1-17　功率因数统计

【任务评价】

1. 理论考核

完成数据查询测试，主要内容包括网格统一视图、查询用户示值、查询电压曲线、查询电流曲线、查询功率曲线、查询功率因数。

2. 技能考核

通过上机操作，完成网格统一视图、用户示值、电压曲线、电流曲线、功率曲线、功率因数 6 个功能的查询任务。数据查询考核评分表见表 3-1-1。

表 3-1-1   数据查询考核评分表

班级：_____ 姓名：_____ 得分：_____						
考核项目：数据查询				考核时间：30 分钟		
序号	主要内容	考核要求	评分标准		分值	得分
1	工作前准备	1）电力用户用电信息采集系统账号、网址正确； 2）笔、纸等准备齐全	不能正确登录系统扣 5 分		5	
2	作业风险分析与预控	作业前进行危险点分析、注意事项交代（网络安全）	1）未进行危险点分析及注意事项交代不得分； 2）分析不全面扣 2 分		5	
3	数据查询	网格统一视图：根据提供条件信息查询对应的网格状态视图信息	1）错、漏每处按比例扣分； 2）本项分数扣完为止		10	
		用户示值：根据提供条件信息查询对应的用户示值	1）错、漏每处按比例扣分； 2）本项分数扣完为止		15	
		电压曲线：根据提供条件查询用户的电压曲线	1）错、漏每处按比例扣分； 2）本项分数扣完为止		15	
		电流曲线：根据提供条件查询用户的电流曲线	1）错、漏每处按比例扣分； 2）本项分数扣完为止		15	
		功率曲线：根据提供条件查询用户的功率曲线	1）错、漏每处按比例扣分； 2）本项分数扣完为止		15	
		功率因数：根据提供条件查询用户的功率因数	1）错、漏每处按比例扣分； 2）本项分数扣完为止		15	
4	作业完成	记录上传、归档	未上传归档不得分		5	
合计				100		
教师签名							

任务二 采 集 运 行

📖【任务目标】

（1）了解电力用户用电信息采集系统抄表成功率、低压用户抄表监测等模块的组成。

（2）掌握具体功能查询的操作方法。

（3）能够按照规范要求完成采集监测相关功能的查询。

📓【任务描述】

（1）本任务提供按不同维度查询对应的抄表成功率。

（2）本任务主要通过电力用户用电信息采集系统对低压用户抄表进行监测。

📚【知识准备】

1. 抄表成功率

该功能可按选中、列表、单位、网格等不同维度查询对应的抄表成功率。

2. 低压用户抄表监测

该功能可通过选择供电单位、台区编号、台区名称、用户编号、用户名称等不同维度查询持续抄表失败用户。

📒【任务实施】

1. 抄表成功率

菜单路径："基本应用"→"网格化数字管理"→"采集运行"→"抄表成功率"。抄表成功率路径如图 3-1-18 所示。

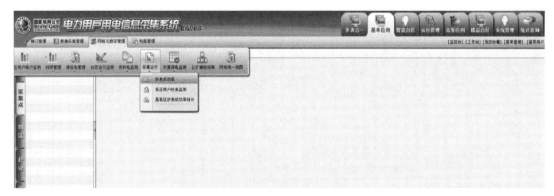

图 3-1-18　抄表成功率路径

查询方式：点击"抄表成功率"进入对应的查询界面，查询条件可选择选中、列表、单位、网格等不同维度，最后点击"查询"按钮查询对应的抄表成功率。抄表成功率查询条件如图 3-1-19 所示。

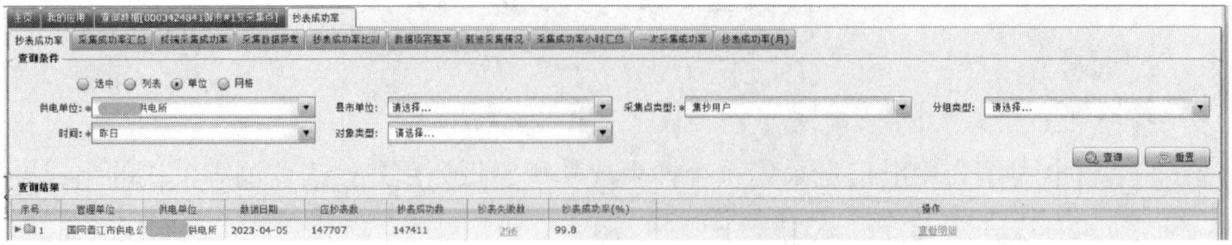

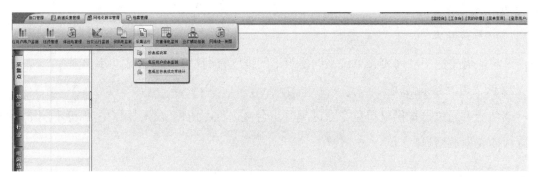

图 3-1-19 抄表成功率查询条件

2. 低压用户抄表监测

查询路径:"基本应用"→"网格化数字管理"→"采集运行"→"低压用户抄表监测"。低压用户抄表监测路径如图 3-1-20 所示。

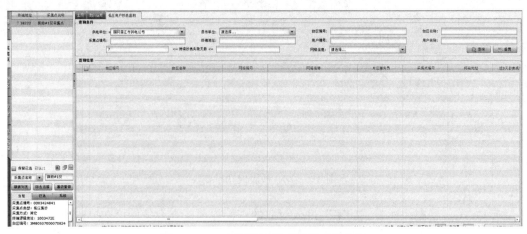

图 3-1-20 低压用户抄表监测路径

查询方式:点击"低压用户抄表监测"进入对应查询界面,查询条件可选择供电单位、台区编号、台区名称、用户编号、用户名称等不同维度,最后点击"查询"按钮查询持续抄表失败用户。低压用户抄表监测查询条件如图 3-1-21 所示。

图 3-1-21 低压用户抄表监测查询条件

【任务评价】

1. 理论考核

完成采集运行检测，主要内容包括抄表成功率、低压用户抄表监测。

2. 技能考核

通过上机操作，完成抄表成功率、低压用户抄表监测 2 个功能的查询任务。采集运行考核评分表见表 3-1-2。

表 3-1-2   采集运行考核评分表

班级：_____ 姓名：_____ 得分：_____

考核项目：数据查询				考核时间：30 分钟	
序号	主要内容	考核要求	评分标准	分值	得分
1	工作前准备	1) 电力用户用电信息采集系统账号、网址正确； 2) 笔、纸等准备齐全	不能正确登录系统扣 5 分	5	
2	作业风险分析与预控	作业前进行危险点分析、注意事项交代（网络安全）	1) 未进行危险点分析及交代注意事项不得分； 2) 分析不全面扣 2 分	5	
3	采集运行查询	抄表成功率：根据提供条件信息查询对应的抄表成功率	1) 错、漏每处按比例扣分； 2) 本项分数扣完为止	35	
		低压用户抄表监测：根据提供条件信息查询对应的低压用户抄表监测	1) 错、漏每处按比例扣分； 2) 本项分数扣完为止	50	
4	作业完成	记录上传、归档	未上传归档不得分	5	
合计				100	
教师签名					

模块二　运　行　监　测

【模块描述】

（1）本模块主要包括计量在线监测、台变运行监测、台区供电能力监测 3 个工作任务。

（2）核心知识点包括计量在线监测模块的计量设备异常、用户异常分析 2 个内容；台变运行监测的负荷报表、功率因数报表、电流报表、电压报表、终端曲线 5 个内容；台区供电能力监测的配变超重载监测、低电压监测、配变单相超重载监测等 3 个内容。

（3）关键技能项包括提供供电单位、时间等条件，能较快了解各该单位存在的各项运行监测异常情况，了解各项异常在日常维护中的意义。

【模块目标】

（一）知识目标

了解熟悉电力用户用电信息采集系统计量在线监测、台变运行监测、台区供电能力监测 3 个功能块的组成。

（二）技能目标

电力用户用电信息采集系统运行管理中计量在线监测模块的计量设备异常、用户异常分析等 2 个内容；台变运行监测的负荷报表、功率因数报表、电流报表、电压报表、终端曲线等 5 个内容；台区供电能力监测的配变超重载监测、低电压监测、配变单相超重载监测等 3 个内容的操作。

（三）素质目标

通过本模块的学习让学员能够掌握电力用户用电信息采集系统计量在线监测、台变运行监测、台区供电能力监测 3 个工作任务的操作方法，树立设备系统操作作业过程中的信息安全和服务意识。

任务一　计　量　在　线　监　测

【任务目标】

（1）了解熟悉电力用户用电信息采集系统计量在线监测模块的组成。

（2）掌握具体任务查询操作方法及注意事项。

（3）能够按照规范要求查询计量在线监测各项数据。

【任务描述】

（1）本任务主要完成电力用户用电信息采集系统运行管理中计量在线监测模块的计量设备异常、用户异常分析 2 大块，其中计量设备异常主要了解公用配变设备异常、集抄计量设备异常；用电异常分析主要了解电能表连续 3 天以上无数据、电能表开盖分析、零火线电流分析、低压集抄表计异常合计 6 小块的操作。

（2）工作任务以提供供电单位、时间等条件较快了解各单位存在的各项计量设备异常情况，了解各项异常在日常维护中的意义。

【知识准备】

一、计量设备异常

计量设备主要异常有公用配变设备异常和集抄计量设备异常。

1. 公用配变设备异常

主要协助运行维护班组了解本单位是否有公用配变运行中的计量精准问题，主要监测电能表示度下降、表停走、表飞走，运维班组可将异常用户导出分析并现场维护确保计量的精准度。

2. 集抄计量设备异常

主要协助运行维护班组了解本单位是否有集抄用户运行中的计量精准问题，主要监测电能表示度下降、表停走、表飞走、开盖记录、电能表时钟错误，运维班组可将异常用户导出分析并现场维护确保计量的精准度。

二、用电异常分析

用电主要异常有电能表连续 3 天以上无数据、电能表开盖分析、零火线电流分析、低压集抄表计异常。

1. 电能表连续 3 天以上无数据

协助运行维护班组了解所在单位是否存在采集消缺遗漏，支持导出数据安排现场消缺处理。

2. 电能表开盖分析

采集系统通过计算开盖前后一周用户电量变化，协助运行维护班组了解所在辖区表计是否有被修改过，协助反窃查违工作。

3. 零火线电流分析

此项主要监测单相电能表，因正常一户一表原则，火线供出去的电流应该等于返回来的零线电流，如果存在零火不一致则可判断为可能存在漏电、窃电、接错线等异常情况，此项技术也是保证计量精度的有效措施。

4. 低压集抄表计异常

主要监测集抄表计是否存在异常现象，包含是否存在反向电量、电表总示数不等于各费率之和、电表停走、电压曲线计量异常、低电压、用户是否超容用电等。

【任务实施】

一、计量设备异常

（一）公用配变设备异常

菜单路径："运行管理"→"计量在线监测"→"计量设备异常"→"公用配变设备异常"，公用配变异常查询路径、各单位公用配变计量异常查询分别如图 3-2-1、图 3-2-2 所示。

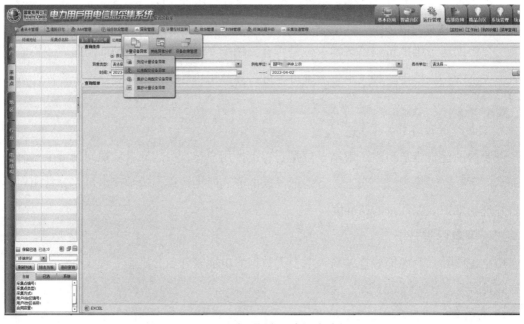

图 3-2-1　公用配变异常查询路径

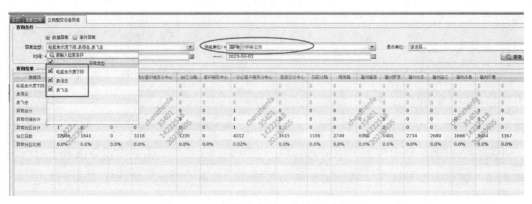

图 3-2-2　各单位公用配变计量异常查询

小思考：电能表示度下降、表停走、表飞走均是计量重要异常现象，此类型异常应怎样处理才能确保用电计量的准确性？

（二）集抄计量设备异常

菜单路径："运行管理"→"计量在线监测"→"计量设备异常"→"集抄计量设备异常"。集抄计量设备异常路径、各单位集抄计量设备异常查询如图 3-2-3、图 3-2-4 所示。

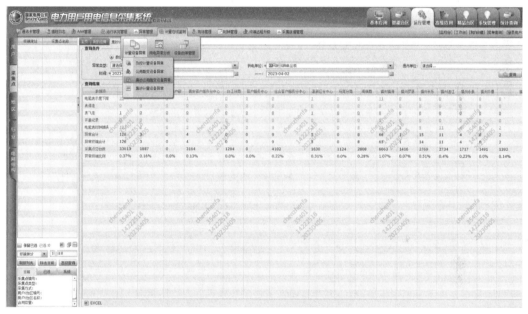

图 3-2-3　集抄计量设备异常路径

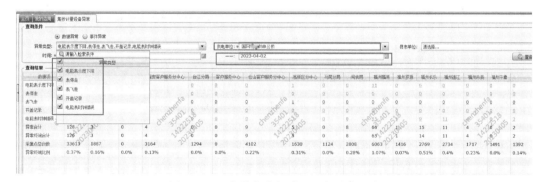

图 3-2-4　各单位集抄计量设备异常查询

小思考：电能表示度下降、表停走、表飞走、开盖记录、电能表时钟错误均是计量重要异常现象，它们分别有哪些参考价值？

参考资料：用电信息
采集系统降低台区耗
能——计量故障分析

二、用电异常分析

（一）电能表连续 3 天以上无数据

菜单路径："运行管理"→"计量在线监测"→"用电异常分析"→"电能表连续 3 天以上无数据"。电能表连续 3 天以上无数据路径、各单位电能表连续 3 天以上无数据查询如图 3-2-5、图 3-2-6 所示。

图 3-2-5　电能表连续 3 天以上无数据路径

图 3-2-6　各单位电能表连续 3 天以上无数据查询

> **小思考**：什么是负控用户？什么是集抄用户？公用终端用在哪儿？

（二）电能表开盖分析

菜单路径："运行管理"→"计量在线监测"→"用电异常分析"→"电能表开盖分析"。电能表开盖分析路径、各单位存在开盖记录清单查询如图 3-2-7、图 3-2-8 所示。

> **小思考**：选择好对应的单位、时间点、采集类型，通过搜索会发现一堆数据（见图 3-2-9），如何判断是否存在异常呢？

（三）零火线电流分析

菜单路径："运行管理"→"计量在线监测"→"用电异常分析"→"零火线电流分析"。零火线电流分析路径、各单位零火线不平衡查询如图 3-2-10、图 3-2-11 所示。

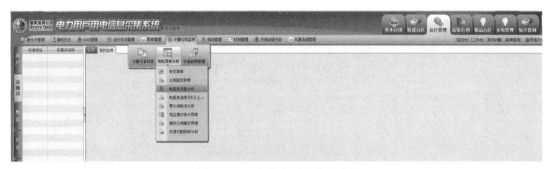

图 3-2-7　电能表开盖分析路径

图 3-2-8　各单位存在开盖记录清单查询

图 3-2-9　查看开盖记录数据运用截图

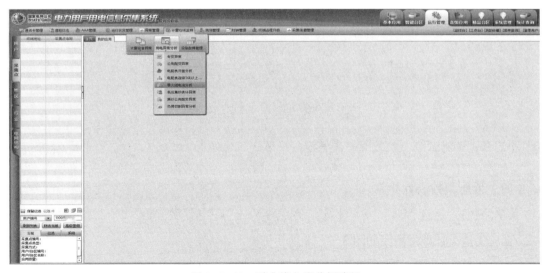

图 3-2-10　零火线电流分析路径

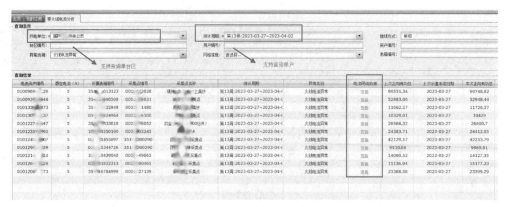

图 3-2-11 各单位零火线不平衡查询

在"电流明细数据"状态栏点击"查看"按钮可查看具体信息，电能表电流明细数据如图 3-2-12 所示。根据零序电流和 A 相电流进行比对可查看具体时段偏差值。

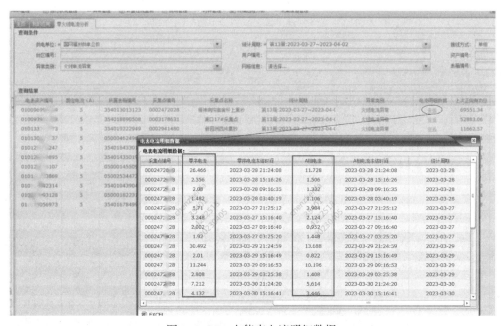

图 3-2-12 电能表电流明细数据

小思考：如存在偏差较大且无法解释时应该如何处理？

（四）低压集抄表计异常

菜单路径："运行管理"→"计量在线监测"→"用电异常分析"→"低压集抄表计异常"，低压集抄表计异常路径如图 3-2-13 所示。

点击"低压集抄表计异常"，可分别按异常类型、供电单位、时间等信息进行查询，异常类型有 8 项。各单位低压集抄表计异常如图 3-2-14 所示。

零火线不平衡运用如图 3-2-15 所示,点开低电压(实时曲线)对应数据将出现弹窗,在弹窗中主要看异常持续天数,按目前服务要求超 2 天就得安排人员核查,超 3 天得做重点跟踪,以做好供电质量服务水平。

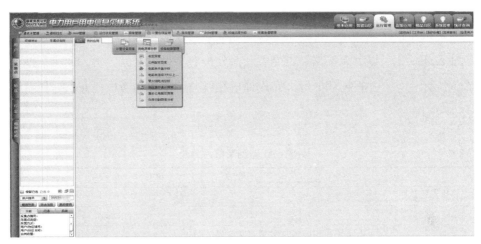

图 3-2-13 低压集抄表计异常路径

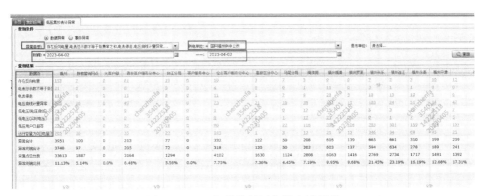

图 3-2-14 各单位低压集抄表计异常

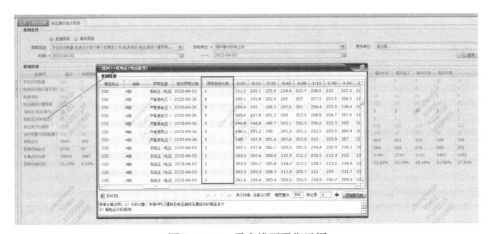

图 3-2-15 零火线不平衡运用

301

【任务评价】

1. 理论考核

完成计量在线监测模块知识考核，主要内容包括计量设备异常和用电异常分析。

2. 技能考核

通过上机操作，完成计量设备异常：公用配变设备异常和集抄计量设备异常；用电异常分析：电能表连续 3 天以上无数据、电能表开盖分析、零火线电流分析、低压集抄表计异常等功能查询统计任务。并根据评分标准完成计量在线监测模块的考核任务，计量在线监测考核评分表 3-2-1。

表 3-2-1　　　　　　　　　　　　计量在线监测考核评分表

班级：_____　姓名：_____　得分：_____

考核项目：计量在线监测				考核时间：30 分钟	
序号	主要内容	考核要求	评分标准	分值	得分
1	工作前准备	1）电力用户用电信息采集系统账号、网址正确； 2）笔、纸等准备齐全	不能正确登录系统扣 5 分	5	
2	作业风险分析与预控	1）作业前进行危险点分析、交代注意事项（网络安全）； 2）注意个人账号和密码应妥善保管； 3）客户信息、系统数据保密	1）未进行危险点分析及注意事项交代不得分； 2）分析不全面，扣 5 分	5	
3	计量设备异常查询	根据给定条件，按要求导出相应公用配变设备异常报表，将相关数据记录在表单内	1）错、漏每处按比例扣分； 2）本项分数扣完为止	10	
		根据给定条件，按要求导出相应集抄计量设备异常报表，将相关数据记录在表单内	1）错、漏每处按比例扣分； 2）本项分数扣完为止	20	
4	用电异常分析	根据给定条件，按要求导出相应电能表连续 3 天以上无数据集抄计量设备异常报表，并将相关数据记录在表单内	1）错、漏每处按比例扣分； 2）本项分数扣完为止	10	
		根据给定条件，按要求导出相应电能表开盖分析集抄计量设备异常报表，并将相关数据记录在表单内	1）错、漏每处按比例扣分； 2）本项分数扣完为止	10	
		根据给定条件，按要求导出相应零火线电流分析集抄计量设备异常报表，并将相关数据记录在表单内	错、漏每处按比例扣分；本项分数扣完为止	10	
		根据给定条件，按要求导出相应低压集抄表计异常报表，将相关数据记录在表单内	1）错、漏每处按比例扣分； 2）本项分数扣完为止	10	
5	综合分析	通过以上数据分析计量在线监测情况	1）分析不完整、不正确按比例扣分； 2）本项分数扣完为止	15	
6	作业完成	记录上传、归档	未上传归档不得分	5	
合计				100	
教师签名					

任务二 台 变 运 行 监 测

【任务目标】

（1）了解熟悉电力用户用电信息采集系统基本应用中台变运行监测模块的组成。

（2）掌握具体任务查询操作方法及注意事项。

（3）能够按照规范要求完成台变运行监测的查询统计分析。

【任务描述】

（1）本任务主要完成电力用户用电信息采集系统基本应用中台变运行监测模块的负荷报表、功率因数报表、电流报表、电压报表、终端曲线 5 个部分。

（2）本工作任务以提供供电单位、时间、采集点类型等条件对台变运行的各项数据进行汇总统计和查询，支持查询线损明细，并可查询台区供电量、售电量、线损率等指标数据。

【知识准备】

1. 负荷报表

通过日负荷曲线报表、月负荷曲线报表、年负荷曲线报表、时段负荷曲线报表统计终端负荷曲线，可查询负控用户、集抄用户、公变终端、关口等 24 点、48 点、96 点、288 点表计、脉冲、交采总加组负荷曲线，分析台变终端运行情况。

2. 功率因数报表

通过地区或行业两个维度统计负控用户或集抄用户的月功率因数报表，通过看板的形式展示功率因数分布情况。还可以通过功率因数日报表查询具体终端在相应时间段内的功率因数报表，可以导出数据，便于分析与统计。

3. 电流报表

通过电流日报表、电流月报表、三相不平衡报表统计负控用户、集抄用户、公变终端、关口等 24 点、48 点、96 点、288 点的电流分布，分析变台终端运行情况。

4. 电压报表

通过电压日报表和电压月报表统计负控用户、集抄用户、公变终端、关口等 24 点、48 点、96 点、288 点的电压分布，分析台变终端运行情况。

5. 终端曲线

通过公用配变曲线和负控用户曲线展示具体终端电压电流曲线、总加组功率曲线、总加组日最大功率、功率因数曲线和总加组电能量曲线数据，有图形和数据两种看板，统计、分析台变终端整体运行情况。

303

【任务实施】

（一）负荷报表

菜单路径："基本应用"→"网格化数字管理"→"台变运行监测"→"负荷报表"，台变运行监测负荷报表路径如图 3-2-16 所示。

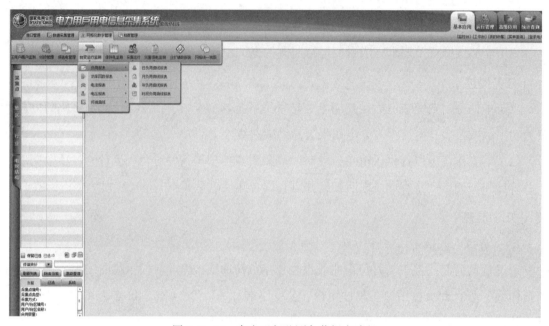

图 3-2-16　台变运行监测负荷报表路径

负荷报表由日负荷曲线报表、月负荷曲线报表、年负荷曲线报表、时段负荷曲线报表 4 个子项组成。

1. 日负荷曲线报表

查询条件由 3 个选项组成，即单位、列表、选中，默认为"单位"。各选项下还可以对相应的条件进行选择。选择项有供电单位、采集点类型、时间、查询维度、数据点数等组成，其中带红色"*"的为必选项。在数据项过滤按钮中可以设置报表显示的项目，这份报表可以查询对应单位或对应台区的日负荷信息。操作步骤如下：

（1）当需要查询某单位下各台区日负荷曲线时，查询条件选择"单位"选项，再在"供电单位"中选定对应的单位，在"采集点类型"中选对应的采集点类型，在"时间"中选择时间段，在"查询维度"中选择维度。按需求在"数据点数"中选择数据点数。

例如：查询国网××供电公司××供电服务中心××供电所集抄用户 2023 年 4 月 1—3 日各台区 48 点的交采日负荷曲线，台变运行监测日负荷曲线报表实施过程如图 3-2-17 所示。

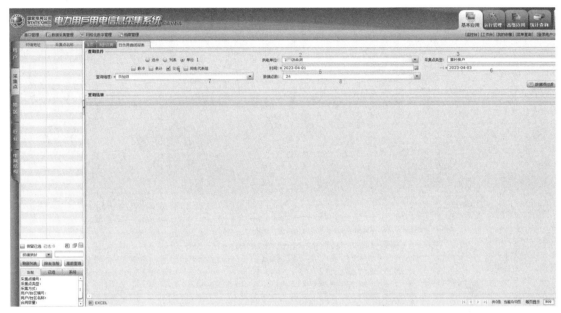

图 3-2-17　台变运行监测日负荷曲线报表实施过程

点击查询后，出现对应的查询结果。台变运行监测日负荷曲线报表查询结果如图 3-2-18 所示。

图 3-2-18　台变运行监测日负荷曲线报表查询结果

图 3-2-18 中红框的数据就是相应条件下各台区的信息。其中显示的数据项可以通过 "数据项过滤" 按钮选择，台变运行监测日负荷曲线报表 "数据项过滤" 如图 3-2-19 所示。该报表可以通过红框左下角的 "Excel" 按钮功能导出，台变运行监测日负荷曲线报表局部 如图 3-2-20 所示。

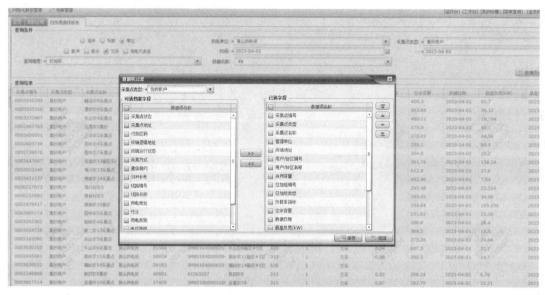

图3-2-19　台变运行监测日负荷曲线报表"数据项过滤"

图3-2-20　台变运行监测日负荷曲线报表局部

（2）当要查询某些特定台区（列表）日负荷曲线时，首先在左侧"采集点"列表输入相应的条件，找出相应的台区终端，再在"日负荷曲线报表"功能项的查询条件选择"列表"选项，在"采集点类型"中选对应的采集点类型，在"时间"中选择时间段，在"查询维度"中选择维度。按需求在"数据点数"中选择数据点数。

该功能项在特定台区列表确认后的操作与"单位"选项下操作一致，下面主要介绍特定台区"列表"确定操作步骤。操作如下：在采集点列表项下勾选"保留已选"→选择已知条件字段（如终端地址、台区编号、采集点编号等）→输入查找条件→回车，列表添加成功如图 3-2-21 所示。

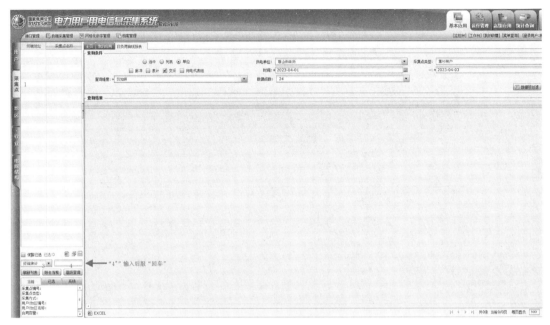

图 3-2-21　列表添加成功

按以上步骤操作后，会出现对应的查询结果。指定台区日负荷曲线报表查询结果如图 3-2-22 所示。

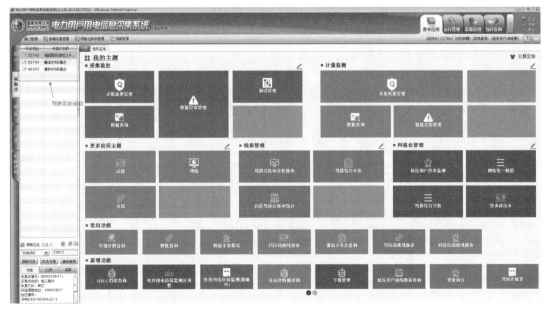

图 3-2-22　指定台区日负荷曲线报表查询结果

列表添加成功后，再查询某些特定台区日负荷曲线，指定台区日负荷曲线报表查询结果如图 3-2-23 所示。

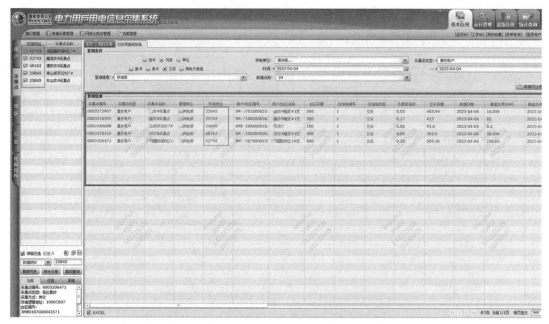

图 3-2-23 指定台区日负荷曲线报表查询结果

（3）当要查询一个特定台区（选中）日负荷曲线时，首先在左侧"采集点"列表输入相应的条件，找出相应的台区终端，再在"日负荷曲线报表"功能项的查询条件，选择"选中"选项，再在"采集点类型"中选对应的采集点类型，在"时间"中选择时间段，在"查询维度"中选择维度。按需求在"数据点数"中选择数据点数。特定台区（选中）日负荷曲线报表查询结果如图 3-2-24 所示。

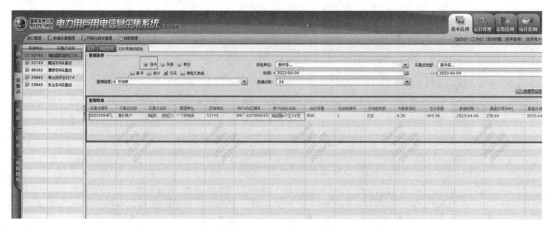

图 3-2-24 特定台区（选中）日负荷曲线报表查询结果

2. 月负荷曲线报表

月负荷曲线报表与日负荷曲线报表类似，查询条件也由 3 个选项组成，即单位、列表、选中，默认为"单位"。各选项下还可以对相应的条件进行选择。选择项有供电单位、采集点类型、月份等，其中带红色"*"的为必选项。在数据项过滤按钮中可以设置报表显示的项目，这份报表可以查询对应单位或对应台区的月负荷信息。

操作步骤参照日负荷曲线报表，台变运行监测月负荷曲线报表如图 3-2-25 所示。

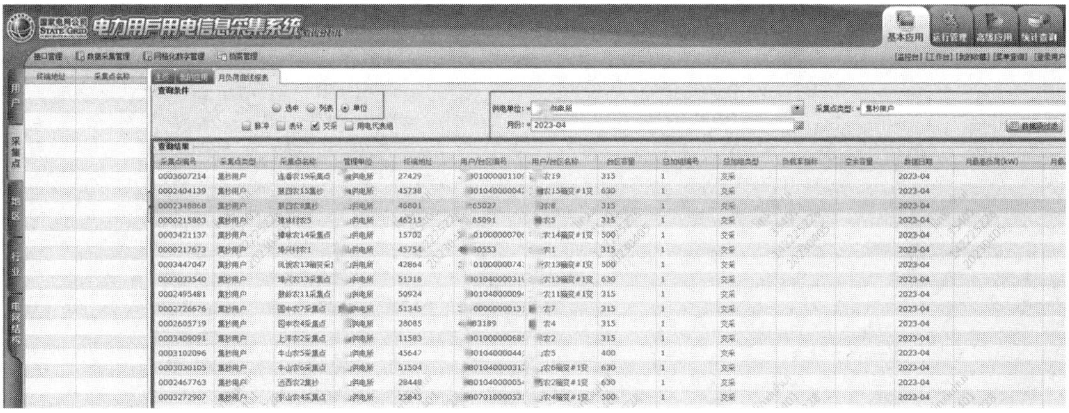

图 3-2-25　台变运行监测月负荷曲线报表

3. 年负荷曲线报表

年负荷曲线报表与日负荷曲线报表类似，查询条件也由 3 个选项组成，即单位、列表、选中，默认为"单位"。各选项下还可以对相应的条件进行选择，选择项有供电单位、采集点类型、年份等组成，其中带红色"*"的为必选项。在数据项过滤按钮中可以设置报表显示的项目，这份报表可以查询对应单位或对应台区的年负荷信息。

操作步骤参照日负荷曲线报表，台变运行监测年负荷曲线报表如图 3-2-26 所示。

图 3-2-26　台变运行监测年负荷曲线报表

4. 时段负荷曲线报表

时段负荷曲线报表与日负荷曲线报表类似，查询条件也由 3 个选项组成，即单位、列表、选中，默认为"单位"。各选项下还可以对相应的条件进行选择，选择项有供电单位、采集点类型、时间等，其中带红色"*"的为必选项。在数据项过滤按钮中可以设置报表显示的项目，这份报表可以查询对应单位或对应台区的时段负荷信息。

操作步骤参照日负荷曲线报表，台变运行监测时段负荷曲线报表如图 3-2-27 所示。

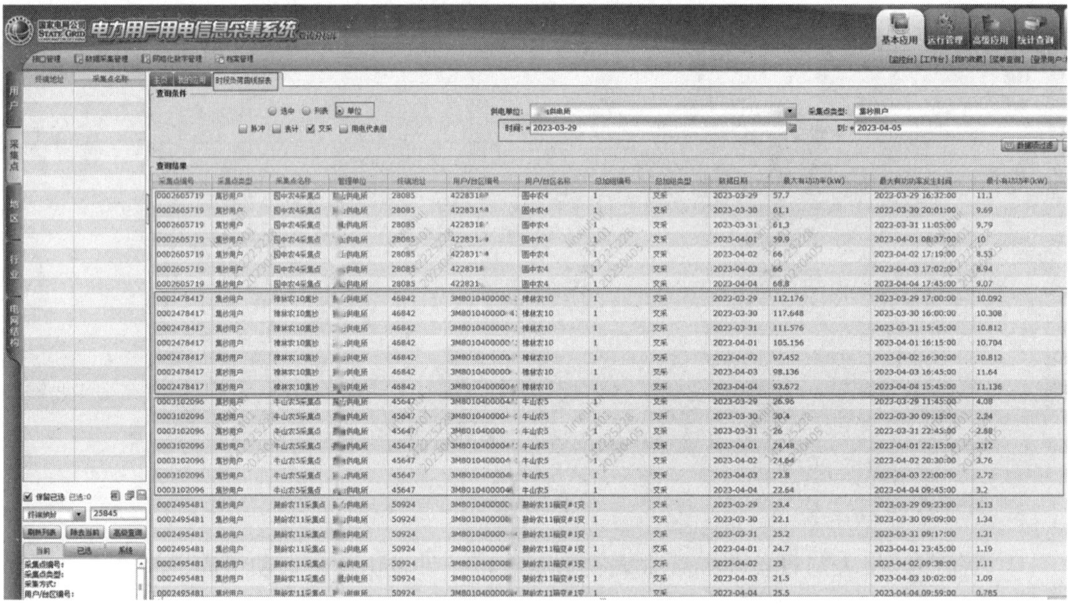

图 3-2-27　台变运行监测时段负荷曲线报表

（二）功率因数报表

菜单路径："基本应用"→"网格化数字管理"→"台变运行监测"→"功率因数报表"，台变运行监测功率因数报表路径如图 3-2-28 所示。

功率因数报表由功率因数统计和功率因数日报表 2 个子项组成。

1. 功率因数统计

查询条件包括统计维度、供电单位、采集点类型、统计月份等，其中带红色"*"的为必选项。操作步骤如下：

（1）当需要查询统计维度为"按地区统计"时，查询条件：在"统计维度"选择"按地区统计"选项，在"供电单位"中选定对应的单位，在"采集点类型"中选对应的采集点类型，在"统计月份"中选择对应月份，最后点击"查询"。台变运行监测功率因数（按地区）统计实施过程如图 3-2-29 所示。

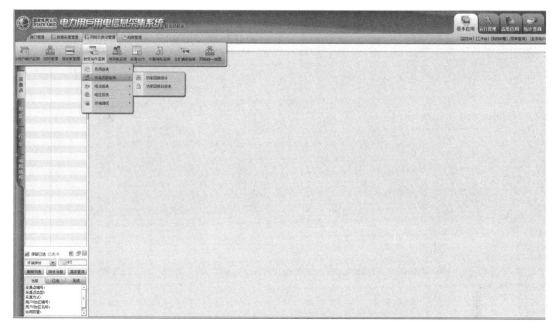

图 3-2-28 台变运行监测功率因数报表路径

图 3-2-29 台变运行监测功率因数（按地区）统计实施过程

条件选择后，点击"查询"可查看对应的查询结果。台变运行监测功率因数（按地区）统计查询结果如图 3-2-30 所示。

（2）当需要查询统计维度为"按行业统计"时，查询条件：在"查询维度"选择"按行业统计"选项，在"采集点类型"中选对应的采集点类型，在"统计月份"中选择对应月份，最后点击"查询"。台变运行监测功率因数（按行业）统计实施过程如图 3-2-31 所示。

条件选择后，点击"查询"可查看对应的查询结果。台变运行监测功率因数（按行业）统计查询结果如图 3-2-32 所示。

2. 功率因数日报表

查询条件：功率因数日报表与日负荷曲线报表类似，查询条件也由 3 个选项组成，即单位、列表、选中，默认为"单位"。各选项下还可以对相应的条件进行选择。选择项有管理

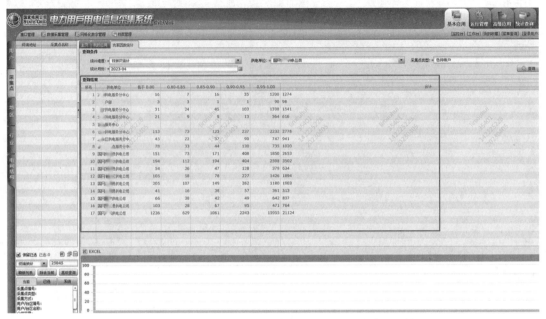

图 3-2-30　台变运行监测功率因数（按地区）统计查询结果

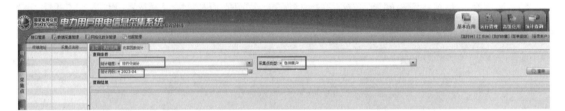

图 3-2-31　台变运行监测功率因数（按行业）统计实施过程

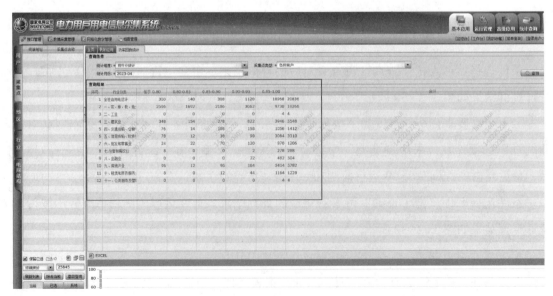

图 3-2-32　台变运行监测功率因数（按行业）统计查询结果

单位、采集点类型、时间和数据点数等，其中带红色"*"的为必选项。在数据项过滤按钮中可以设置报表显示的项目，台变运行监测功率因数日报表实施过程如图3-2-33所示。操作步骤参照日负荷曲线报表。

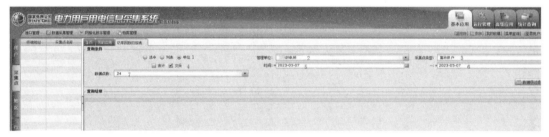

图3-2-33　台变运行监测功率因数日报表实施过程

条件选择后，点击"查询"可查看对应的查询结果。台变运行监测功率因数日报表查询结果如图3-2-34所示。

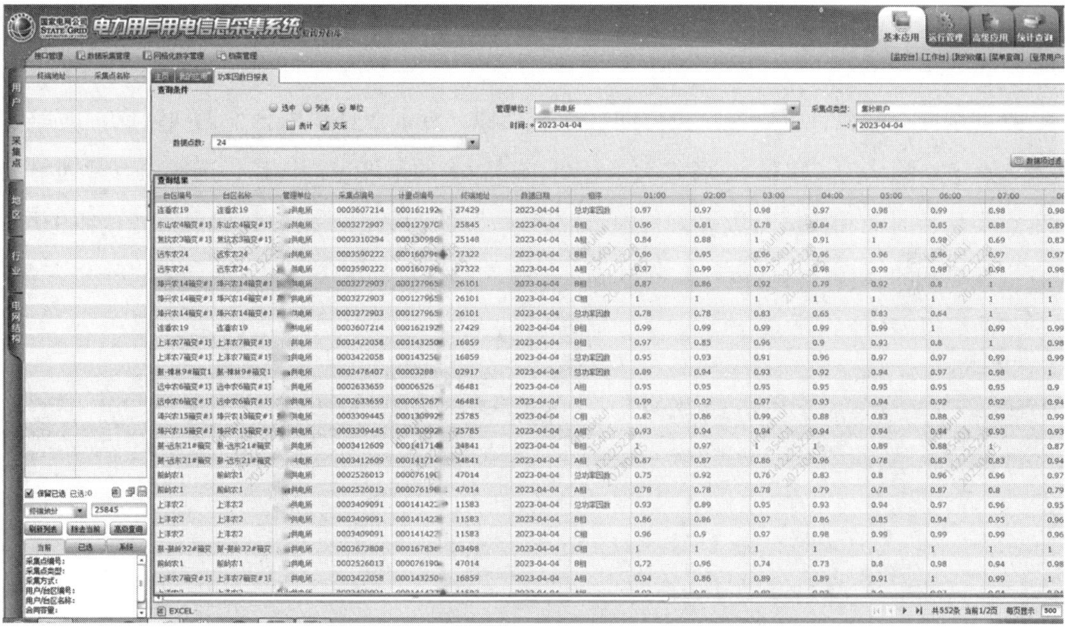

图3-2-34　台变运行监测功率因数日报表查询结果

其余按"列表"和"选中"的操作步骤参照日负荷曲线报表。

（三）电流报表

菜单路径："基本应用"→"网格化数字管理"→"台变运行监测"→"电流报表"。台变运行监测电流报表路径如图3-2-35所示。

电流报表由电流日报表、电流月报表和三相不平衡报表3个子项组成。

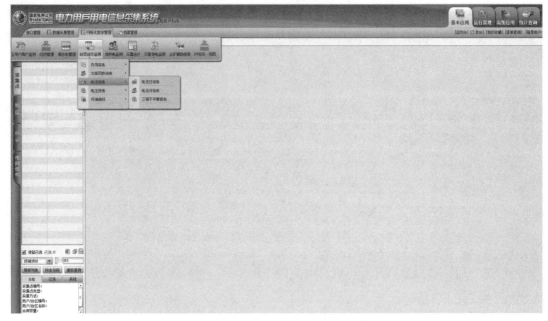

图 3-2-35　台变运行监测电流报表路径

1. 电流日报表

查询条件：电流日报表与日负荷曲线报表类似，查询条件也由 3 个选项组成，即单位、列表、选中，默认为"单位"。各选项下还可以对相应的条件进行选择，选择项有管理单位、采集点类型、时间和数据点数等，其中带红色"*"的为必选项。在数据项过滤按钮中可以设置报表显示的项目。台变运行监测电流日报表实施过程如图 3-2-36 所示。操作步骤参照日负荷曲线报表。

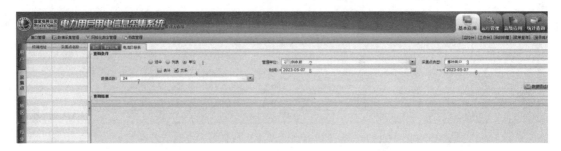

图 3-2-36　台变运行监测电流日报表实施过程

条件选择后，点击"查询"可查看对应的查询结果。台变运行监测电流日报表查询结果如图 3-2-37 所示。

其余按"列表"和"选中"的操作步骤参照日负荷曲线报表。

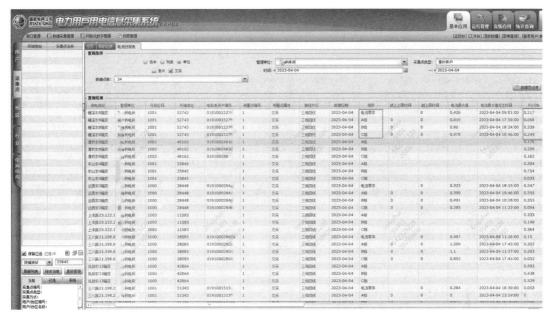

图 3-2-37　台变运行监测电流日报表查询结果

2. 电流月报表

查询条件：电流月报表与日负荷曲线报表类似，查询条件也由 3 个选项组成，即单位、列表、选中，默认为"单位"。各选项下还可以对相应的条件进行选择，选择项有管理单位、采集点类型、时间等，其中带红色"*"的为必选项。在数据项过滤按钮中可以设置报表显示的项目，台变运行监测电流月报表实施过程如图 3-2-38 所示。操作步骤参照日负荷曲线报表。

图 3-2-38　台变运行监测电流月报表实施过程

条件选择后，点击"查询"可查看对应的查询结果。台变运行监测电流月报表查询结果如图 3-2-39 所示。

其余按"列表"和"选中"的操作步骤参照日负荷曲线报表。

3. 三相不平衡报表

查询条件：三相不平衡报表与日负荷曲线报表类似，查询条件也由 3 个选项组成，即单位、列表、选中，默认为"单位"。各选项下还可以对相应的条件进行选择，选择项有管理单位、采集点类型、时间等，其中带红色"*"的为必选项。在数据项过滤按钮中可以设置报表显示的项目，台变运行监测电流三相不平衡报表实施过程如图3-2-40所示。操作步骤参照日负荷曲线报表。

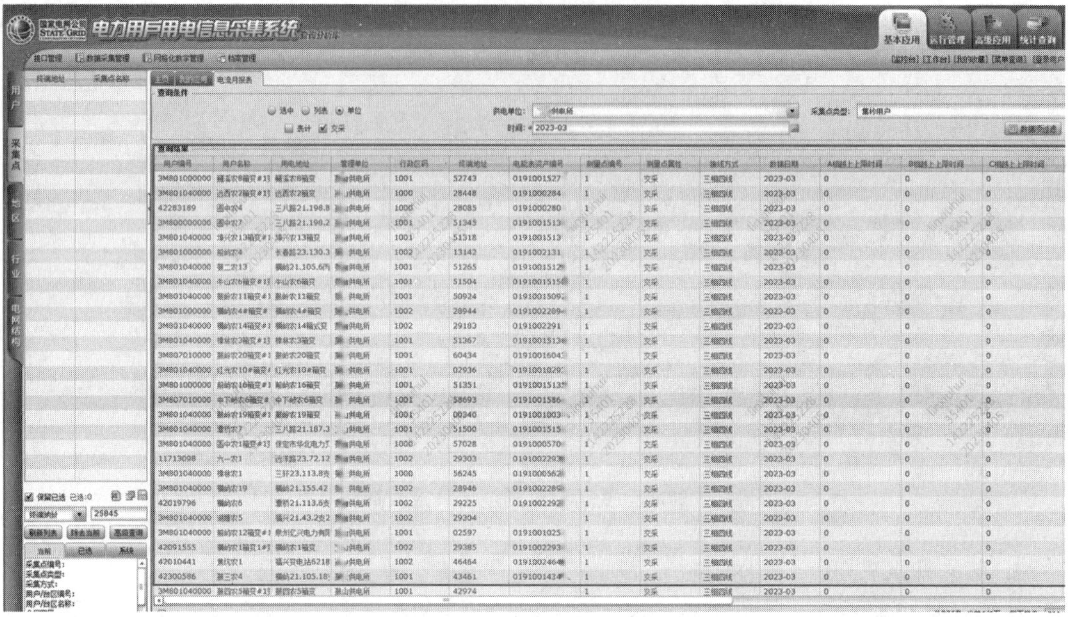

图 3-2-39　台变运行监测电流月报表查询结果

图 3-2-40　台变运行监测电流三相不平衡报表实施过程

条件选择后，点击"查询"可查看对应的查询结果。台变运行监测电流三相不平衡查询结果如图3-2-41所示。

图 3-2-41　台变运行监测电流三相不平衡查询结果

其余按"列表"和"选中"的操作步骤参照日负荷曲线报表。

（四）电压报表

菜单路径："基本应用"→"网格化数字管理"→"台变运行监测"→"电压报表"，台变运行监测电压报表实施过程如图 3-2-42 所示。

参考资料：配电用户负载三相不平衡分析

电压报表由电压日报表和电压月报表两个子项组成。

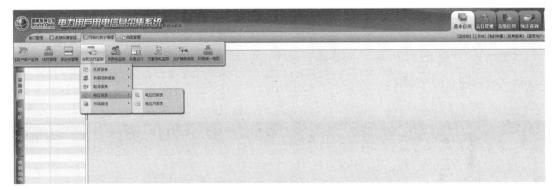

图 3-2-42　台变运行监测电压报表实施过程

1. 电压日报表

查询条件：电压日报表与日负荷曲线报表类似，查询条件也由 3 个选项组成，即单位、列表、选中，默认为"单位"。各选项下还可以对相应的条件进行选择，选择项有管理单位、采集点类型、时间段和数据点数等，其中带红色"*"的为必选项。在数据项过滤按钮中可以设置报表显示的项目，台变运行监测电压日报表实施过程如图 3-2-43 所示。操作步骤参照日负荷曲线报表。

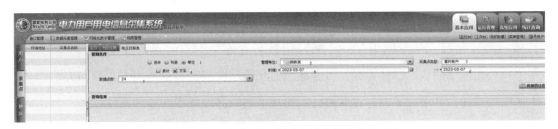

图 3-2-43　台变运行监测电压日报表实施过程

条件选择后，点击"查询"可查看对应的查询结果。台变运行监测电压日报表查询结果如图 3-2-44 所示。

其余按"列表"和"选中"的操作步骤参照"日负荷曲线报表"。

2. 电压月报表

该报表操作与电流月报表类似，具体参照电流月报表。

图 3-2-44　台变运行监测电压日报表查询结果

(五) 终端曲线

菜单路径："基本应用"→"网格化数字管理"→"台变运行监测"→"曲线报表"。台变运行监测终端曲线实施过程如图 3-2-45 所示。

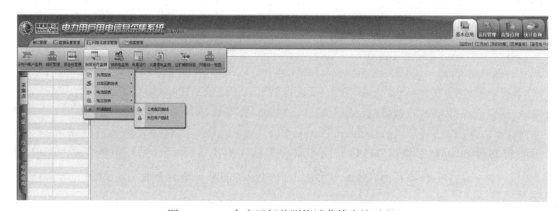

图 3-2-45　台变运行监测终端曲线实施过程

曲线报表由公用配变曲线和负控用户曲线 2 个子项组成。

1. 公用配变曲线

操作步骤：在使用该功能块时，首先要在"采集点名称"列表栏内确定要查询的终端，然后再按路径"基本应用"→"网格化数字管理"→"台变运行监测"→"曲线报表"→"公用配变曲线"打开界面，台变运行监测终端曲线实施过程如图 3-2-46 所示。

按上述操作打开对应界面，台变运行监测终端曲线界面如图 3-2-47 所示。

输入查询条件，点击"查询"按钮后就可以查看相关信息，查询结果有图形和数据 2 种格式。台变运行监测终端曲线查询结果（图形）、台变运行监测终端曲线查询结果（数据）如图 3-2-48、图 3-2-49 所示。

2. 负控用户曲线

操作步骤：操作与公用配变曲线相似。在使用该功能块时，首先要在"采集点"列表栏内确定要查询的终端，然后再按路径"基本应用"→"网格化数字管理"→"台变运行监

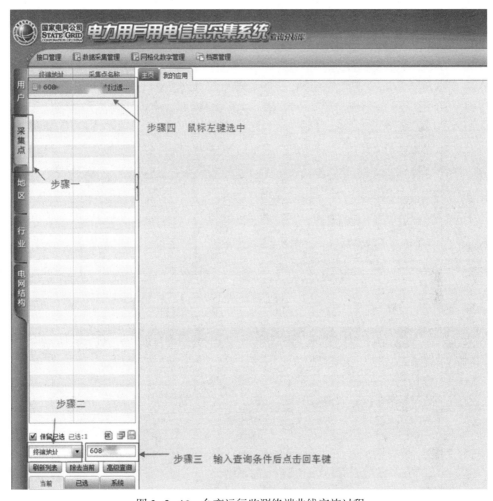

图 3-2-46 台变运行监测终端曲线实施过程

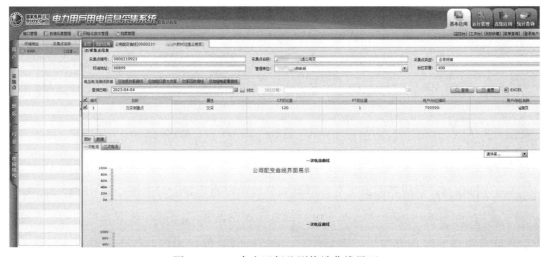

图 3-2-47 台变运行监测终端曲线界面

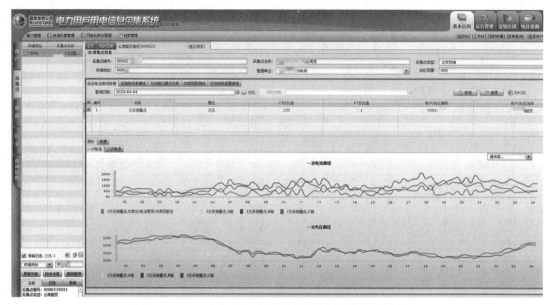

图 3-2-48　台变运行监测终端曲线查询结果（图形）

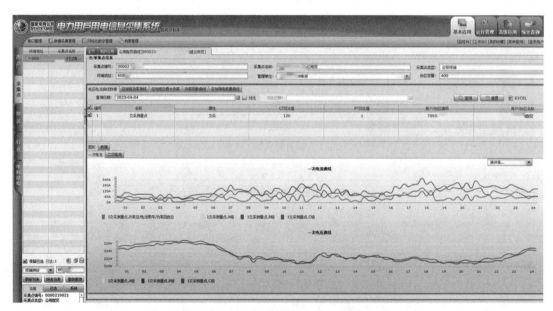

图 3-2-49　台变运行监测终端曲线查询结果（数据）

测"→"曲线报表"→"负控用户曲线"打开界面。台变运行监测负控用户曲线实施过程如图 3-2-50 所示。

　　按上述操作打开对应界面，台变运行监测负控用户曲线界面如图 3-2-51 所示。

　　点击"查询"按钮后就可以查看相关信息，查询结果有图形和数据 2 种格式。台变运行监测负控用户曲线查询结果（图形）、台变运行监测负控用户曲线查询结果（数据）如图 3-2-52、图 3-2-53 所示。

图 3-2-50　台变运行监测负控用户曲线实施过程

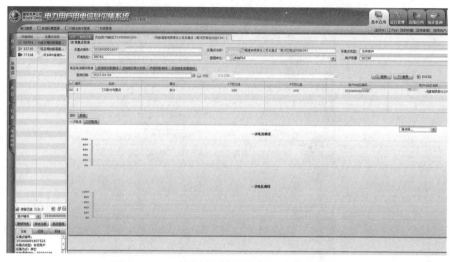

图 3-2-51　台变运行监测负控用户曲线界面

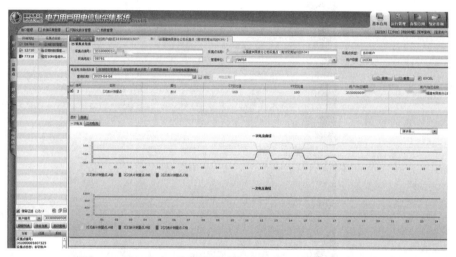

图 3-2-52　台变运行监测负控用户曲线查询结果（图形）

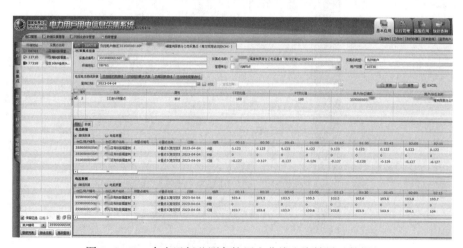

图 3-2-53　台变运行监测负控用户曲线查询结果（数据）

【任务评价】

1. 理论考核

完成台区运行监测知识考核，主要内容包括负荷报表、功率因数报表、电流报表、电压报表和终端曲线。

2. 技能考核

通过上机操作，完成台变运行监测模块负荷报表、功率因数报表、电流报表、电压报表、终端曲线 5 个功能的考核任务。台变运行监测考核评分表 3-2-2。

表 3-2-2　　　　　　　　　　台变运行监测考核评分表

班级：_____　姓名：_____　得分：_____					
考核项目：台变运行监测			考核时间：20 分钟		
序号	主要内容	考核要求	评分标准	分值	得分
1	工作前准备	1）电力用户用电信息采集系统账号、网址正确；2）笔、纸等准备齐全	不能正确登录系统扣 5 分	5	
2	作业风险分析与预控	作业前进行危险点分析、注意事项交代（网络安全）	1）未进行危险点分析及注意事项交代不得分；2）分析不全面扣 5 分	5	
3	台变运行监测模块查询	负荷报表：1）根据给定条件，按要求导出相应负荷报表；2）根据报表数据完成	1）查询错、漏每处按比例扣分；2）本项分数扣完为止	14	
		功率因数报表：1）根据给定条件，按要求导出相应功率因数报表；2）根据报表数据完成	1）查询错、漏每处按比例扣分；2）本项分数扣完为止	14	
		电流报表：1）根据给定条件，按要求导出相应电流报表；2）根据报表数据完成	1）查询错、漏每处按比例扣分；2）本项分数扣完为止	14	
		电压报表：1）根据给定条件，按要求导出相应电压报表；2）根据报表数据完成	1）查询错、漏每处按比例扣分；2）本项分数扣完为止	14	
		终端曲线：1）根据给定条件，按要求导出相应终端曲线报表；2）根据报表数据完成	1）查询错、漏每处按比例扣分；2）本项分数扣完为止	14	
4	综合分析	通过以上数据分析台变运行情况，分析处理	1）分析错误按比例扣分；2）本项分数扣完为止	15	
5	作业完成	记录上传、归档	未上传归档不得分	5	
合计				100	
教师签名					

323

任务三　台区供电能力监测

【任务目标】

（1）了解熟悉电力用户用电信息采集系统台区供电能力监测模块的组成。

（2）掌握具体任务查询操作方法及注意事项。

（3）能够按照规范要求查询台区供电能力监测各项数据。

【任务描述】

本任务主要完成电力用户用电信息采集系统高级应用中台区供电能力监测模块的配电超重载监测、低电压监测、配变单相超重载监测在配电运行管理的运用和数据获取的操作方法。

【知识准备】

1. 配变超重载

连续负荷在变压器容量 80% 到满载的情况。

2. 配变超载

连续负荷超过变压器容量 100%。

3. 配变单相超重载

采集系统分相对变压器负荷监测，虽总容量不属于重载及以上范畴，但分相的负荷连续超过 80% 的变压器。

4. 低压用户低电压

运行中单相电压低于 198V 属于低电压，低于 180V 属于严重低电压。

【任务实施】

（一）配变超重载监测

菜单路径："高级应用"→"台区供电能力分析"→"配变超重载监测"。

用途：方便设备运维人员及时了解辖区设备是否有存在超重载设备情况。配变超重载监测界面输入对应的查询条件，可查询出对应的结果。超重载台区查询如图 3-2-54 所示。

如存在辖区内超重载台区，可点击查看明细清单。超重载台区查询明细如图 3-2-55 所示。

（二）低电压监测

菜单路径："高级应用"→"台区供电能力分析"→"低电压监测"。

用途：方便设备运维护人员了解辖区内低电压用户情况，支持查前一天及以前的详细用

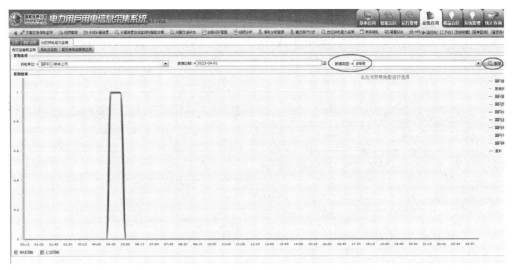

图 3-2-54 超重载台区查询

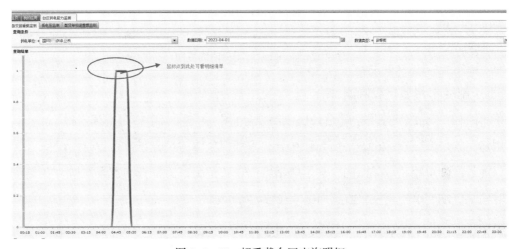

图 3-2-55 超重载台区查询明细

户数据。低电压查询界面如图 3-2-56 所示。

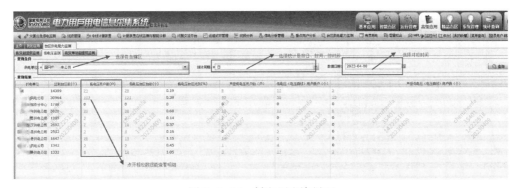

图 3-2-56 低电压查询界面

在低电压查询界面可了解具体时间段的低电压用户、涉及哪些台区、哪些属于严重低电压，支持查询具体用户具体时间点的电压检测值，若需查看以上数据点击详细清单查看。低电压用户明细界面如图 3-2-57 所示。

采集点编号	用户编号	用户名称	电表资产号	相位	00:15	00:30	00:45	01:00	01:15	01:3
000333 35	3500072	黑	01013542 7(	A相	199.9	236.8	231.7	204.3	225.1	226.4
000025 45	3500072	正	01013399 17;	A相	201.5	200.4	199.1	201.3	200.4	201.3
00024 30	350770	阳下街道(	010141 152;	A相						
00024 30	3501430		010140 050;	A相						
000252 06	35076	塔股份有限	010132 496;	A相	75.7	75.3	74	75.1	74.4	73.3
000247 80	3507704		010142 006;	A相	218.6	216	217.2	217.2	215.4	216.4
000247 80	350765	塔股份有限	0101313 00;	C相					215.4	
000238 02	3501429	和	010140C 13;	B相	146.5	147.2	148.1	148.7	151.1	151
000326 1	35076769	移动通信集团	0101344 502;	B相	206.6	206.4	205.5	205.3	206.3	207.1
000251 4	3507621	县云龙乡刘姬	0101295 357;	B相	220.7	221.1	220.3	220.5	221.5	221.3

图 3-2-57　低电压用户明细界面

（三）配变单相超重载监测

菜单路径："高级应用"→"台区供电能力分析"→"配变单相超重载监测"。

用途：如果变压器三相不平衡，存在分相重载但整体又符合正常运行时，设备运维护人员可以通过配变单相超重载监测，去了解辖区内设备情况，支持查询当天数据，方便运行维护及时消缺。配变单相超重载监测如图 3-2-58 所示。

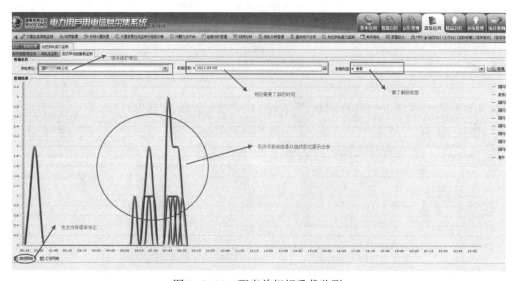

图 3-2-58　配变单相超重载监测

鼠标移至相应曲线点，点击曲线可查明细。配变单相超重载监测明细如图 3-2-59 所示。

图 3-2-59　配变单相超重载监测明细

小思考：低电压在运行维护中监测的意义是什么？

【任务评价】

1. 理论考核

完成台区供电能力监测知识测验，主要内容包括配变超重载、配变超载、配变单相超重载、低压用户低电压等。

参考资料：供用电系统低电压解决

2. 技能考核

通过上机操作，完成台区供电能力监测模块配变超重载、配变超载、配变单相超重载、低压用户低电压 4 个功能查询统计任务，按步骤完成台区供电能力监测模块的考核任务。台区供电能力监测考核评分表见表 3-2-3。

表 3-2-3　　　　　　　　　　台区供电能力监测考核评分表

班级：_____	姓名：_____		得分：_____		
考核项目：台区供电能力监测				考核时间：20 分钟	
序号	主要内容	考核要求	评分标准	分值	得分
1	工作前准备	1）电力用户用电信息采集系统账号、网址正确； 2）笔、纸等准备齐全	不能正确登录系统扣 5 分	5	
2	作业风险分析与预控	作业前进行危险点分析、注意事项交代（网络安全）	1）未进行危险点分析及注意事项交代不得分； 2）分析不全面扣 5 分	5	
3	台区供电能力监测	配变超重载监测： 1）根据给定条件，按要求导出相应负荷报表； 2）根据报表数据完成	1）查询错、漏每处按比例扣分； 2）本项分数扣完为止	17	
		低电压监测： 1）根据给定条件，按要求导出相应表； 2）根据报表数据完成	1）查询错、漏每处按比例扣分； 2）本项分数扣完为止	17	

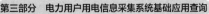

续表

序号	主要内容	考核要求	评分标准	分值	得分
3	台区供电能力监测	配变单相超重载监测： 1）根据给定条件，按要求导出相应电流报表； 2）根据报表数据完成	1）查询错、漏每处按比例扣分； 2）本项分数扣完为止	18	
		低压用户的低电压： 1）根据给定条件，按要求导出相应报表； 2）根据报表数据完成	1）查询错、漏每处按比例扣分； 2）本项分数扣完为止	18	
4	综合分析	通过以上数据分析台区供电能力情况，并进行处理	1）分析错误按比例扣分； 2）本项分数扣完为止	15	
5	作业完成	记录上传、归档	未上传归档不得分	5	
合计				100	
教师签名					

模块三　新一代用电信息采集系统—拓展应用（线损管理功能）

【模块描述】

（1）本模块主要包括线损考核指标、线损辅助报表、线损—台区—指标 3 个工作任务。

（2）核心知识点包括线损考核指标的月高负损台区治理、专业异常处置及时率、督办台区治理率、台区年度综合线损率等；线损辅助报表的智能表箱日线损率实时监控、台区日线损率实时监控、线损统计分析、台区月线损合格率统计、台区统一视图等；线损—台区—指标的赋值操作、赋值监控、模型数据治理、模型管理等的主要工作内容和技术要求。

（3）关键技能项包括月高负损台区治理、督办台区治理率、台区统一视图、线损—台区—指标等。

【模块目标】

（一）知识目标

熟悉新一代用电信息采集系统拓展应用线损监测功能模块的组成；了解新一代用电信息采集系统拓展应用功能；掌握新一代用电信息采集系统拓展应用线损管理功能的应用和日常业务操作。

（二）技能目标

能够根据新一代用电信息采集系统拓展应用线损管理功能，按照规范流程进行线损管理功能的应用。

（三）素质目标

提升新一代用电信息采集系统拓展应用线损管理功能的实操能力；培养精益求精的工匠精神，强化职业责任担当；弘扬家国情怀，增强采集线损管理的处理能力。

任务一　线损考核指标

【任务目标】

（1）了解熟悉新一代用电信息采集系统线损考核指标的组成。

（2）掌握具体任务查询操作方法及注意事项。

（3）能够按照规范要求完成线损考核指标的查询统计分析。

【任务描述】

本任务主要完成新一代用电信息采集系统线损考核模块的月高负损台区治理、专业异常处置及时率、督办台区治理率、台区年度综合线损率查询 4 个模块操作方法。

【知识准备】

1. 月高负损台区治理

主要功能为对单位月高负损台区治理情况的统计展示。以台区为维度，以日/月为统计周期，以供电单位/网格为基础单元，依据台区线损合理区间合格判断模型的计算结果数据，分析台区线损情况为高损或负损的台区信息。

2. 专业异常处置及时率

主要功能为系统根据线损管理人员人工导入或配置的专业异常，自动生成专业异常处置工单，支持异常处理人员对异常进行处理等操作，并对专业异常处置工单完成情况进行跟踪、汇总统计，实现对专业异常处置工单的闭环管理。

3. 督办台区治理率

主要功能为构建线损异常督办工单管理功能，完成国家电网公司、省侧重点关注或督办台区下发至基层，实现线损异常督办工单"多维工单自动生成、按需整合，台区负责人转办督办、限时处理，智能分析闭环、统一归档，营销服务中心过程监督，异常提级审核"全流程闭环管理。

4. 台区年度综合线损率查询

主要功能为对单位所辖台区总损失电量占总供电量的百分率进行分析展示。

【任务实施】

（一）月高负损台区治理

菜单路径："导航"→"拓展应用"→"线损—2022年考核指标"→"月高负损台区治理"。高负损台区监控分析图、监控分析表如图 3-3-1 所示。

图 3-3-1 高负损台区监控分析图、监控分析表

点击"Excel 导出"，可导出当前页面查询数据；点击"业务规则"，可查看当前业务规则明细。高负损台区监控分析如图 3-3-2 所示。

图 3-3-2　高负损台区监控分析

（二）专业异常处置及时率

菜单路径："导航"→"拓展应用"→"线损—2022 年考核指标"→"专业异常处置及时率"。专业异常处置工单信息如图 3-3-3 所示。

图 3-3-3　专业异常处置工单信息

在专业异常处置工单信息分页面点击"新增"按钮，弹出对话框，在对话框中填写异常类型、电能表资产号、环节完成时限（天）、环节开始时间、用户编号字段，点击"确定"按钮，完成新增操作。需要注意的是，带＊标为必填数据项。专业异常处置工单信息新增窗口如图 3-3-4 所示。

在专业异常处置工单信息分页面选中需要修改的工单，在操作环节下点击"修改"按钮，弹出对话框，在对话框可对异常类型、电能表资产号、环节完成时限（天）、环节开始时间、用户编号进行修改，修改后点击"确定"按钮，完成编辑修改操作。需要注意的是，带＊标数据不可修改。专业异常处置工单信息修改窗口如图 3-3-5 所示。

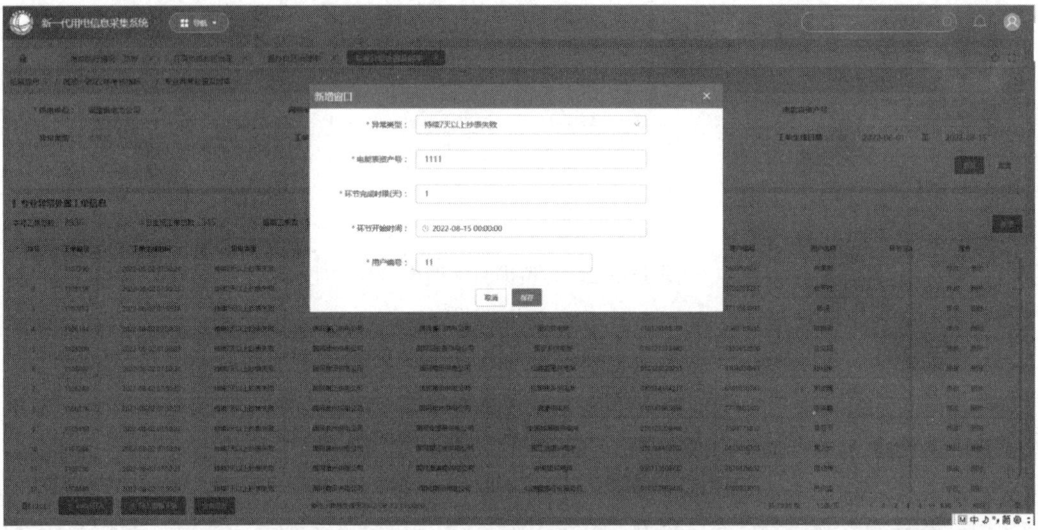

图 3-3-4　专业异常处置工单信息新增窗口

图 3-3-5　专业异常处置工单信息修改窗口

在专业异常处置工单信息分页面选中需要删除的工单，在操作环节下点击"删除"按钮，弹出删除对话框，在对话框中点击"确定"按钮，移除所选条目并刷新列表。专业异常处置工单信息删除信息如图 3-3-6 所示。

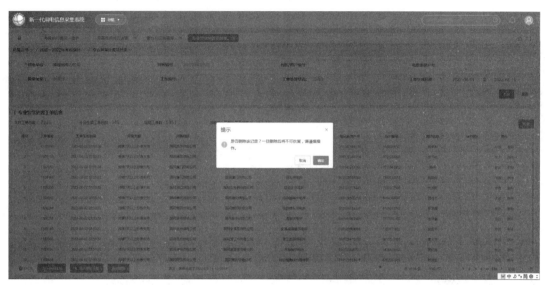

图 3-3-6　专业异常处置工单信息删除信息

点击"Excel"按钮，可导出当前页面查询数据；点击"Excel 导入"，可批量导入异常工单信息；点击"导入模板下载"，可下载导入文件的模板；点击"业务规则"，可查看当前业务规则明细。操作后的专业异常处置工单信息如图 3-3-7 所示。

图 3-3-7　操作后的专业异常处置工单信息

在专业异常处置工单信息分页面选中需要查看的工单，在异常原因反馈环节下点击"异常原因反馈"按钮，弹出对应弹窗，在此弹窗中填写异常原因信息。专业异常处置工单信息异常原因反馈如图 3-3-8 所示。

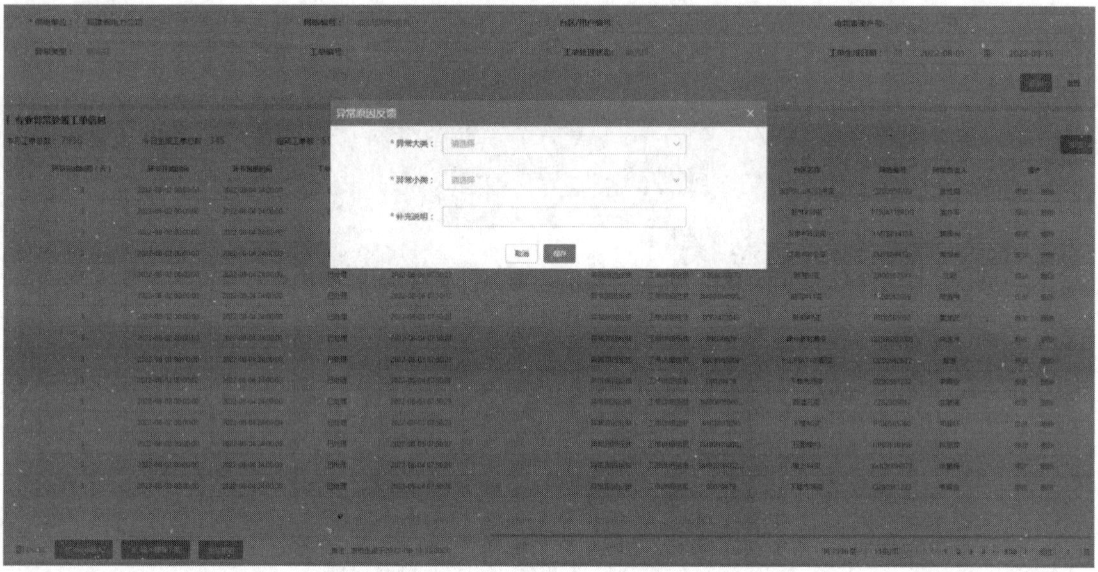

图 3-3-8　专业异常处置工单信息异常原因反馈

在专业异常处置工单信息分页面选中需要查看的工单，在工单详细信息环节下点击"工单详细信息"按钮，点击后展示对应的数据明细。工单详细信息如图 3-3-9 所示。

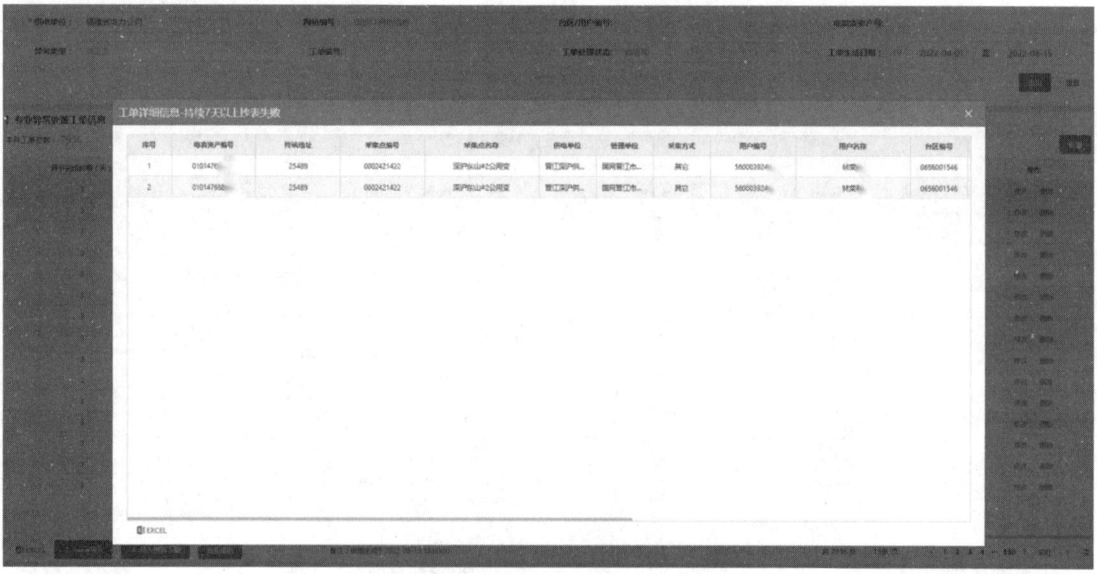

图 3-3-9　工单详细信息

（三）督办台区治理率

菜单路径："导航"→"拓展应用"→"线损—2022年考核指标"→"督办台区治理率"。督办台区列表如图3-3-10所示。

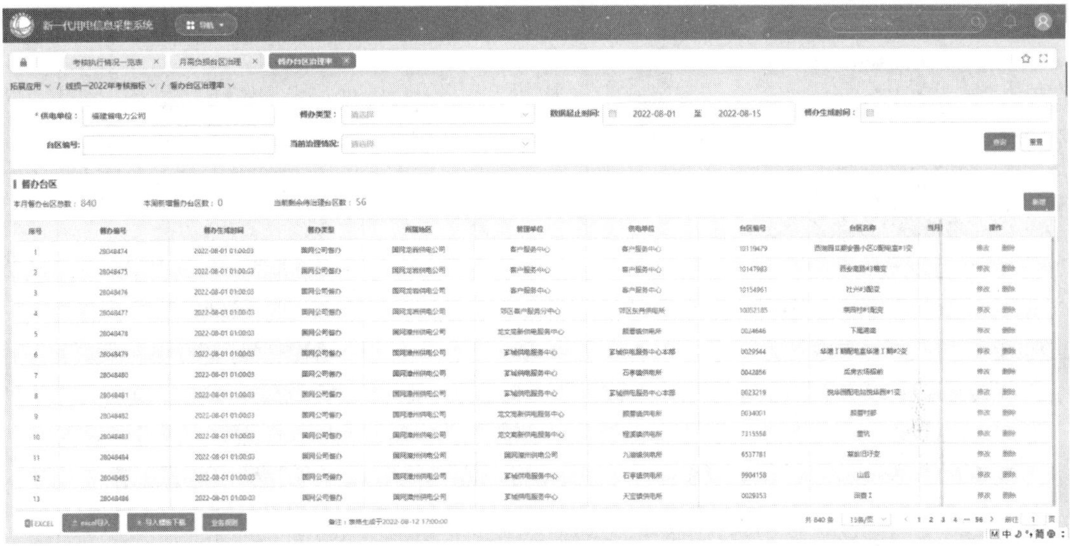

图3-3-10　督办台区列表

在督办台区页面点击"新增"按钮，弹出对话窗，填写督办类型、供电单位、台区编号、最迟处理时间、督办生成时间字段，点击"确定"按钮，完成新增操作。需要注意的是，带"*"标为必填数据项。督办台区新增窗口如图3-3-11所示。

图3-3-11　督办台区新增窗口

在督办台区分页面选中需要修改的工单，在操作环节下点击"修改"按钮，弹出对话窗，可对督办类型、供电单位、台区编号、最迟处理时间、督办生成时间进行修改，点击【确定】按钮，完成编辑修改操作。需要注意的是，带"*"标数据不可修改。督办台区修改窗口如图 3-3-12 所示。

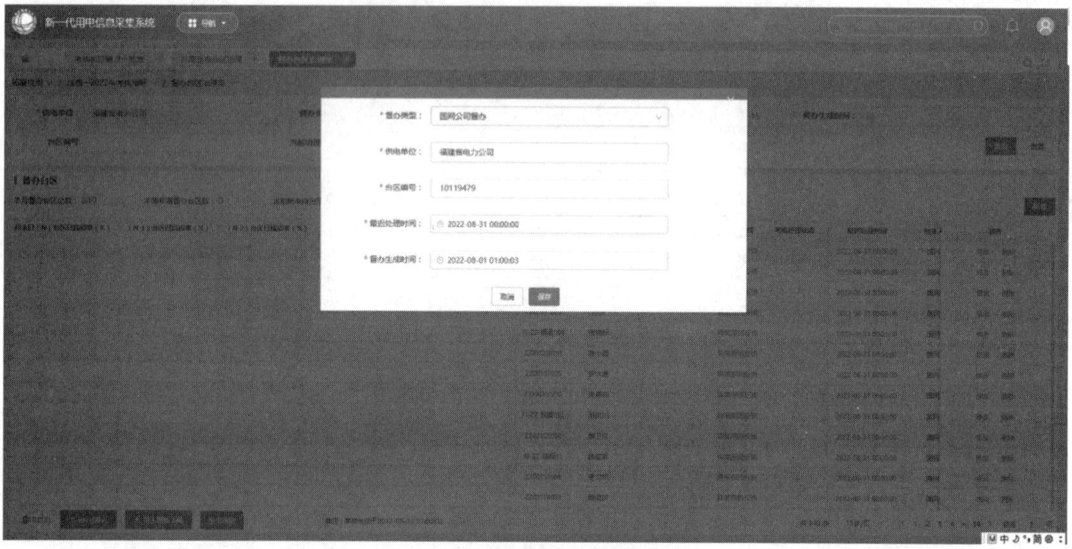

图 3-3-12　督办台区修改窗口

在督办台区分页面选中需要删除的工单，在操作环节下点击"删除"按钮，弹出删除对话框，点击"确定"按钮，移除所选条目并刷新列表。督办台区删除提示如图 3-3-13 所示。

图 3-3-13　督办台区删除提示

点击"Excel"，可导出当前页面查询数据；点击"Excel 导入"，可批量导入异常督办台区信息；点击"导入模板下载"，可下载导入文件的模板；点击"业务规则"，可查看当前业务规则明细。操作后的督办台区列表如图 3-3-14 所示。

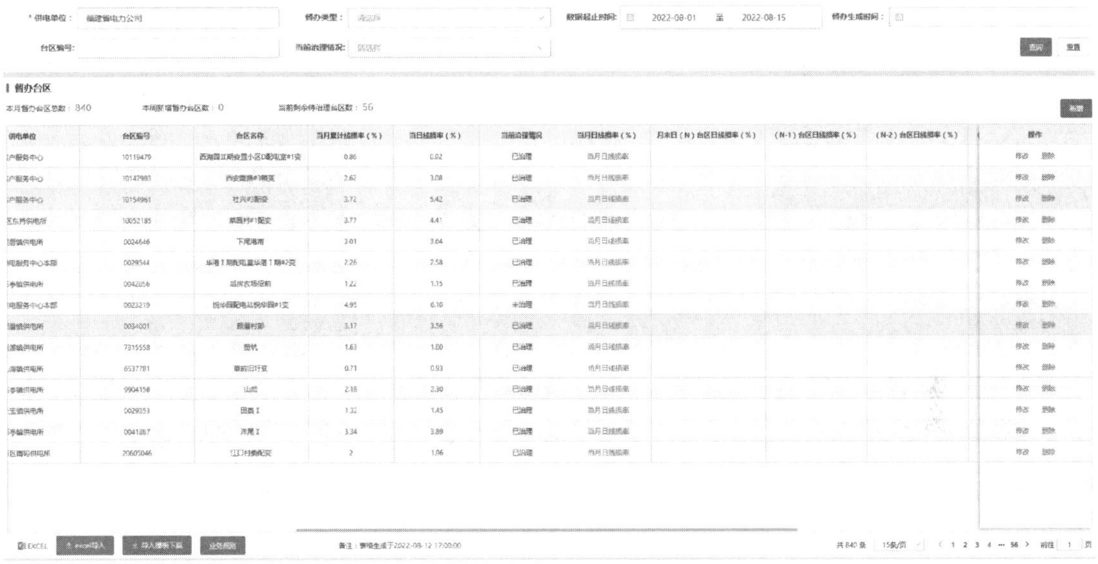

图 3-3-14　操作后的督办台区列表

在督办台区分页面选中要查看的工单，在当月日线损率（%）环节下点击"当月日线损率"，可展示对应的数据明细。督办台区当月日线损明细如图 3-3-15 所示。

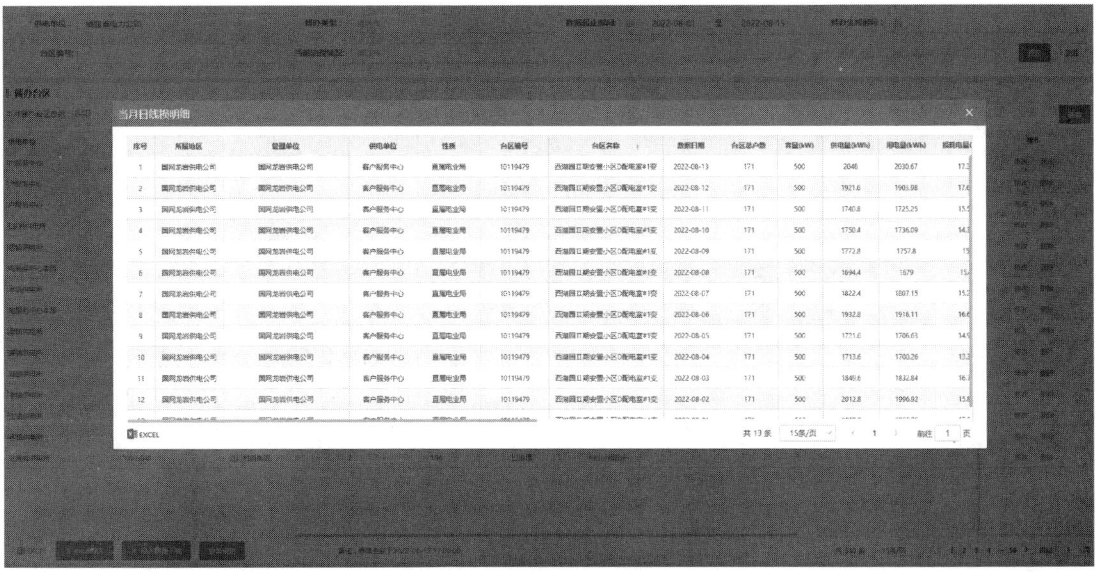

图 3-3-15　督办台区当月日线损明细

在督办台区分页面选中要查看的工单，在异常原因反馈环节下点击"异常原因反馈"按钮，弹出对应的弹窗，在弹窗中填写异常原因信息。督办台区异常原因反馈如图 3-3-16 所示。

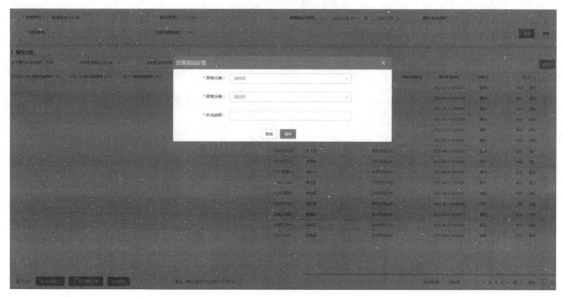

图 3-3-16　督办台区异常原因反馈

（四）台区年度综合线损率

菜单路径："导航"→"拓展应用"→"线损—2022 年考核指标"→"台区年度综合线损率"。台区年度综合线损率如图 3-3-17 所示。

图 3-3-17　台区年度综合线损率

点击左下角的"Excel 导出"按钮，可导出当前页面查询数据；点击"业务规则"按钮，可查看当前业务规则明细。

【任务评价】

1. 理论考核

完成线损考核指标知识点测试，主要内容包括月高负损台区治理、专业异常处置及时率、督办台区治理率、台区年度综合线损率查询。

2. 技能考核

线损考核指标考核评分表见表 3-3-1。

表 3-3-1　　　　　　　　　　　　　线损考核指标考核评分表

		班级：＿＿＿＿　姓名：＿＿＿＿　得分：＿＿＿＿			
考核项目：线损考核指标				考核时间：30 分钟	
序号	主要内容	考核要求	评分标准	分值	得分
1	工作前准备	1）电力用户用电信息采集系统账号、网址正确；2）笔、纸等准备齐全	不能正确登录系统扣 5 分	5	
2	作业风险分析与预控	1）注意个人账号和密码应妥善保管；2）客户信息、系统数据保密	1）未进行危险点分析及注意事项交代不得分；2）分析不全面，扣 5 分	10	
3	月高负损台区治理	根据给定条件，查看高损台区业务规则，并按要求导出相应供电单位的高损台区报表	1）错、漏每处按比例扣分；2）本项分数扣完为止	20	
4	专业异常处置及时率	根据给定条件，查看专业异常处置及时率的计算公式，并按要求导入或导出专业异常处置工单信息，进行新增、修改、删除操作	1）错、漏每处按比例扣分；2）本项分数扣完为止	20	
5	督办台区治理率	根据给定条件，查看国家电网公司、省公司督办的业务规则，并按要求导出督办台区数清单，查询本月督办台区数、当前未治理台区数、当前督办台区治理率（%）	1）错、漏每处按比例扣分；2）本项分数扣完为止	20	
6	台区年度综合线损率查询	根据给定条件，查看业务规则查询，按要求导出相应供电单位的月度综合线损率监控分析、年度综合线损率监控列表	1）错、漏每处按比例扣分；2）本项分数扣完为止	20	
7	作业完成	记录上传、归档	未上传归档不得分	5	
合计				100	
教师签名					

任务二　线损辅助报表

【任务目标】

（1）了解熟悉新一代用电信息采集系统线损辅助报表的组成。

（2）掌握具体任务查询操作方法及注意事项。

（3）能够按照规范要求完成线损辅助报表的查询统计分析。

【任务描述】

本任务主要完成新一代用电信息采集系统线损辅助报表模块的智能表箱日线损率实时监控、台区日线损率实时监控、线损统计分析、台区月线损合格率统计等8个模块操方法。

【知识准备】

1. 智能表箱日线损率实时监控

主要功能为根据管理单位、网格等维度展示表箱日综合线损率实时监测情况；根据表箱信息维度展示表箱日综合线损率实时监测明细数据。

2. 台区日线损率实时监控

主要功能为根据管理单位、网格等维度展示台区日综合线损率实时监测情况。

3. 线损统计分析

主要功能为根据管理单位、网格等维度展示台区日线损合格率统计情况；展示台区日线损各分布区间的线损明细数据。

4. 台区月线损合格率统计

主要功能为根据管理单位、网格等维度展示台区月线损合格率统计情况。

5. "一台区一指标"应用情况

主要功能为根据管理单位、网格等维度展示台区月自动赋值率统计情况，辅助分析"一台区一指标"应用情况；根据管理单位、网格等维度展示台区日线损合格率统计情况，辅助分析"一台区一指标"应用情况；根据管理单位、网格等维度展示台区月线损合格率统计情况，辅助分析"一台区一指标"应用情况。

6. 低压用户异常处置及时率监测

主要功能为展示低压用户异常处置及时率监测情况，包括单位异常处理情况、异常分布情况、高负损台区监控分析等数据；展示低压用户异常处置及时率明细数据。

7. 台区采集成功率分布统计

主要功能为根据管理单位、网格等维度展示台区月采集成功率分布统计；根据管理单位、网格等维度展示台区日采集成功率分布统计。

8. 台区统一视图

主要功能为综合展示单个台区的台区基本信息、台区运行信息、台区用户数概览、台区总表电流电压、综合线损率概览，提供台区总表电流电压明细导出功能和综合线损率明细跳转功能；综合展示单个台区下的用户明细信息；提供台区日线损趋势图、台区下用户日电量明细信息查询功能；提供台区月度同期线损和综合线损比对展示功能；提供台区线损异常诊断信息查询功能；展示台区分时线损率曲线和用户电量曲线、用户示值曲线，以及分时线损明细、用户电量明细、用户示值明细导出。

【任务实施】

（一）智能表箱日线损率实时监控

1. 智能表箱日线损实时监测

菜单路径："导航"→"拓展应用"→"线损—辅助报表"→"智能表箱日线损率实时监控"→"智能表箱日线损实时监测"。智能表箱日线损率实时监测如图3-3-18所示。

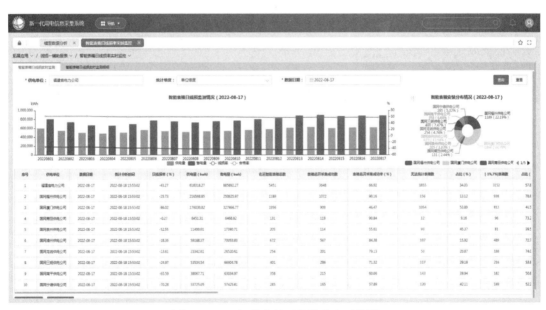

图3-3-18　智能表箱日线损率实时监测

点击页面左下方的"Excel导出"按钮，可导出当前页面查询数据；点击"业务规则"按钮，可查看当前业务规则明细。

选中需要查看的表单，点击无法统计表箱数环节下的超链接（蓝色字体数据项），点击后展示对应的数据明细。智能表箱日线损实时监测明细如图3-3-19所示。

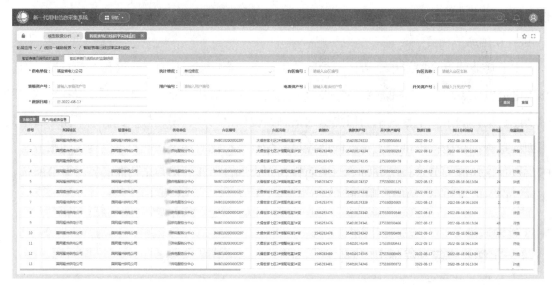

图 3-3-19　智能表箱日线损实时监测明细

2. 智能表箱日线损实时监测明细

（1）表箱信息。菜单路径："导航"→"拓展应用"→"线损-辅助报表"→"智能表箱日线损率实时监控"→"智能表箱日线损实时监测明细"→"表箱信息"。智能表箱日线损实时监测明细—表箱信息如图 3-3-20 所示。

图 3-3-20　智能表箱日线损实时监测明细—表箱信息

点击左下角的"Excel 导出"，可导出当前页面查询数据；点击"业务规则"，可查看当前业务规则明细。

　　选中需要查看的表单，点击电量明细环节下的"详情"按钮，可查看电能量数据明细。电能量数据明细如图 3-3-21 所示。

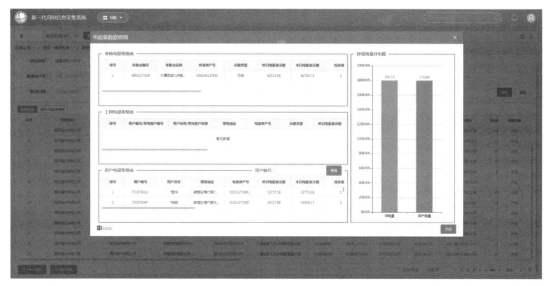

图 3-3-21　电能量数据明细

　　（2）用户/电能表信息。菜单路径："导航"→"拓展应用"→"线损－辅助报表"→"智能表箱日线损率实时监控"→"智能表箱日线损实时监测明细"→"用户/电能表信息"。

　　业务说明：根据用户/电能表信息维度展示表箱日综合线损率实时监测明细数据。用户/电能表信息如图 3-3-22 所示。

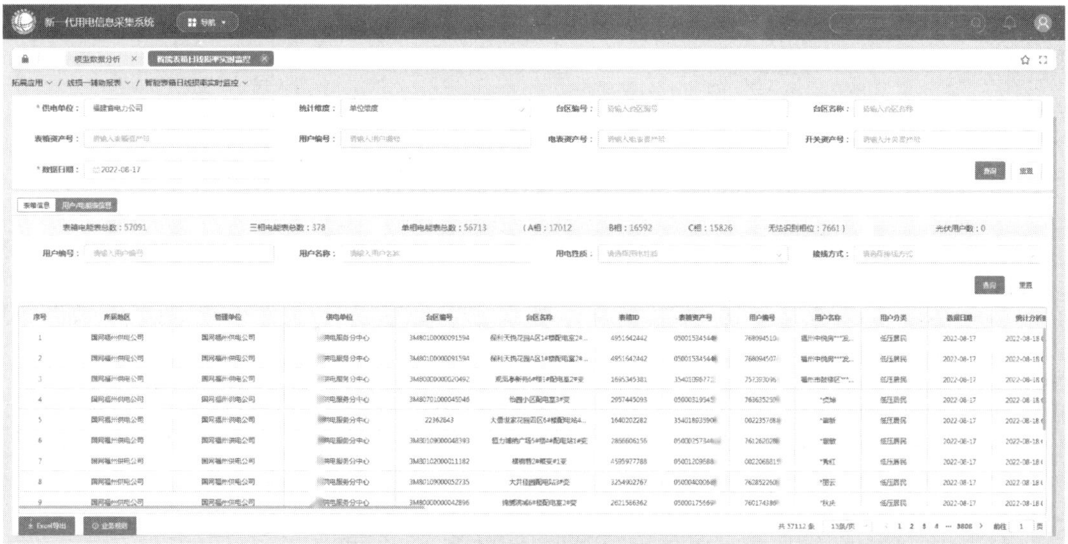

图 3-3-22　用户/电能表信息

点击左下角的"Excel 导出"按钮，可导出当前页面查询数据；点击"业务规则"，可查看当前业务规则明细。

（二）台区日线损率实时监控

1. 台区日线损率实时监控

菜单路径："导航"→"拓展应用"→"线损"→"辅助报表"→"台区日线损率实时监控"→"台区日线损率实时监控"。台区日线损率实时监控如图 3-3-23 所示。

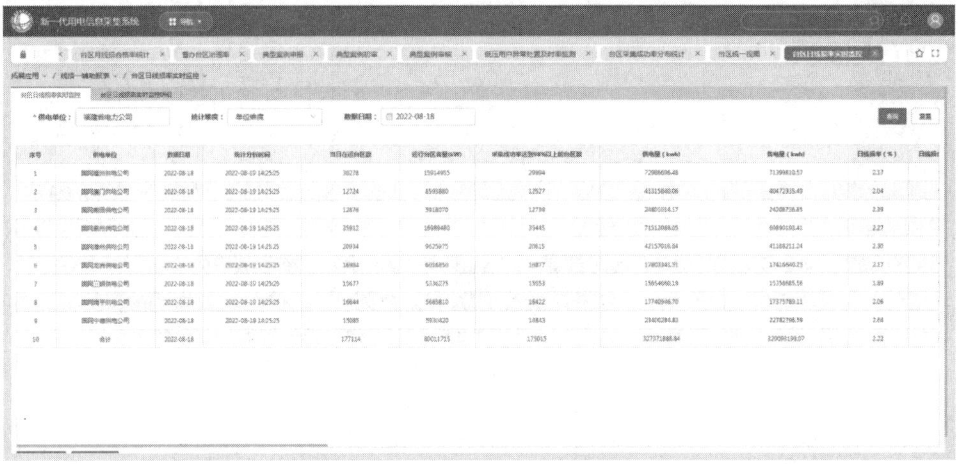

图 3-3-23　台区日线损率实时监控

点击左下角的"Excel 导出"，可导出当前页面查询数据；点击"业务规则"，可查看当前业务规则明细。

选中需要操作的表单，点击无法统计台区数环节下的字段超链接（蓝色字体数据项），可展示对应的数据明细。台区数明细如图 3-3-24 所示。

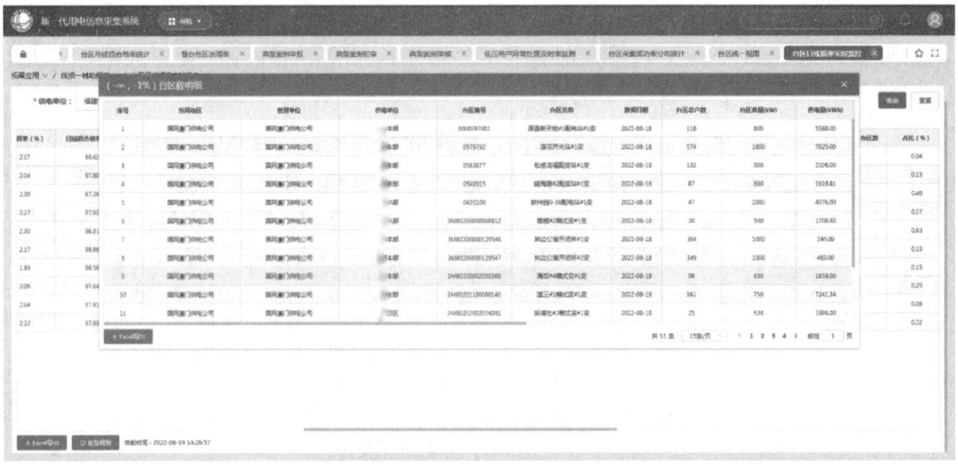

图 3-3-24　台区数明细

2. 台区日线损率实时监控明细

菜单路径："导航"→"拓展应用"→"线损—辅助报表"→"台区日线损率实时监控"→"台区日线损率实时监控明细"。台区日线损率实时监控明细如图 3-3-25 所示。

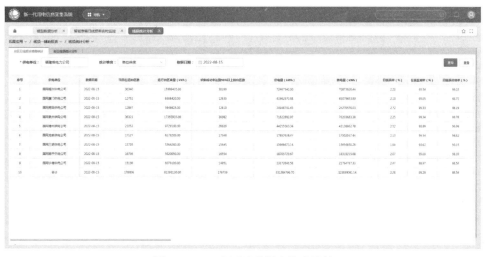

图 3-3-25　台区日线损率实时监控明细

点击左下角的"Excel 导出"，可导出当前页面查询数据。

（三）线损统计分析

1. 台区日线损合格率统计

菜单路径："导航"→"拓展应用"→"线损—辅助报表"→"线损统计分析"→"台区日线损合格率统计"。台区日线损合格率统计如图 3-3-26 所示。

图 3-3-26　台区日线损合格率统计

点击左下角的"Excel 导出"，导出当前页面查询数据。

选中需要操作的表单，点击"无法统计台区数"环节下的字段超链接（蓝色字体数据项），跳转至台区线损统计分析页面。台区日线损合格率统计表如图 3-3-27 所示。

图 3-3-27　台区日线损合格率统计表

2. 台区线损统计分析

菜单路径："导航"→"拓展应用"→"线损—辅助报表"→"线损统计分析"→"台区线损统计分析"。台区线损统计分析如图 3-3-28 所示。

图 3-3-28　台区线损统计分析

点击左下角的"Excel 导出"按钮，可导出当前页面查询数据；点击"业务规则"按钮，可查看当前业务规则明细。

选中需要操作的表单，点击电量明细环节下的"查看"按钮，可查看电量明细数据。台区线损统计分析—电量明细、电量明细详细信息如图 3-3-29、图 3-3-30 所示。

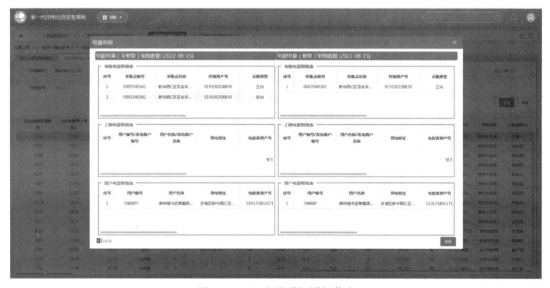

图 3-3-29　台区线损统计分析—电量明细

图 3-3-30　电量明细详细信息

选中需要操作的表单，点击异常分析环节下的"查看"按钮，可查看异常分析数据。异常分析如图 3-3-31 所示。

在图 3-3-31 所示的异常分析界面中选中需要操作的表单，点击异常设备数环节下的字段超链接（蓝色字体数据项），会展示对应的数据明细。异常考核明细如图 3-3-32 所示。

图 3-3-31　异常分析

图 3-3-32　异常考核明细

在图 3-3-31 所示的异常分析界面中选中需要操作的表单，点击核查情况环节下的"详情"按钮，可查看核查情况数据。异常分析核查情况如图 3-3-33 所示。

在图 3-3-33 所示的异常分析核查情况界面中选中需要操作的表单，点击"异常研判"按钮，可对选中的数据异常情况进行判断处理。异常研判的研判结果如图 3-3-34 所示。

（四）台区月线损合格率统计

菜单路径："导航"→"拓展应用"→"线损—辅助报表"→"台区月线损合格率统计"。台区月线损合格率统计如图 3-3-35 所示。

点击左下角的"Excel 导出"按钮，可导出当前页面查询数据；点击"业务规则"按钮，可查看当前业务规则明细。

图 3-3-33 异常分析核查情况

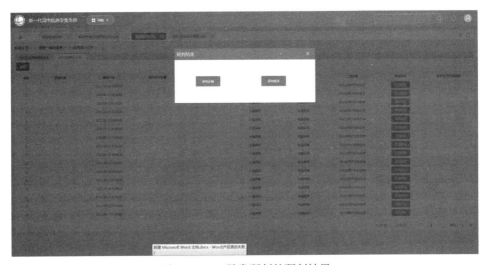

图 3-3-34 异常研判的研判结果

图 3-3-35 台区月线损合格率统计

在台区月线损合格率统计界面，点击"台区日线损合格率（%）"环节下的字段超链接（蓝色字体数据项），会展示对应的数据明细。台区日线损合格率、台区日线损合格率明细如图 3-3-36、图 3-3-37 所示。

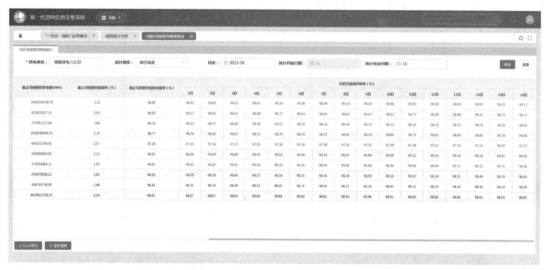

图 3-3-36　台区日线损合格率

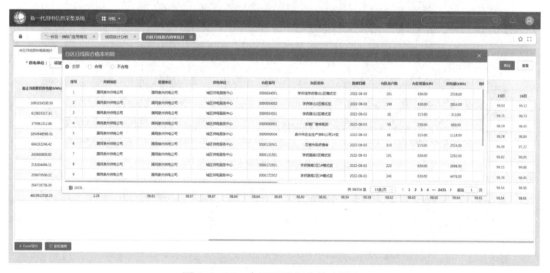

图 3-3-37　台区日线损合格率明细

（五）"一台区一指标"应用情况

1. 台区月自动赋值率统计

菜单路径："导航"→"拓展应用"→"线损—辅助报表"→"'一台区一指标'应用情况"→"台区月自动赋值率统计"。台区月自动赋值率统计如图 3-3-38 所示。

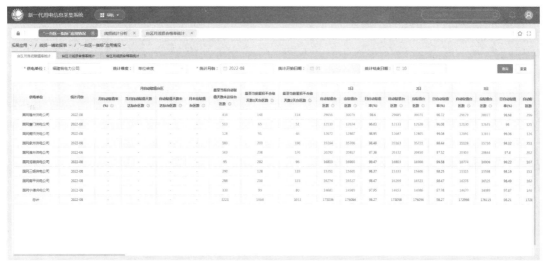

图 3-3-38 台区月自动赋值率统计

点击左下角的"Excel 导出"按钮，可导出当前页面查询数据；点击"业务规则"，可查看当前业务规则明细。

点击"截至当前自动赋值天数未达标台区数"环节下的字段超链接（蓝色字体数据项），可展示对应的数据明细。未达标一天台区明细如图 3-3-39 所示。

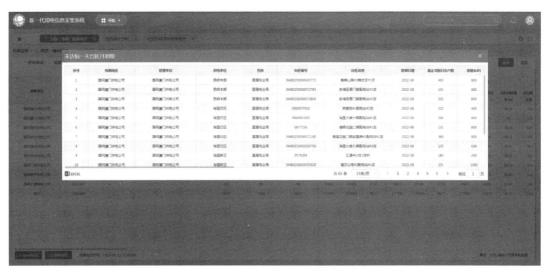

图 3-3-39 未达标一天台区明细

2. 台区日线损合格率统计

菜单路径："导航"→"拓展应用"→"线损—辅助报表"→"'一台区一指标'应用情况"→"台区日线损合格率统计"。台区日线损合格率统计如图 3-3-40 所示。

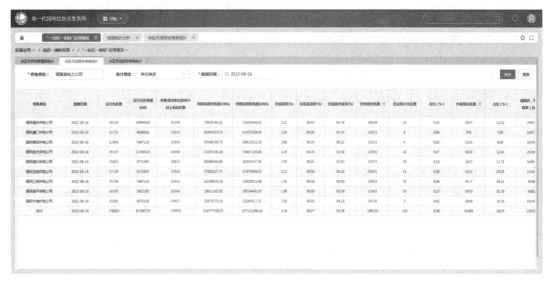

图 3-3-40　台区日线损合格率统计

点击左下角的"Excel 导出"，可导出当前页面查询数据；点击"业务规则"按钮，可查看当前业务规则明细。

点击"台区日线损合格率明细"环节下的字段超链接（蓝色字体数据项），可展示对应的数据明细。台区日线损合格率明细如图 3-3-41 所示。

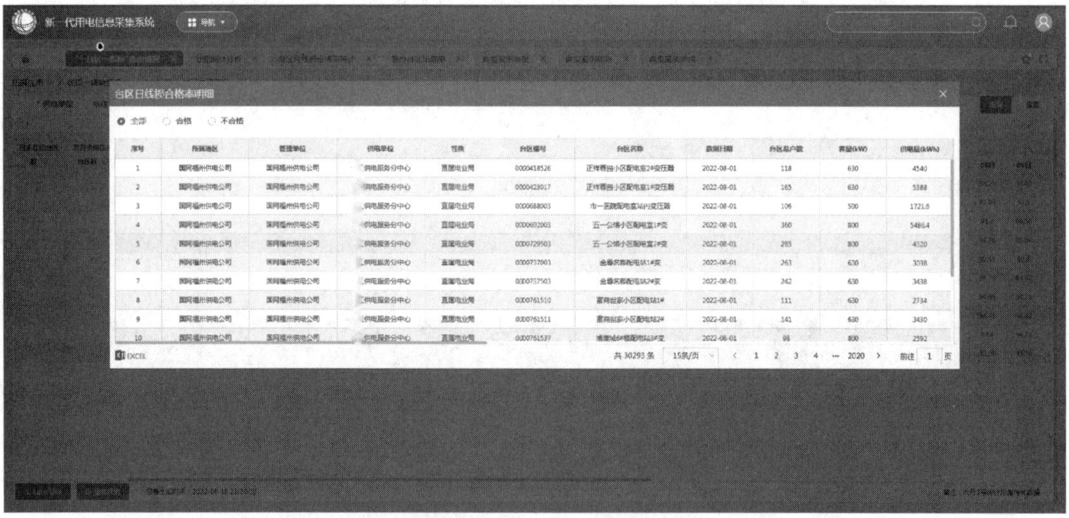

图 3-3-41　台区日线损合格率明细

3. 台区月线损合格率统计

菜单路径："导航"→"拓展应用"→"线损—辅助报表"→"'一台区一指标'应用情况"→"台区月线损合格率统计"。台区月线损合格率统计如图 3-3-42 所示。

图 3-3-42　台区月线损合格率统计

点击左下角的"Excel 导出"按钮，可导出当前页面查询数据；点击"业务规则"按钮，可查看当前业务规则明细。

点击"截至当前不合格天数超过 6 天在运台区数"环节下的字段超链接（蓝色字体数据项），可展示对应的数据明细。截至当前不合格天数超过 16 天在运台区数明细如图 3-3-43 所示。

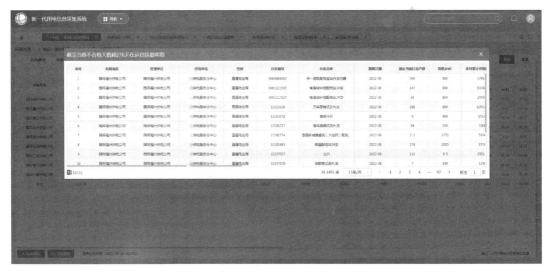

图 3-3-43　截至当前不合格天数超过 16 天在运台区数明细

（六）低压用户异常处置及时率监测

1. 异常处置及时率统计

菜单路径："导航"→"拓展应用"→"线损—辅助报表"→"低压用户异常处置及时

率监测"→"异常处置及时率统计"。异常处置及时率统计如图 3-3-44 所示。

图 3-3-44　异常处置及时率统计

点击左下角的"Excel 导出"按钮，可导出当前页面查询数据。

点击"异常电能表数"等环节下的字段超链接（蓝色字体数据项），跳转至异常明细页面。

2. 异常明细

菜单路径："导航"→"拓展应用"→"线损—辅助报表"→"低压用户异常处置及时率监测"→"异常明细"。异常明细如图 3-3-45 所示。点击左下角的"Excel 导出"按钮，可导出当前页面查询数据。

图 3-3-45　异常明细

（七）台区采集成功率分布统计

1. 台区采集成功率分布统计表（月）

菜单路径："导航"→"拓展应用"→"线损—辅助报表"→"台区采集成功率分布统计"→"台区采集成功率分布统计表（月）"。台区采集成功率分布统计表（月）如图 3-3-46 所示。

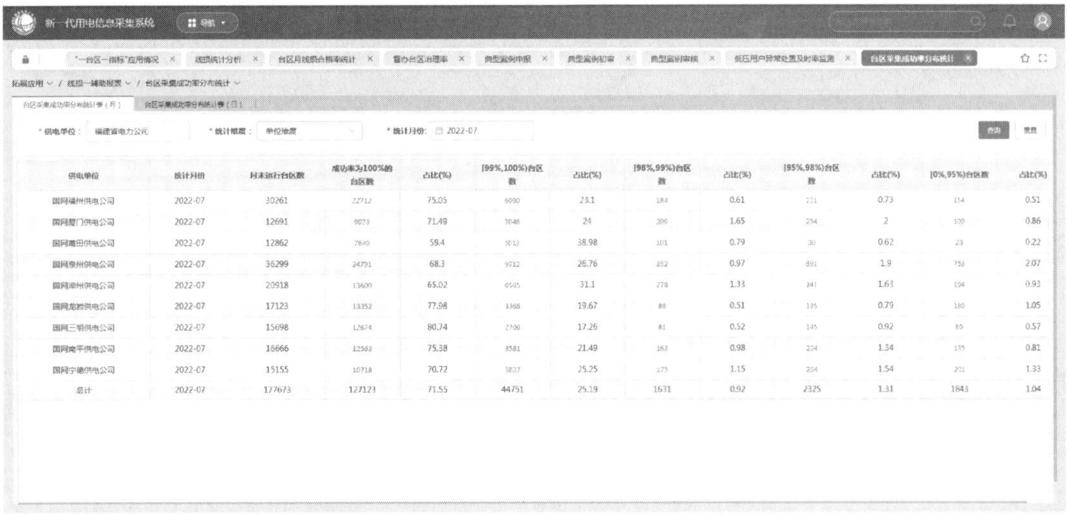

图 3-3-46　台区采集成功率分布统计表（月）

点击左下角的"Excel 导出"按钮，可导出当前页面查询数据。

点击"成功率为 100% 的台区数"等环节下的字段超链接（蓝色字体数据项），跳转至异常明细页面。台区采集成功率分布统计明细数据（月）如图 3-3-47 所示。

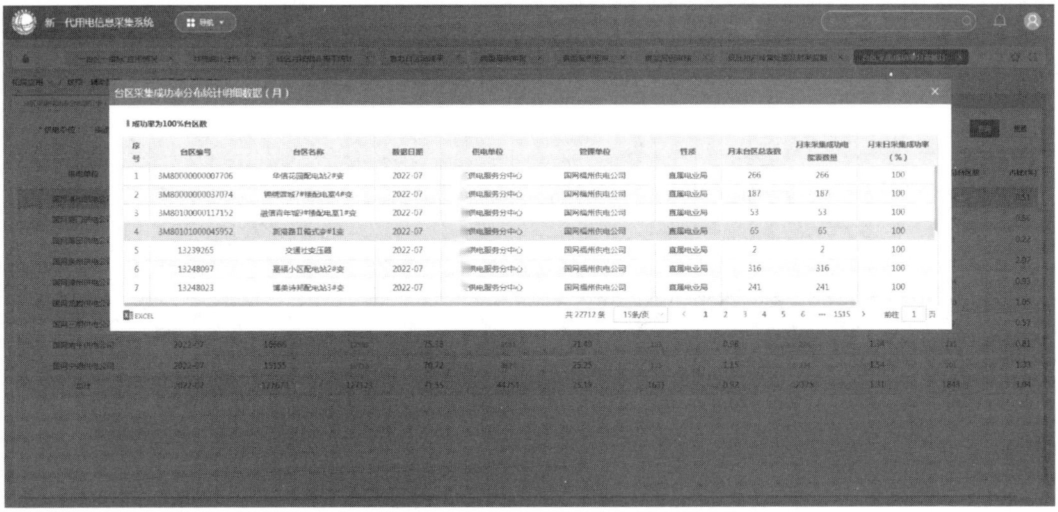

图 3-3-47　台区采集成功率分布统计明细数据（月）

2. 台区采集成功率分布统计表（日）

菜单路径："导航"→"拓展应用"→"线损—辅助报表"→"台区采集成功率分布统计"→"台区采集成功率分布统计表（日）"。台区采集成功率分布统计表（日）如图 3-3-48 所示。

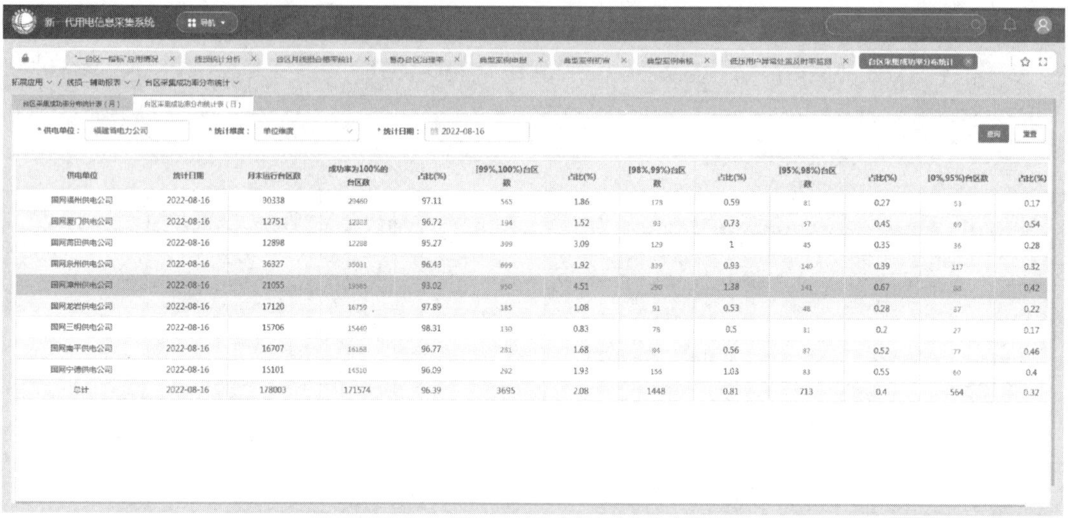

图 3-3-48　台区采集成功率分布统计表（日）

点击左下角的"Excel 导出"，可导出当前页面查询数据。

点击"成功率为 100% 的台区数"等环节下的字段超链接（蓝色字体数据项），跳转至异常明细页面。台区采集成功率分布统计明细数据（日）如图 3-3-49 所示。

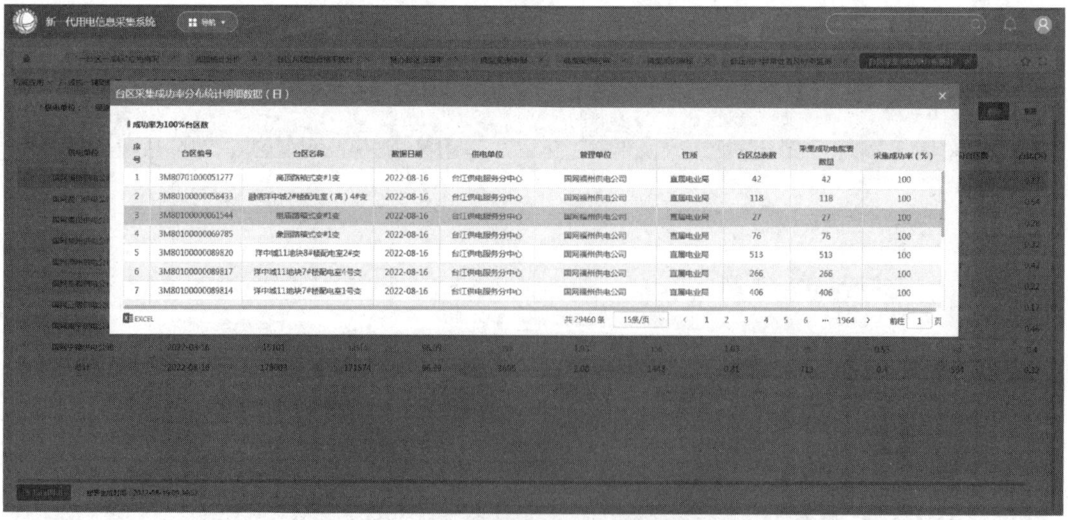

图 3-3-49　台区采集成功率分布统计明细数据（日）

（八）台区统一视图

在一张图中综合展示一个台区的基础信息、台区运行信息、台区用户信息、日线损、月线损、线损异常诊断、分时线损等信息。

1. 台区信息

菜单路径："导航"→"拓展应用"→"线损—辅助报表"→"台区统一视图"→"台区信息"。台区信息如图 3-3-50 所示。

点击上方的"台区检索"按钮，根据供电单位、网格单位、台区名称、起止时间、理论线损月度目标值、抄表成功率、综合线损率等条件查询符合的台区，选择其中一条台区数据展示该台区下的台区信息。台区异常检索搜索条件、台区异常检索结果如图 3-3-51、

图 3-3-50　台区信息

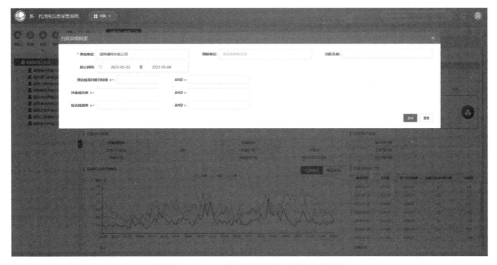

图 3-3-51　台区异常检索搜索条件

图 3-3-52 所示。点击图 3-3-52 所示界面中"台区编号"下的字段超链接（蓝色字体数据项），即选中台区。

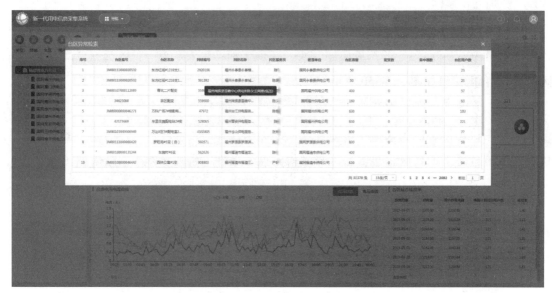

图 3-3-52　台区异常检索结果

台区信息首页展示信息说明见表 3-3-2。

表 3-3-2　　　　　　　　　　　　台区信息首页展示信息说明

序号	展示类型	名称	内容	数据日期	备注
1		台区名称		T-3	
2		台区编号		T-3	
3		管理单位		T-3	
4		是否 HPLC 台区	是 / 否	T-3	
5		网格编号		T-3	
6		网格名称	对应多个网格时，抽取网格编号最小排序最靠前的网格	T-3	
7	台区信息	台区经理		T-3	
8		台区容量（kVA）		T-3	
9		台区用户数		T-1	
10		关联标签名称		T-3	默认日维度
11		采集异常工单数	采集 1.0 异常工单页面统计台区总工单数	T-1	
12		电表数		T-1	
13		采集成功率		T-1	

序号	展示类型	名称	内容	数据日期	备注
14	台区信息	采集成功率与上日均值环比	上升标记绿色，下降标记红色	T−1	
15		综合线损率		T−1	
16		综合线损率与上日均值环比	上升标记红色，下降标记绿色	T−1	
17		理论线损月度目标值（%）		T−1	默认展示当月数据
18		理论线损月度目标值与上月均值环比	上升标记红色，下降标记绿色	T−1	
19		异常诊断问题数		T−2	
20		异常诊断问题数与上日均值环比	上升标记红色，下降标记绿色	T−2	
21		远程核查异常数			功能未实现，数据展示为空
22		远程核查异常数上日均值环比	上升标记红色，下降标记绿色		
23	台区运行信息	采集覆盖率			
24		倍率/CT 变比		T−1	
25		供电半径		T−3	
26		网架结构		T−3	
27		终端厂家	对应多个终端时，抽取终端编号最小排序最靠前的终端信息	T−3	
28		终端资产号		T−3	
29	台区用户总览	单相用户数		T−2	
30		三相用户数		T−2	
31		光伏用户数		T−2	
32	总表电压电流曲线	总表或交采的电压曲线	总表或交采的96点电压曲线	T−1	点击"导出"，支持数据导出
33		总表或交采的电流曲线	总表或交采的96点电流曲线	T−1	点击"导出"，支持数据导出
34	台区综合线损率	数据日期		T−1	点击"查看明细"跳转台区日线损tab 页面
35		供电量		T−1	
36		用户抄见电量		T−1	
37		电量计算成功用户数		T−1	
38		线损率	综合线损率	T−1	

2. 用户信息

菜单路径:"导航"→"拓展应用"→"线损—辅助报表"→"台区统一视图"→"用户信息"。用户信息如图 3-3-53 所示。

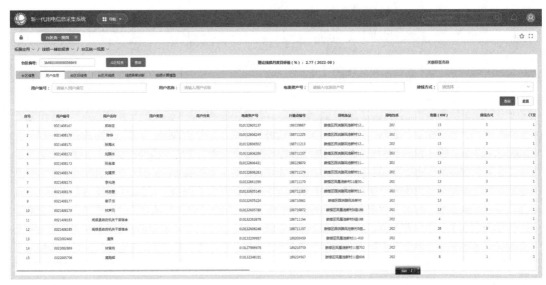

图 3-3-53　用户信息

点击左下角的"Excel 导出"按钮,可导出当前页面查询数据。点击"用户"等环节下的字段超链接(蓝色字体数据项),跳转至用户档案页面。

用户信息页面展示信息说明见表 3-3-3。

表 3-3-3　　　　　　　　　　　用户信息页面展示信息说明

序号	名称	内容	备注
1	用户编号		
2	用户名称		
3	用户分类	低压居民、低压非居民	
4	电表资产号		
5	计量点编号		
6	用电地址		
7	容量(kVA)		
8	接线方式	单相、三相三线、三相四线	
9	TA 变比		
10	TV 变比		
11	额定电压(V)		

续表

序号	名称	内容	备注
12	额定电流（A）		
13	终端资产号		
14	计量点级数		
15	计量点分类	用电客户、关口、台区关口	
16	计量点状态	在用、设立	
17	计量点主用途	台区供电考核、上网关口、售电侧结算、办公用电、考核用电	
18	计量点性质	考核、结算	
19	计量点对应台区性质	公变	
20	计量点对应计量方向	正向、反向	
21	定比定量	定比、定量、其他	

3. 台区日线损

菜单路径："导航"→"拓展应用"→"线损—辅助报表"→"台区统一视图"→"台区日线损"。台区日线损如图 3-3-54 所示。

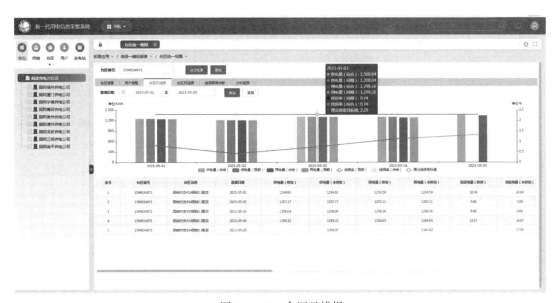

图 3-3-54　台区日线损

点击"电量明细"等环节下的字段超链接（蓝色字体数据项），可展示对应的数据明细。电能电量（未修复）明细数据如图 3-3-55 所示。

台区日线损页面展示信息说明见表 3-3-4。

图 3-3-55　电能电量（未修复）明细数据

表 3-3-4　　　　　　　　　　台区日线损页面展示信息说明

序号	名称	内容	备注
1	台区编号		
2	台区名称		
3	数据日期	默认查询范围当月 1 日至 $T-1$ 日	
4	供电量（修复）	同期供电量	$T-2$ 更新
5	供电量（未修复）	综合供电量	$T-1$ 更新
6	用电量（修复）	同期用电量	$T-2$ 更新
7	用电量（未修复）	综合用电量	$T-1$ 更新
8	损耗电量（修复）	同期损耗电量	$T-2$ 更新
9	损耗电量（未修复）	综合损耗电量	$T-1$ 更新
10	台区线损率（修复）	同期线损率	$T-2$ 更新
11	台区线损率（未修复）	综合线损率	$T-1$ 更新
12	电量明细		
13	前五日平均供电量		
14	台区用户数		
15	未纳入线损统计用户数		
16	采集成功率（%）		
17	覆盖率（%）		
18	电量计算成功用户数		

续表

序号	名称	内容	备注
19	理论线损月度目标值		
20	异常类型		
21	网格编号		
22	网格名称		
23	网格负责人		

4. 台区月线损

菜单路径："导航"→"拓展应用"→"线损—辅助报表"→"台区统一视图"→"台区月线损"。台区月线损如图 3-3-56 所示。

图 3-3-56 台区月线损

台区月线损页面展示信息说明见表 3-3-5。

表 3-3-5 台区月线损页面展示信息说明

序号	名称	内容	备注
1	台区编号		
2	台区名称		
3	数据日期	默认查询范围当年 1 月至上月	
4	供电量（修复）	同期供电量	每月 3 号更新
5	供电量（未修复）	综合供电量	每月 3 号更新

续表

序号	名称	内容	备注
6	用电量（修复）	同期用电量	每月 3 号更新
7	用电量（未修复）	综合用电量	每月 3 号更新
8	损耗电量（修复）	同期损耗电量	每月 3 号更新
9	损耗电量（未修复）	综合损耗电量	每月 3 号更新
10	台区线损率（修复）	同期线损率	每月 3 号更新
11	台区线损率（未修复）	综合线损率	每月 3 号更新
12	理论线损月度目标值		
13	本月累计异常天数		
14	本月初次告警时间		
15	本年度累计异常天数		
16	采集成功率（%）		
17	覆盖率（%）		

5. 线损异常诊断

菜单路径："导航"→"拓展应用"→"线损—辅助报表"→"台区统一视图"→"线损异常诊断"。线损异常诊断如图 3-3-57 所示。

图 3-3-57 线损异常诊断

左上角卡片展示数据日期、同期供电量、同期售电量、理论线损月度目标值、日同期线损率。右上角卡片展示 30 天内发生高损 / 负损天数、30 天内连续发生高损 / 负损天数、30

天内初次告警时间、诊断发现问题数，以及采集异常、计量异常、档案异常、用电异常、技术线损、其他因素等 6 小类异常问题数。

异常分析版块支持根据异常类型、一级类型、二级类型、数据日期等条件查询线损异常诊断明细。数据日期默认 $T-3$ 至 $T-2$。异常查询结果包括台区编号、台区名称、数据日期、异常类型、一级类型、二级类型、线损率、异常设备数、研判正确数、研判错误数、人工研判反馈时间。点击"异常设备数"环节下的字段超链接（蓝色字体数据项），跳转异常分析明细页面。每一类异常根据异常特点展示对应明细内容。异常分析明细如图 3-3-58 所示。

图 3-3-58　异常分析明细

根据实际核查结果，在异常明细页面，点击"异常研判"按钮，对异常分析结果进行研判处理。若实际核查结果与异常分析结果一致，选择"研判正确"；若实际核查结果与异常分析结果不一致，选择"研判错误"。异常研判如图 3-3-59 所示。

6. 分时线损

菜单路径："导航"→"拓展应用"→"线损—辅助报表"→"台区统一视图"→"分时线损"。

分时线损页面下的统计周期包括 96 点线损率、24 点线损率和峰谷线损率，选择统计周期查询对应分时线损率曲线、用户电量曲线和用户示值曲线。96 点线损率曲线、24 点线损率曲线、峰谷线损率曲线、用户电量曲线、用户示值曲线如图 3-3-60～图 3-3-64 所示。

数据日期默认展示 $T-1$；$T-1$ 数据为每天 9:30 执行计算，11:00 左右可查询。

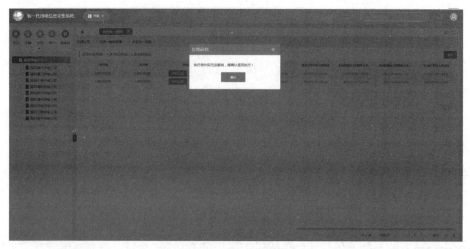

图 3-3-59　异常研判

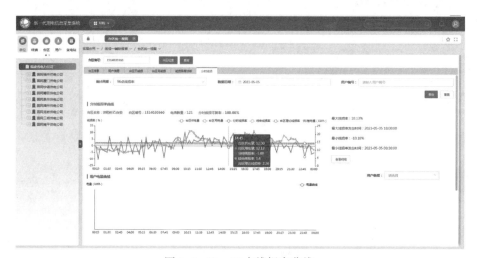

图 3-3-60　96 点线损率曲线

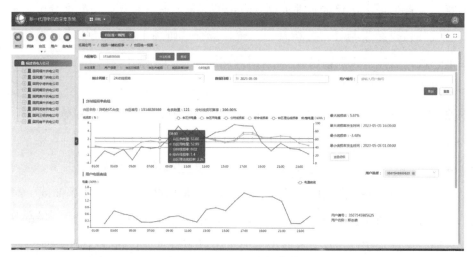

图 3-3-61　24 点线损率曲线

图 3-3-62　峰谷线损率曲线

图 3-3-63　用户电量曲线

图 3-3-64　用户示值曲线

用户编号支持输入用户编号查询对应的用户电量曲线、用户示值曲线，未输入时查询默认不展示用户电量曲线、用户示值曲线。

分时线损率板块支持展示台区名称、台区编号、电表数量、分时线损可算率、最大线损率和发生时间、最小线损率和发生时间。图表展示台区供电量、台区售电量、分时线损率、综合线损率和台区理论线损。点击"查看明细"按钮，可以导出分时线损率明细数据。

用户电量板块展示选中用户的电量曲线，用户选择下拉框最多支持同时选中 5 个用户展示对应电量曲线。用户选择如图 3-3-65 所示。点击"查看电量明细"按钮，可以导出用户电量明细数据。分时线损率导出模板、分时电量导出模板、峰谷时段示值导出模板如图 3-3-66～图 3-3-68 所示。

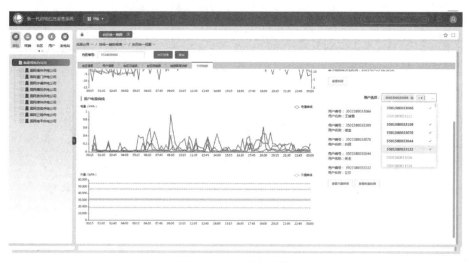

图 3-3-65　用户选择

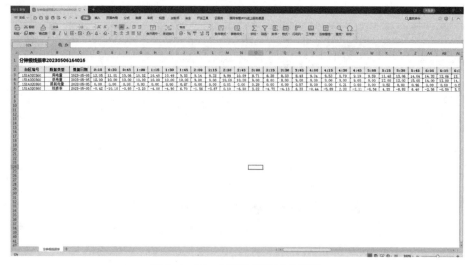

图 3-3-66　分时线损率导出模板

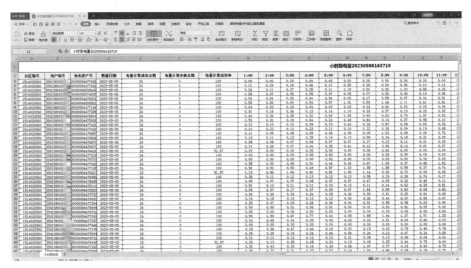

图 3-3-67　分时电量导出模板

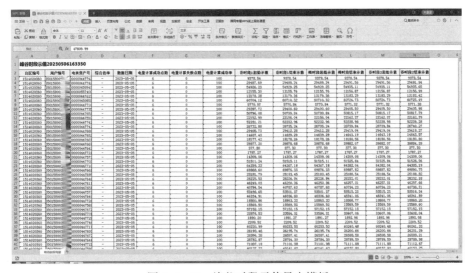

图 3-3-68　峰谷时段示值导出模板

峰谷时段用户示值对应时刻说明见表 3-3-6。

表 3-3-6　　　　　　　　　　　　　　峰谷时段用户示值对应时刻说明

序号	名称	对应时刻	备注
1	谷时段 1 起始示值	00:00	
2	谷时段 1 结束示值	08:00	
3	峰时段起始示值	08:00	
4	峰时段结束示值	22:00	
5	谷时段 2 起始示值	22:00	
6	谷时段 2 结束示值	次日 00:00	

【任务评价】

1. 理论考核

完成线损辅助报表知识点测试，主要内容包括智能表箱日线损率实时监控、台区日线损率实时监控、线损统计分析、台区月线损合格率统计等 8 个模块。

2. 技能考核

线损辅助报表考核评分表见表 3-3-7。

表 3-3-7　　　　　　　　　　　　线损辅助报表考核评分表

		班级：_____ 姓名：_____ 得分：_____			
考核项目：线损辅助报表				考核时间：30 分钟	
序号	主要内容	考核要求	评分标准	分值	得分
1	工作前准备	1）电力用户用电信息采集系统账号、网址正确； 2）笔、纸等准备齐全	不能正确登录系统扣 5 分	5	
2	作业风险分析与预控	1）注意个人账号和密码应妥善保管； 2）客户信息、系统数据保密	1）未进行危险点分析及交代注意事项不得分； 2）分析不全面，扣 5 分	10	
3	智能表箱日线损实时监控	根据给定条件，查看智能表箱日线损实时监控的业务规则，并按要求导出相应供电单位的智能表箱日线损监测情况、智能表箱日线损实时监测明细	1）错、漏每处按比例扣分； 2）本项分数扣完为止	10	
4	台区日线损率实时监控	根据给定条件，查看台区日线损率实时监控的业务规则，并按要求导出相应供电单位的台区日线损率实时监控、台区日线损率实时监控明细	1）错、漏每处按比例扣分； 2）本项分数扣完为止	10	
5	台区日线损合格率统计	根据给定条件，按要求导出相应供电单位的台区日线损合格率统计报表；查看台区线损统计分析的业务规则，并导出清单	1）错、漏每处按比例扣分； 2）本项分数扣完为止	10	
6	台区月线损合格率统计	根据给定条件，查看台区月线损合格率统计的业务规则，并按要求导出相应供电单位的台区月线损合格率统计	1）错、漏每处按比例扣分； 2）本项分数扣完为止	10	
7	"一台区一指标"应用情况	根据给定条件，查看"一台区一指标"应用情况的业务规则，并按要求导出相应供电单位的台区月自动赋值率统计、台区日线损合格率统计、台区月线损合格率统计	1）错、漏每处按比例扣分； 2）本项分数扣完为止	10	
8	低压用户异常处置及时率监测	根据给定条件，按要求导出相应供电单位的异常处置及时率统计、异常明细报表	1）错、漏每处按比例扣分； 2）本项分数扣完为止	10	

续表

序号	主要内容	考核要求	评分标准	分值	得分
9	台区采集成功率分布统计	根据给定条件，按要求导出相应供电单位的台区采集成功率分布统计表（月）、台区采集成功率分布统计表（日）报表	1）错、漏每处按比例扣分； 2）本项分数扣完为止	10	
10	台区统一视图	根据提供的台区编号，查询台区信息、用户信息、台区日线损、台区月线损、线损异常诊断、分时线损数据	1）错、漏每处按比例扣分； 2）本项分数扣完为止	10	
11	作业完成	记录上传、归档	未上传归档不得分	5	
合计				100	
教师签名					

任务三　线损—台区—指标

【任务目标】

（1）了解熟悉新一代用电信息采集系统线损—台区—指标的组成。

（2）掌握具体任务查询操作方法及注意事项。

（3）能够按照规范要求完成线损—台区—指标的操作统计分析。

【任务描述】

本任务主要完成新一代用电信息采集系统线损—台区—指标模块的赋值操作、赋值监控、模型数据治理、模型管理4个模块操作方法。

【知识准备】

1. 赋值操作

主要功能为系统根据一定的理论算法模型，自动计算出台区管理目标值，台区经理对系统赋值结果进行确认，对赋值有异议的台区提出申诉；市县公司线损管理人员对台区经理提出的赋值申诉进行审核及赋值；以台区为维度，以供电单位为基础单元，统计各供电单位根据一台区一指标判断的线损在不同赋值区间范围内的台区数量情况。

2. 赋值监控

主要功能为以日为统计周期，以供电单位为基础单元，统计各供电单位目标值的可算情况、目标值赋值情况、目标值与实际统计线损率偏差情况；以日和月为统计周期，以供电单位为基础单元，统计各供电单位的所有台区中一台区一指标可算台区数的占比。

3. 模型数据治理

主要功能为维护模型数据治理方案的基本信息，包含方案名称、方案内容等属性；按单

371

位、台区维度对一台区一指标基础数据的质量进行统计分析，包括数据缺失和异常的台区基础信息。

4. 模型管理

主要功能为对台区理论线损计算模型的基本信息的维护，包含查询、新增与修改等功能；对台区理论线损计算模型的参数基本信息的维护，包含查询、新增与修改、删除等功能；对台区理论线损计算模型的版本基本信息的维护，包含查询、新增与修改等功能；对台区理论线损计算模型的数据项基本信息的维护，包含查询、新增与修改、删除等功能。

【任务实施】

（一）赋值操作

1. 线损—台区—指标模块的赋值操作

菜单路径："导航"→"拓展应用"→"线损—台区—指标"→"赋值操作"。赋值操作如图 3-3-69 所示。

图 3-3-69　赋值操作

点击"台区名称"等环节下的字段超链接，可查看历史曲线数据。赋值操作—历史曲线如图 3-3-70 所示。

点击招标信息分页右侧的"赋值确认"按钮，可通过操作改变指标信息的状态。赋值操作—指标信息如图 3-3-71 所示。

2. 赋值审核

菜单路径："导航"→"拓展应用"→"线损—台区—指标"→"赋值审核"。赋值审核如图 3-3-72 所示。

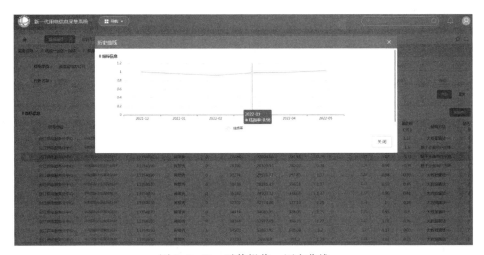

图 3-3-70　赋值操作—历史曲线

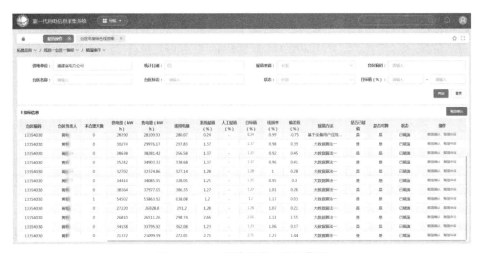

图 3-3-71　赋值操作—指标信息

图 3-3-72　赋值审核

点击"台区名称"环节下的字段超链接，可查看历史曲线数据。赋值审核—历史曲线如图 3-3-73 所示。

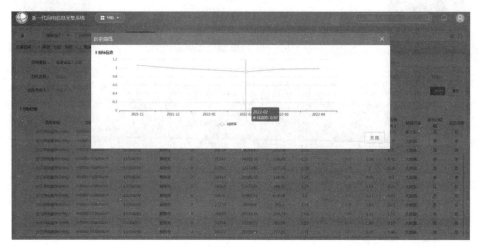

图 3-3-73　赋值审核—历史曲线

3. 赋值统计分析

（1）赋值区间分布统计。菜单路径："导航"→"拓展应用"→"线损—台区—指标"→"赋值统计分析"→"赋值区间分布统计"。赋值区间分布统计如图 3-3-74 所示。

图 3-3-74　赋值区间分布统计

（2）赋值偏差值分布统计。菜单路径："导航"→"拓展应用"→"线损—台区—指标"→"赋值统计分析"→"赋值偏差值分布统计"。

业务说明：以台区为维度，以供电单位为基础单元，统计各供电单位台区赋值结果与台区统计线损率偏差值的分布情况。赋值偏差值分布统计如图 3-3-75 所示。

图 3-3-75　赋值偏差值分布统计

（二）赋值监控

1. 日赋值监控分析

菜单路径："导航"→"拓展应用"→"线损—台区—指标"→"日赋值监控分析"。日赋值监控分析如图 3-3-76 所示。

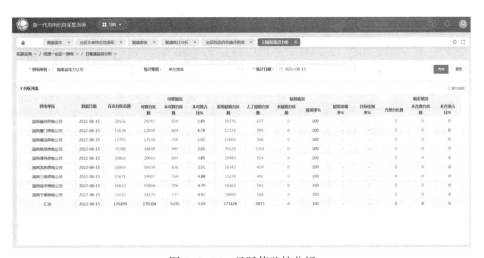

图 3-3-76　日赋值监控分析

2. 赋值监控分析

（1）可算率。菜单路径："导航"→"拓展应用"→"线损—台区—指标"→"赋值监控分析"→"可算率"。赋值监控分析—可算率如图 3-3-77 所示。

（2）赋值率。菜单路径："导航"→"拓展应用"→"线损—台区—指标"→"赋值监控分析"→"赋值率"。

业务说明：以月为统计周期，以供电单位为基础单元，统计各供电单位赋值台区占比。

图 3-3-77 赋值监控分析—可算率

赋值监控分析—赋值率如图 3-3-78 所示。

图 3-3-78 赋值监控分析—赋值率

（3）人工赋值率。菜单路径："导航"→"拓展应用"→"线损—台区—指标"→"赋值监控分析"→"人工赋值率"。

业务说明：以月为统计周期，以供电单位为基础单元，统计各供电单位人工赋值的台区占比。赋值监控分析—人工赋值率如图 3-3-79 所示。

（4）赋值偏差率。菜单路径："导航"→"拓展应用"→"线损—台区—指标"→"赋值监控分析"→"赋值偏差率"。

图 3-3-79　赋值监控分析—人工赋值率

业务说明：以日和月为统计周期，以供电单位为基础单元，统计各供电单位赋值偏差在正常范围内台区占比。赋值监控分析—赋值偏差率如图 3-3-80 所示。

图 3-3-80　赋值监控分析—赋值偏差率

（三）模型数据治理

1. 方案管理

菜单路径："导航"→"拓展应用"→"线损—台区—指标"→"方案管理"。方案管理如图 3-3-81 所示。

点击"新增"按钮，弹出对话框，填写方案名称、方案概述、是否生效、方案内容，

图 3-3-81 方案管理

点击"确定"按钮，完成新增操作。需要注意的是，带"*"标为必填数据项。方案新增如图 3-3-82 所示。

图 3-3-82 方案新增

点击"编辑"按钮，弹出对话框，可对方案概述、是否生效、方案内容进行修改，点击"确定"按钮，完成编辑修改操作。需要注意的是，带"*"标数据不可修改。方案编辑如图 3-3-83 所示。

选择一条数据，点击"删除"按钮，弹出删除对话框，点击"确定"按钮，移除所选条目并刷新列表。方案删除如图 3-3-84 所示。

图 3-3-83　方案编辑

图 3-3-84　方案删除

2. 模型数据分析

（1）台区基础数据监控分析。菜单路径："导航"→"拓展应用"→"线损—台区—指标"→"模型数据分析"→"台区基础数据监控分析"。台区基础数据监控分析如图 3-3-85 所示。

（2）异常数据统计分析。有按单位、按台区、按异常类型 3 种选择。

1）按单位。菜单路径："导航"→"拓展应用"→"线损—台区—指标"→"模型数据分析"→"异常数据统计分析"→"按单位"。

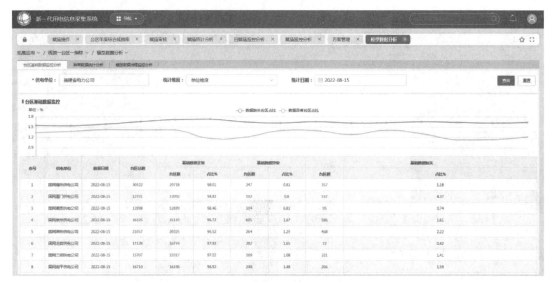

图 3-3-85　台区基础数据监控分析

业务说明：以日维度通过图表的形式展示单位异常数据，包括待治理总数、基础数据异常信息、基础数据缺失等信息。异常数据统计分析—按单位如图 3-3-86 所示。

图 3-3-86　异常数据统计分析—按单位

2）按台区。菜单路径："导航"→"拓展应用"→"线损—台区—指标"→"模型数据分析"→"异常数据统计分析"→"按台区"。

业务说明：以日维度通过图表的形式展示单位异常数据，包括待治理总数、基础数据异常信息、基础数据缺失等信息。异常数据统计分析—按台区如图3-3-87所示。

图3-3-87　异常数据统计分析—按台区

3）按异常类型。菜单路径："导航"→"拓展应用"→"线损—台区—指标"→"模型数据分析"→"异常数据统计分析"→"按异常类型"。

业务说明：以日维度通过图表的形式展示单位异常数据，包括待治理总数、基础数据异常信息、基础数据缺失等信息。异常数据统计分析—按异常类型如图3-3-88所示。

图3-3-88　异常数据统计分析—按异常类型

（3）模型数据治理监控分析。菜单路径："导航"→"拓展应用"→"线损—台区—指标"→"模型数据分析"→"模型数据治理监控分析"。

业务说明：以日、月维度展示单位模型数据治理情况信息，包括单位、上期存量待治理数、本期新增待治理数、本期已治理数等信息。模型数据治理监控分析如图 3-3-89 所示。

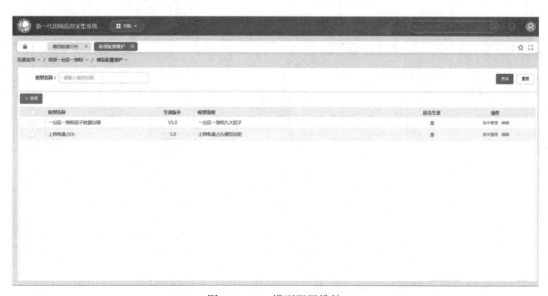

图 3-3-89　模型数据治理监控分析

（四）模型管理

1. 模型配置维护

菜单路径："导航"→"拓展应用"→"线损—台区—指标"→"模型配置维护"。模型配置维护如图 3-3-90 所示。

图 3-3-90　模型配置维护

点击"新增"按钮，弹出对话框，填写模型名称、是否生效、模型说明字段，点击"确定"按钮，完成新增操作。需要注意的是，带"*"标为必填数据项。模型配置维护—新增如图 3-3-91 所示。

图 3-3-91　模型配置维护—新增

点击"编辑"按钮，弹出对话框，可对是否生效、模型说明进行修改，点击"确定"按钮，完成编辑修改操作。需要注意的是，带"*"标数据不可修改。模型配置维护—修改如图 3-3-92 所示。

图 3-3-92　模型配置维护—修改

选择一条数据，点击"删除"按钮，弹出删除对话框，点击"确定"按钮，移除所选条目并刷新列表。

点击"版本管理"按钮，跳转至模型版本维护页面。版本管理如图 3-3-93 所示。

图 3-3-93 版本管理

2. 模型参数维护

菜单路径："导航"→"拓展应用"→"线损—台区—指标"→"模型参数维护"。模型参数维护如图 3-3-94 所示。

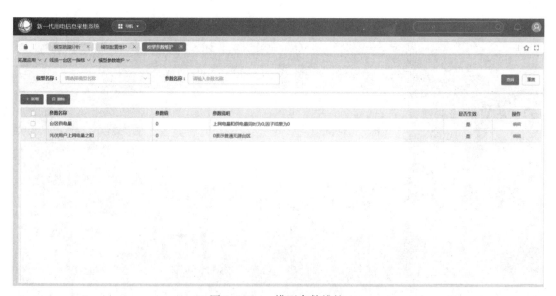

图 3-3-94 模型参数维护

点击"新增"按钮，弹出对话框，填写关联模型、参数名称、参数值、是否生效、参数说明字段，点击"确定"按钮，完成新增操作。需要注意的是，带"*"标为必填数据项。模型参数维护—新增如图 3-3-95 所示。

图 3-3-95　模型参数维护—新增

点击"编辑"按钮，弹出对话框，可对参数值、是否生效、参数说明进行修改，点击"确定"按钮，完成编辑修改操作。需要注意的是，带"*"标数据不可修改。模型参数维护—编辑如图 3-3-96 所示。

图 3-3-96　模型参数维护—编辑

选择一条数据，点击"删除"按钮，弹出删除对话框，点击"确定"按钮，移除所选条目并刷新列表。

3. 模型参数版本维护

菜单路径："导航"→"拓展应用"→"线损—台区—指标"→"模型版本维护"。模型版本维护如图 3-3-97 所示。

图 3-3-97　模型版本维护

点击"新增"按钮，弹出对话框，填写模型名称、模型版本、是否生效、版本说明字段，点击"确定"按钮，完成新增操作。需要注意的是，带"*"标为必填数据项。模型版本维护—新增如图 3-3-98 所示。

图 3-3-98　模型版本维护—新增

点击"编辑"按钮，弹出对话框，可对是否生效、版本说明进行修改，点击"确定"按钮，完成编辑修改操作。需要注意的是，带"*"标数据不可修改。模型版本维护—编辑如图 3-3-99 所示。

图 3-3-99　模型版本维护—编辑

4. 模型数据项维护

菜单路径："导航"→"拓展应用"→"线损—台区—指标"→"模型数据项维护"。模型数据项维护如图 3-3-100 所示。

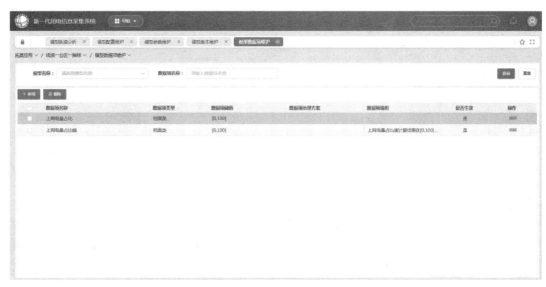

图 3-3-100　模型数据项维护

387

点击"新增"按钮，弹出对话框，填写关联模型、数据项名称、数据项类型、数据项阈值、数据治理方案、是否生效、数据项说明字段，点击"确定"按钮，完成新增操作。需要注意的是，带"*"标为必填数据项。模型数据项维护—新增如图 3-3-101 所示。

图 3-3-101 模型数据项维护—新增

点击"编辑"按钮，弹出对话框，可对数据项类型、数据项阈值、数据治理方案、数据项说明进行修改，点击"确定"按钮，完成编辑修改操作。需要注意的是，带"*"标数据不可修改。模型数据项维护—编辑如图 3-3-102 所示。

图 3-3-102 模型数据项维护—编辑

选择一条数据，点击"删除"按钮，弹出删除对话框，点击"确定"按钮，移除所选条目并刷新列表。

【任务评价】

1. 理论考核

完成线损—台区—指标知识点测试，主要内容包括赋值操作、赋值监控、模型数据治理、模型管理等4个模块。

2. 技能考核

线损—台区—指标考核评分表见表3-3-8。

表 3-3-8　　　　　　　　　　线损—台区—指标考核评分表

班级：_____　姓名：_____　得分：_____						
考核项目：线损—台区—指标					考核时间：30分钟	
序号	主要内容	考核要求	评分标准	分值	得分	
1	工作前准备	1）电力用户用电信息采集系统账号、网址正确； 2）笔、纸等准备齐全	不能正确登录系统扣5分	5		
2	作业风险分析与预控	1）注意个人账号和密码应妥善保管； 2）客户信息、系统数据保密	1）未进行危险点分析及注意事项交代不得分； 2）分析不全面，扣5分	10		
3	赋值操作	查询相应供电单位台区对应的指标信息，并完成赋值确认、赋值审核、赋值区间分布统计	1）错、漏每处按比例扣分； 2）本项分数扣完为止	20		
4	赋值监控	查询相应供电单位日赋值监控分析、赋值监控分析，并统计供电单位的所有台区中一台区一指标可算台区数的占比	1）错、漏每处按比例扣分； 2）本项分数扣完为止	20		
5	模型数据治理	维护模型数据治理方案的基本信息、进行模型数据分析	1）错、漏每处按比例扣分； 2）本项分数扣完为止	20		
6	模型管理	对台区理论线损计算模型的参数、版本基本信息的维护，包含查询、新增与修改、删除等操作	1）错、漏每处按比例扣分； 2）本项分数扣完为止	20		
7	作业完成	记录上传、归档	未上传归档不得分	5		
合计				100		
教师签名							